全国高等职业教育"十二五"规划教材
中国电子教育学会推荐教材
全国高等院校规划教材·精品与示范系列

电子产品工艺实训
（第 2 版）

吴劲松　周鑫　主编
孟淑丽　张拥军　于福华　高敏　副主编

电子工业出版社
Publishing House of Electronics Industry
北京·BEIJING

内 容 简 介

本书在第 1 版得到广泛使用的基础上，充分听取授课教师和职教专家的意见后进行修订编写。本书结合该课程所取得的教改成果，充分考虑行业企业技术发展以及工作技能的重要性，以图文并茂的形式，形象、直观地介绍电子产品装调的基本工艺和操作技能，主要内容包括电子元件、电子器件的识别与检测，集成电路的分类、应用及检测，手工焊接技术，电子产品装调等方面的技能训练方法。为了适应国家对职业教育课程改革的要求，本书参照《电子设备装接工国家职业标准》、《无线电调试工国家职业标准》的要求，力求按照双证融通教学的课程体系进行编写，并在每章后附有职业鉴定标准化习题，以便于读者学习和进行职业培训及认证。本书配有"职业导航"、"教学导航"、"知识分布网络"、"知识梳理与总结"，以方便教学和读者高效率地学习知识与技能。

本书为高等职业本专科院校电子信息类、机电类、电气类等专业的教材，也可作为开放大学、成人教育、自学考试、中职学校相关专业的教材，以及国家职业技能鉴定的辅导教材和电子企业的岗位培训教材，还可供电子爱好者自学参考使用。

本书配有电子教学课件和习题参考答案，详见前言。

未经许可，不得以任何方式复制或抄袭本书之部分或全部内容。
版权所有，侵权必究。

图书在版编目（CIP）数据

电子产品工艺实训/吴劲松，周鑫主编. —2 版. —北京：电子工业出版社，2016.8
全国高等职业院校规划教材·精品与示范系列
ISBN 978-7-121-26514-3

Ⅰ. ①电… Ⅱ. ①吴… ②周… Ⅲ. ①电子产品－生产工艺－高等职业教育－教材 Ⅳ. ①TN05

中国版本图书馆 CIP 数据核字（2015）第 147208 号

策划编辑：陈健德（E-mail:chenjd@phei.com.cn）
责任编辑：徐　萍
印　　刷：三河市鑫金马印装有限公司
装　　订：三河市鑫金马印装有限公司
出版发行：电子工业出版社
　　　　　北京市海淀区万寿路 173 信箱　邮编　100036
开　　本：787×1 092　1/16　印张：18　字数：460.8 千字
版　　次：2009 年 1 月第 1 版
　　　　　2016 年 8 月第 2 版
印　　次：2016 年 8 月第 1 次印刷
定　　价：42.00 元

凡所购买电子工业出版社图书有缺损问题，请向购买书店调换。若书店售缺，请与本社发行部联系，联系及邮购电话：(010) 88254888，88258888。
质量投诉请发邮件至 zlts@phei.com.cn，盗版侵权举报请发邮件至 dbqq@phei.com.cn。
本书咨询联系方式：chenjd@phei.com.cn。

职业教育　　继往开来（序）

自我国经济在 21 世纪快速发展以来，各行各业都取得了前所未有的进步。随着我国工业生产规模的扩大和经济发展水平的提高，教育行业受到了各方面的重视。尤其对高等职业教育来说，近几年在教育部和财政部实施的国家示范性院校建设政策鼓舞下，高职院校以服务为宗旨、以就业为导向，开展工学结合与校企合作，进行了较大范围的专业建设和课程改革，涌现出一批示范专业和精品课程。高职教育在为区域经济建设服务的前提下，逐步加大校内生产性实训比例，引入企业参与教学过程和质量评价。在这种开放式人才培养模式下，教学以育人为目标，以掌握知识和技能为根本，克服了以学科体系进行教学的缺点和不足，为学生的顶岗实习和顺利就业创造了条件。

中国电子教育学会立足于电子行业企事业单位，为行业教育事业的改革和发展，为实施"科教兴国"战略做了许多工作。电子工业出版社作为职业教育教材出版大社，具有优秀的编辑人才队伍和丰富的职业教育教材出版经验，有义务和能力与广大的高职院校密切合作，参与创新职业教育的新方法，出版反映最新教学改革成果的新教材。中国电子教育学会经常与电子工业出版社开展交流与合作，在职业教育新的教学模式下，将共同为培养符合当今社会需要的、合格的职业技能人才而提供优质服务。

近期由电子工业出版社组织策划和编辑出版的"全国高等职业教育规划教材·精品与示范系列"，具有以下几个突出特点，特向全国的职业教育院校进行推荐。

（1）本系列教材的课程研究专家和作者主要来自于教育部和各省市评审通过的多所示范院校。他们对教育部倡导的职业教育教学改革精神理解得透彻准确，并且具有多年的职业教育教学经验及工学结合、校企合作经验，能够准确地对职业教育相关专业的知识点和技能点进行横向与纵向设计，能够把握创新型教材的出版方向。

（2）本系列教材的编写以多所示范院校的课程改革成果为基础，体现重点突出、实用为主、够用为度的原则，采用项目驱动的教学方式。学习任务主要以本行业工作岗位群中的典型实例提炼后进行设置，项目实例较多，应用范围较广，图片数量较大，还引入了一些经验性的公式、表格等，文字叙述浅显易懂。增强了教学过程的互动性与趣味性，对全国许多职业教育院校具有较大的适用性，同时对企业技术人员具有可参考性。

（3）根据职业教育的特点，本系列教材在全国独创性地提出"职业导航、教学导航、知识分布网络、知识梳理与总结"及"封面重点知识"等内容，有利于老师选择合适的教材并有重点地开展教学过程，也有利于学生了解该教材相关的职业特点和对教材内容进行高效率的学习与总结。

（4）根据每门课程的内容特点，为方便教学过程对教材配备相应的电子教学课件、习题答案与指导、教学素材资源、程序源代码、教学网站支持等立体化教学资源。

职业教育要不断进行改革，创新型教材建设是一项长期而艰巨的任务。为了使职业教育能够更好地为区域经济和企业服务，殷切希望高职高专院校的各位职教专家和老师提出建议和撰写精品教材（联系邮箱：chenjd@phei.com.cn，电话：010-88254585），共同为我国的职业教育发展尽自己的责任与义务！

中国电子教育学会

第2版前言

随着经济的全球化发展，我国的电子行业规模迅速扩大，企业对高技能应用型人才需求旺盛。为向社会输送合格的技术人才，注重创新精神和实践能力是职业院校高技能应用型人才培养的关键，而实践能力是基础和根本。这是由于创新精神基于实践、源于实践，实践检验真理。抓住实践能力的培养等于抓住了人才培养的龙头和根本。

电子科学技术是当今信息时代的标志和关键，当然是培养高素质技术人才不可缺少的基础。仅有鼠标是不够的，基本的动手能力是一切工作和创造的必要条件。

电子工艺实践教学是以学生自己动手，掌握一定操作技能并亲手制作几种实际电子产品为特色的，它既不同于培养学生劳动观念的公益劳动，也不同于让学生自由发挥的科技创新活动，而是将基本技能培养、基本工艺知识和创新启蒙有机结合，为学生的实际动手能力和创新能力构建一个基础扎实而又充满活力的基础平台。

电子工艺的发展非常迅速，现代企业对专业人才的技能要求也在逐步提高。但是当前学校对学生实践技能的培养与企业需求存在很大的差距。基于此原因，编者把自身多年的实践教学经验与现代企业需求相融合，编写了此书，希望能对学生职业技能培养起到一定的推动作用。本书参考了《电子设备装接工国家职业标准》、《无线电调试工国家职业标准》的要求，从而增强了内容的实用性和可操作性。本书可作为高职高专院校电子信息类、机电类、电气类等专业的教材，也可作为职工大学、函授大学、中职学校相关专业的教材，以及国家职业技能鉴定的辅导教材和电子企业的岗位培训教材。

本书融汇了最新的相关专业知识，图文并茂，浅显易懂。内容分为5章，分别是电子元件的识别与检测，电子器件的识别与检测，集成电路的分类、应用及检测，手工焊接技术，电子产品装调。每章后附有职业鉴定标准化习题，以便于读者学习和进行职业培训及认证。本书配有"职业导航"，说明本课程的应用岗位；在各章正文前配有"教学导航"，为本章内容的教与学提供指导；正文中的"知识分布网络"，便于读者掌握本节内容的重点；每章结尾有"知识梳理与总结"，以方便教学和读者高效率地学习、提炼与归纳。

本书由北京经济管理职业学院吴劲松、重庆电子工程职业学院周鑫任主编，由北京经济管理职业学院孟淑丽、张拥军、于福华、江苏商贸职业学院高敏任副主编。在本书编写过程中，参考了多位同行老师的作品与资料，还得到北京经济管理职业学院工程技术学院张振英院长的指导和帮助，在此一并表示感谢。

由于电子工艺发展迅速，编写人员的水平有限，加之时间仓促，本书难免有不妥之处，敬请广大读者批评指正。

为了方便教师教学，本书还配有电子教学课件及习题参考答案。请有此需要的教师登录华信教育资源网（www.huaxin.edu.cn 或 www.hxedu.com.cn）免费注册后再进行下载，有问题时请在网站留言板留言或与电子工业出版社联系（E-mail:hxedu@phei.com.cn）。

编 者

职业导航

职业素质：
应学习职业道德、职业修养、职业规划、安全、计算机基本知识等课程内容。

岗位技术：
应学习电路基础、电气工程制图、集成电路封装、电子测量技术、电子线路设计仿真等专业技术性课程内容。

生产实践：
在企业相关岗位开展实习，熟悉实际生产流程、技术规范，了解企业岗位设置，熟悉现场工作方式、基本制度等。

电子工艺

模块一：电子元器件认知技能
电子元器件有哪些类型，是如何命名的？各种电子元器件的作用是什么？如何识别电子元器件？怎样使用万用表对电子元器件进行检测？集成电路的分类、管脚识别及其检测方法是什么？这是学习者顺利走上电子类工作岗位的基石。

模块二：手工焊接技能
手工焊接所需工具、材料有哪些？手工焊接如何操作？焊接质量如何判定、缺陷如何分析？如何进行拆焊？如何认识手工焊接的必要性？它是学习者将来从事电子技术工作所必需的基本操作技能。

模块三：电子产品总装技能
电子产品总装包括了装接、调试，电子元器件是构成电子产品的基本元素。如何编制装配工艺文件、调试工艺文件将对电子产品总装起到关键作用。随着电子技术的发展，现代电子产品的生产对自动化生产设备操作、维护提出了高要求。它使学习者为胜任工作岗位提供了有力保证。

全书以电子产品总装工艺为目标，从其必需的电子元器件焊接技术、焊接设备出发，为学习者提供了掌握电子工艺基本技能的方法。

岗位职业

| 电子元器件检验员 电子元器件采购员 电子元器件营销员 | 质量检验员 电子产品设计员 电子装配工 | 电子产品装调技术员 测试工程师 | 工艺师 电子装调技师 | 自主创业者 电子装调高级技师 |

逐步提升 →

目 录

项目1 电子元件的识别与检测 ·· 1

教学导航 ·· 1

1.1 万用表 ·· 2
    1.1.1 指针式万用表 ·· 2
    1.1.2 数字万用表 ··· 8

1.2 电阻器 ·· 13
    1.2.1 固定电阻器 ·· 14
    1.2.2 固定电阻器的检测 ··· 24
    1.2.3 可调电阻器 ·· 29
    1.2.4 电位器的检测 ·· 33
    1.2.5 特殊电阻器 ·· 34

1.3 电容器 ·· 42
    1.3.1 电容器基础 ·· 43
    1.3.2 电容器的检测 ·· 53

1.4 电感器 ·· 58
    1.4.1 电感器基础 ·· 58
    1.4.2 电感器的检测 ·· 63

1.5 变压器 ·· 64
    1.5.1 变压器基础 ·· 65
    1.5.2 变压器的检测 ·· 69

1.6 常用接插件 ·· 71

理论自测题1 ·· 74

技能训练1 电子元件的识别与检测 ·· 76

项目2 电子器件的识别与检测 ·· 77

教学导航 ·· 77

2.1 二极管 ·· 78
    2.1.1 二极管基础 ·· 78
    2.1.2 二极管的检测 ·· 86

2.2 三极管 ·· 90
    2.2.1 三极管基础 ·· 90
    2.2.2 三极管的检测 ·· 95

2.3 场效应管 ·· 99
    2.3.1 场效应管基础 ·· 99

		2.3.2　场效应管的检测 ··· 102
	2.4　晶闸管 ··· 104
		2.4.1　晶闸管基础 ·· 105
		2.4.2　晶闸管的检测 ·· 107
	2.5　其他器件的识别与检测 ··· 110
		2.5.1　继电器 ·· 110
		2.5.2　电声器件 ·· 113
	理论自测题 2 ··· 116
	技能训练 2　电子器件的识别与检测 ··· 117

项目 3　集成电路的识别与检测 ··· 119

	教学导航 ··· 119
	3.1　集成电路的分类及型号命名 ··· 120
		3.1.1　集成电路的分类 ·· 120
		3.1.2　国产半导体集成电路的命名方法 ·· 121
	3.2　TTL 数字集成电路 ··· 122
		3.2.1　TTL 数字集成电路的主要系列与特点 ·· 122
		3.2.2　TTL 数字集成电路使用注意事项 ·· 124
		3.2.3　TTL 数字集成电路的管脚识别与检测 ·· 125
	3.3　CMOS 数字集成电路 ··· 126
		3.3.1　CMOS 数字集成电路的主要系列与特点 ·· 126
		3.3.2　CMOS 数字集成电路使用注意事项 ·· 127
		3.3.3　CMOS 数字集成电路的管脚识别与检测 ·· 128
	3.4　常用集成逻辑门电路 ··· 129
		3.4.1　集成反相器与缓冲器 ·· 129
		3.4.2　集成与门和与非门 ··· 130
		3.4.3　集成或门和或非门 ··· 131
		3.4.4　集成异或门 ·· 132
		3.4.5　数字集成电路使用注意事项 ··· 132
	3.5　模拟集成电路 ··· 133
		3.5.1　模拟集成电路的特点 ·· 134
		3.5.2　模拟集成电路的分类 ·· 134
		3.5.3　模拟集成电路的结构 ·· 134
		3.5.4　集成运算放大器 ·· 134
		3.5.5　集成稳压电源 ·· 136
		3.5.6　555 时基电路 ··· 137
		3.5.7　专用集成电路 ·· 141
		3.5.8　系统级芯片（SoC） ·· 144
	3.6　集成电路应用电路识图知识 ·· 146
		3.6.1　集成电路应用电路图功能 ··· 146

│   　3.6.2　集成电路应用电路图特点 147
│   　3.6.3　集成电路应用电路图识图方法和注意事项 147
│   　3.6.4　集成电路管脚识别方法 148
│   3.7　集成电路的检测 152
│   　3.7.1　检测方法分类 153
│   　3.7.2　检测集成电路的注意事项 154
│   　3.7.3　常用集成电路的检测 155
│   理论自测题3 157
│   技能训练3　常用集成电路的识别与检测 158
│   技能训练4　专用集成电路的检测 159

项目4　手工焊接 160

│   教学导航 160
│   4.1　常用工具 161
│   　4.1.1　钳口工具 161
│   　4.1.2　紧固工具 163
│   　4.1.3　焊接工具 165
│   4.2　焊接材料 169
│   　4.2.1　焊锡 169
│   　4.2.2　助焊剂 172
│   　4.2.3　阻焊剂 173
│   4.3　手工焊接技术 174
│   　4.3.1　焊接基础知识 174
│   　4.3.2　几何形状焊接 180
│   　4.3.3　印制电路板的焊接 181
│   　4.3.4　易损元器件的焊接 183
│   　4.3.5　焊接质量 184
│   　4.3.6　无铅手工焊接 188
│   　4.3.7　SMT手工焊接 189
│   　4.3.8　拆焊 191
│   理论自测题4 195
│   技能训练5　正方体框架焊接 197
│   技能训练6　印制板焊接 198

项目5　电子产品装调 199

│   教学导航 199
│   5.1　电子整机总装工艺 200
│   　5.1.1　电子整机总装的内容 200
│   　5.1.2　电子整机总装的工艺 201
│   　5.1.3　电子整机总装工艺文件的编制 204

5.2 电子整机调试工艺 · 208
- 5.2.1 调试工作的内容 · 209
- 5.2.2 调试工艺文件的编制 · 209
- 5.2.3 调试仪器仪表的选配与使用 · 210
- 5.2.4 调试工艺流程 · 211
- 5.2.5 故障的查找与排除 · 214
- 5.2.6 调试的安全措施 · 220
- 5.2.7 彩电调试实例 · 221

5.3 自动化装接生产线 · 228
- 5.3.1 焊接设备 · 228
- 5.3.2 自动插件机 · 239
- 5.3.3 SMT 生产工艺流程 · 246

理论自测题 5 · 249

技能训练 7　SMT 表面贴装 · 250

综合实训 1　THT 收音机的组装与调试 · 251

综合实训 2　SMT 收音机的组装与调试 · 256

附录 A　部分集成电路封装缩写字母的含义 · 263

附录 B　无线电调试工国家职业标准 · 264

附录 C　电子设备装接工国家职业标准 · 271

参考文献 · 278

项目 1 电子元件的识别与检测

教学导航

<table>
<tr><td rowspan="5">教</td><td>知识重点</td><td>1. 万用表的正确使用；
2. 正确识别、检测各种电阻元件；
3. 正确识别、检测各种电容元件；
4. 正确识别、检测各种电感元件和各种变压器</td></tr>
<tr><td>知识难点</td><td>各种元件外观的识别；用万用表检测各种元件的方法</td></tr>
<tr><td>推荐教学方式</td><td>理论教学和实际操作同步进行，在讲清每种元件的识别和检测方法后，立即让学生进行实践，以巩固学习效果</td></tr>
<tr><td>建议学时</td><td>8 学时</td></tr>
<tr><td colspan="2"></td></tr>
<tr><td rowspan="3">学</td><td>推荐学习方法</td><td>多看：指根据老师的讲解，多看各种元件的外观，了解其指示含义，知道其特性；
多练：指在有一定理论的基础上，多采用测量工具（如万用表）对元件进行检测，对每种元件的检测都应达到熟练的程度</td></tr>
<tr><td>必须掌握的理论知识</td><td>1. 常用元件的特性及标示含义；
2. 用万用表进行检测的理论根据</td></tr>
<tr><td>需要掌握的工作技能</td><td>从外观直接识别各种元件；用万用表对每种器件进行熟练检测</td></tr>
</table>

1.1 万用表

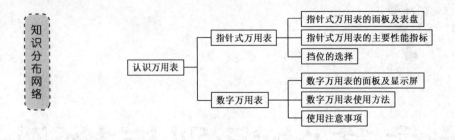

1.1.1 指针式万用表

指针式万用表是一种多功能、多量程的测量仪表，一般可测量直流电流、直流电压、交流电流、交流电压、电阻等多个参数，外形如图 1-1 所示。

1. 指针式万用表的面板及表盘

在指针式万用表的面板及表盘上，会有一些特定的符号，这些符号标明指针式万用表的一些重要性能和使用要求。在使用指针式万用表时，必须按这些要求进行，否则会导致测量不准确、发生事故、万用表损坏，甚至造成人身危险。指针式万用表表盘上的常用字符含义如表 1-1 所示。

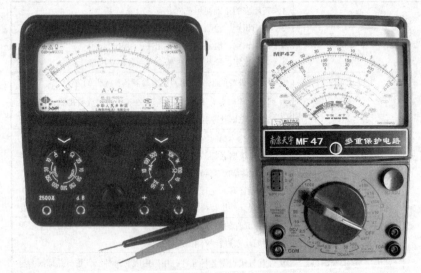

图 1-1 指针式万用表

2. 指针式万用表的主要性能指标

1）准确度

准确度表征指针式万用表测量结果的准确程度，即测量值与标准值之间的基本误差值。准确度越高，基本误差值越小。

表 1-1　指针式万用表表盘上的常用字符含义

标志符号	意　义	标志符号	意　义
✳	公用端	⌄1.5	以标度尺长度百分数表示的准确度等级
COM	公用端	1.5	以指示值百分数表示的准确度等级
⏚	接地端	|1.5|	以量程百分数表示的准确度等级
A	电流端	── 或 ⋯	被测量为直流
mA	被测电流适合 mA 挡的接入端	∼	被测量为交流
5 A	专用端（如 5 A）	≂	被测量为直流与交流
·))	具有声响的通断测试	⚟	Ⅲ级防外电场
♪		Ⅲ	Ⅲ级防外磁场
⏁	二极管检测	A-V-Ω	测量对象包括电流、电压、电阻
⌒	磁电系测量机构	⌣	零点调节器
⌒⎯	测量线路中带有整流器	20 kΩ/V	表示直流电压灵敏度为 20 kΩ/V，有的也以 20 000 Ω/V DC 表示
⎕	刻度盘水平放置使用	4 kΩ/V	表示交流电压灵敏度为 4 kΩ/V
⊥	刻度盘垂直放置使用	45⋯55 1 000 Hz	使用频率范围为 45～1 000 Hz 标准频率范围为 45～55 Hz
☆	绝缘试验电压为 6 kV	dB-1 mΩ600 Ω	在 600 Ω 负载电阻上功耗 1 mΩ，定义为零分贝（dB）
⚡	高电压，注意安全	⚠	注意
+	正端	−	负端

根据国际标准规定指针式万用表的准确度有 7 个等级，即 0.1、0.2、0.5、1.0、1.5、2.5、5.0。通常，指针式万用表主要有 1.0、1.5、2.5、5.0 四个等级。其数值越小，等级越高，其中 2.5 级的指针式万用表的应用最为普遍。2.5 级的准确度即表示基本误差为±2.5%，其他依次类推。指针式万用表的精度等级与基本误差如表 1-2 所示。

表 1-2　指针式万用表的精度等级与基本误差

精度等级	0.1	0.2	0.5	1.0	1.5	2.5	5.0
基本误差	±0.1%	±0.2%	±0.5%	±1.0%	±1.5%	±2.5%	±5.0%

2）直流电压灵敏度

直流电压灵敏度是指使用指针式万用表的直流电压挡测量直流电压时，该挡的等效内阻与满量程电压之比。例如，某指针式万用表在 250 V 电压挡时的内阻为 2.5 MΩ，其直流电压的灵敏度就为 $2.5×10^6 \, \Omega/250 \, V$，即 10 000 Ω/V。

指针式万用表的直流电压灵敏度的单位是 Ω/V 或 kΩ/V，一般直接标注在其表盘上。指针式万用表的直流电压灵敏度越高，表明其内阻越大，对被测电路的影响就越小，其测量结果就越准确。

因此，直流电压灵敏度高的指针式万用表适于测量有一定要求的电子电路，而直流电压灵敏度低的指针式万用表适于测量要求不高的电路。例如，在检修电视机时，就要求指针式万用表的灵敏度等于或大于 20 kΩ/V；而在检修收音机时，采用灵敏度为 10 kΩ/V 的万用表就可以了。

3）交流电压灵敏度

交流电压灵敏度与直流电压灵敏度，除所测电压的交、直流有区别外，其他物理含义完全一样。但由于交流测量时，表内的整流电路降低了万用表的内阻，故使用指针式万用表进行交流电流（或电压）测量时，其测量灵敏度和精度要比测量直流时低。

4）中值电阻

中值电阻是当指针式万用表欧姆挡的指针偏转至标度尺的几何中心位置时，所指示的电阻值正好等于该量程欧姆表的总内阻值。欧姆挡标度的不均匀性，使欧姆表的有效测量范围仅局限于基本误差较小的标度尺的中央部分。它一般对应于（1/10~10）倍的中值电阻，因此测量电阻时应合理选择量程，使指针尽量靠近中心处（满刻度的 1/3~2/3），以确保所测阻值准确。

5）频率特性

频率特性是指针式万用表测量交流电时，所允许的工作频率范围，如超出规定的频率范围，就不能保证其测量准确度。一般，便携式指针式万用表的工作频率范围为 45~2 000 Hz，袖珍式指针式万用表的工作频率范围为 45~1 000 Hz。

除此之外，指针式万用表还有绝缘等级、防电场等级和防磁场等级等性能指标。

3．挡位的选择

常用的指针式万用表的拨盘开关有两种方式，一种是单拨盘开关方式，它只有一个多挡的拨盘开关，挡位的选择只需要将这只开关拨到相应位置即可，如图 1-2 所示的 MF-47 型万用表的单拨盘开关；另一种是双拨盘开关方式，它有两个多挡的拨盘开关，挡位的选择需要由这两只开关配合拨到相应位置，如图 1-3 所示的 MF500 型万用表的双拨盘开关。

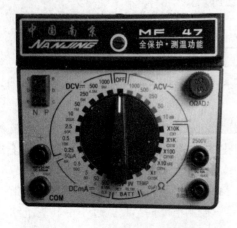

图 1-2　MF-47 型万用表的单拨盘开关

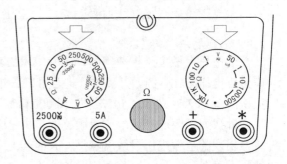

图 1-3　MF500 型万用表的双拨盘开关

1）单拨盘开关万用表挡位的选择

MF-47 型万用表的拨盘有多个段（见图 1-2），其中"V̄"为直流电压测量段，单位为 V，该表的最小测量挡为 0.25 V 挡，最大测量挡为 1 000 V 挡；"V̰"为交流电压测量段，单位也是 V，其最小测量挡为 10 V 挡，最大测量挡为 1 000 V 挡，其中 10 V 挡作电平测量时，满量程为 22 dB；"Ω"为电阻测量段，其最小测量挡为×1 Ω挡，最大测量挡为×10 kΩ挡，其中×10 Ω挡可作三极管的直流放大系数 h_{fe} 的测量；"mA"为直流电流测量段，除最小的 50 μA 挡和 2.5 A 挡外，其余挡位的单位均为 mA。注意，该表 50 μA 挡是与 0.25 V 共用的。

> 提示：在万用表不使用时，应将拨盘开关拨到交流电压挡或空挡最大位置。

2）双拨盘开关万用表挡位的选择

MF500 型万用表以其测量范围广、测量精度高、读数方便准确而被无线电爱好者所推崇。MF500 型万用表是一种典型的双拨盘方式的万用表，见图 1-3。在选择挡位时，需将左右两个拨盘开关配合选择，才能选择到需要的测量功能。下面分别进行介绍。

（1）电压的测量：如果要测量电压，应先将右开关拨到"V̰"位，再将左开关拨到"V̄"位段可进行直流电压的测量（拨到"V̰"位段可进行交流电压的测量）。需要注意的是，在这两个位段下方，还有"2 500 V"的标志，这表示在进行交流高压和直流高压的测量时，左开关应拨到交流挡位段或直流挡位段的任一挡位上。

① 直流电压的测量：量程开关转到合适的电压量程（如果不能估计被测电压的数值，则应先转到最大量程"500 V"，经试测后再确定适当的量程）。设两拨盘开关位置如图 1-4（a）所示，将测试表笔分别接于被测电路两端时，表盘指针位置如图 1-4（b）所示。

进行直流电压的读数时，应使用表盘上的第二条刻度线（即两头有"～"标志的刻度线）。由于拨盘挡位开关拨到"250 V"挡的位置，因此万用表的满量程为 250 V，可使用最大为"250"的数标，故直接读数即可。对于图 1-4（b）所示的指针位置，所读出的数值为 120 V。

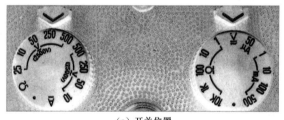

（a）开关位置

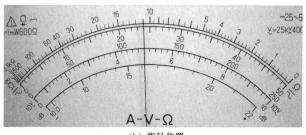

（b）指针位置

图 1-4 直流电压的测量

② 交流电压的测量：万用表拨盘挡位开关拨到如图 1-5（a）所示位置时，指针位置如图 1-5（b）所示。在图 1-5（a）中，拨盘挡位开关的位置是"250 V"，因此可以直接使用第二条刻度线（"∼"刻度线）的第一组数标（最大值为"250"）。对于图 1-5（b）所示指针位置，所读出的数值为交流 228 V。

（a）开关位置

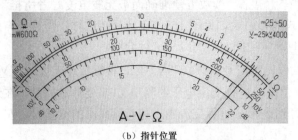

（b）指针位置

图 1-5 交流电压的测量

> ⚠ 提示：如果拨盘挡位开关的位置是如图 1-6（a）所示的"10$\underset{\sim}{V}$"挡，则应读取表盘上的第三条刻度线（即两头有"10$\underset{\sim}{V}$"标志的刻度线）。如图 1-6（b）所示的指针位置，所读出的数值为交流电压 6.8 V。

（a）开关位置

（b）指针位置

图 1-6 10$\underset{\sim}{V}$挡的测量

> ⚠ 提示：测量交、直流高压时，红表笔插头要插入标有"2 500 V"的插孔中，则左拨盘挡位开关只需拨到相应位段上的任意位置即可。

（2）电流的测量：测量直流电流时，应先将左开关拨到"$\underline{A}$"位，再将右开关拨到"mA"位段可测量相应 mA 级以下的直流电流；如果右开关拨到"50 μA"挡，则可测量小电流，其满量程为 50 μA。如果要测量交流电流，则只需将左开关拨到"$\underset{\sim}{A}$"位，再将右开关拨到与测量直流电流时相同的位置即可。

直流电流的测量与交流电压的测量所使用的刻度线是一样的，即标有"∼"的第二条刻度线；读数方法也是一样的，即先根据拨盘挡位开关的数值确定满量程，再选择相应的数标进行读数，如图 1-7 所示。

由图 1-7（a）所示拨盘挡位开关位置可知，满量程应为 100 mA，读数刻度仍为第二条刻度线，由图 1-7（b）所示指针位置读得的数值为 48 mA。

（a）开关位置

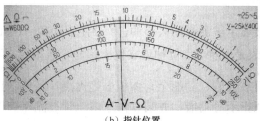

（b）指针位置

> 提示：测量电流时万用表应串接于被测电路中。

图 1-7　直流电流的测量

交流电流的测量除左拨盘挡位开关应拨在"A"位置外，其余与直流电流的测量完全一样。

（3）电阻的测量：如果要测量电阻，则需先将左拨盘挡位开关拨到"Ω"位，再将右拨盘挡位开关拨在"Ω"位段上的相应的挡位，即可进行测量，如图 1-8 所示。

图 1-8　测量电阻时挡位开关的位置

> 提示："Ω"的刻度线与其他刻度线有两个不同之处：一是该刻度线的"0"刻度在最右端，指针偏转越大，电阻值越小；二是该刻度线是不均匀的，越往左，刻度越密，在最左端，所标志的电阻值为无穷大，即两表笔处于开路状态。

测量电阻时，应使用第一条刻度线，即标有"Ω"的刻度线。

在读取测量数据时，应先将刻度上的数值读出，如图 1-9 所示，数值为 10；再将其与拨盘挡位开关的数值相乘。按图 1-8 所示挡位开关的位置，被测电阻的大小为 10 kΩ。

图 1-9　电阻测量时的指针位置

> 提示：（1）在不使用万用表时，应将其左右开关拨到"·"位置，以保护万用表。
>
> （2）在使用前应检查指针是否指在机械零位上，如果未指在零位，则应旋转表盖上的调零器使指针指示在零位上。一般测量时，应将红、黑表笔插头分别插入"+"、"*"插孔中，如图1-10所示。
>
> （3）在选择欧姆挡测量时，每改变一次量程，均要进行一次电气调零（即两表笔短接使指针指到表盘的右侧零位）。

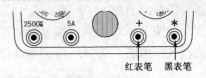

图1-10 一般测量时的表笔接插位置

1.1.2 数字万用表

1. 数字万用表的面板及显示屏

数字万用表是以数字的方式直接显示被测量的大小的，十分便于读数，下面以F15B/17B型为例进行介绍。F15B/17B型万用表是一种 $3\frac{1}{2}$ 位袖珍式仪表，与一般指针式万用表相比，该表具有测量精度高、显示直观、可靠性好、功能全、体积小等优点。另外，它还具有自动调零、显示极性、超量程显示及低压指示等功能，并装有快速熔丝管过流保护电路和过压保护元件。

> 提示：数字万用表显示的最高位不能显示0~9中的所有数字，故称作"半位"，写成"1/2"位。
>
> 例如，F15B型数字万用表共有4个显示单元，习惯上叫" $3\frac{1}{2}$ 位"（读作"三位半"）数字万用表。

（1）端子：数字万用表的端子如图1-11所示。各端子说明见表1-3。

表1-3 端子说明

端子	说　　明
①	适用于10 A的交流和直流电流测量及频率（仅17B型）测量的输入端子
②	适用于至400 mA的交流和直流的微安、毫安测量及频率（仅17B型）测量的输入端子
③	适用于所有测量的公共端子
④	适用于电压、电阻、通断性、二极管、电容、频率（仅17B型）和温度测量的输入端子

（2）显示屏：数字万用表的显示屏如图1-12所示，各部件说明见表1-4。

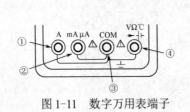

图1-11 数字万用表端子

图1-12 显示屏示意图

项目 1 电子元件的识别与检测

表 1-4 各部件说明

部件	说 明	部件	说 明
①	已启用相对测量模式	⑧	安培或伏特
②	已选中通断性	⑨	直流或交流电压或电流
③	已启用数据保持模式	⑩	已选中频率
④	已选中温度	⑪	已选中欧姆
⑤	已选中负载循环	⑫	10 倍数前缀
⑥	已选中二极管测试	⑬	已选中自动量程
⑦	电容法拉	⑭	电池电量不足,应立即更换

(3) 电池节能功能:如果连续 30 min 未使用万用表也没有输入信号,则其进入"睡眠模式"(Sleep mode),显示屏呈空白。按任何按钮或转动旋转开关,即唤醒电表。要禁用"睡眠模式",在开启万用表的同时按下"黄色"按钮即可。

2. 数字万用表的使用方法

数字万用表的样式很多,但其基本功能和使用方法相类似,下面以 F15B/17B 型数字万用表为例进行介绍。

1) 手动量程及自动量程

万用表有手动量程及自动量程两个选择。在自动量程模式内,万用表会为检测到的输入选择最佳量程,这样转换测试点时无须重置量程,但可以手动选择量程来改变自动量程。在有超出一个量程的测量功能中,万用表的默认值为自动量程模式。当万用表在自动量程模式时,会显示"Auto Range"。进入及退出手动量程模式的方法如下。

(1) 按【RANGE】键,每按一次【RANGE】会递增一个量程。当达到最高量程时,万用表会回到最低量程。

(2) 要退出手动量程模式,按住【RANGE】2 秒钟即可。

2) 数据暂停

按下【HOLD】键保存当前读数,再按【HOLD】键回复正常操作。

3) 相对测量

F17B 型数字万用表会显示除频率外所有功能的相对测量。

(1) 当万用表设在想要的功能时,让测试导线接触以后测量要比较的电路。

(2) 按下【REL】键将测得的值存储为参考值,并启动相对测量模式,此时万用表会显示参考值和后续读数间的差异。

(3) 按下【REL】键超过 2 秒钟,使电表恢复正常操作。

4) 测量交流电压和直流电压

若要最大程度地减少包含交流(或交流和直流)电压元件的未知电压产生的不正确的读数,首先要选择万用表上的交流电压功能,特别地,要记下产生正确测量结果所需的交流电量程。然后,手动选择直流电功能,其直流电量程应等于或高于先前记下的交流电量程。利用此方法可使在进行精确的直流电测量时交流电瞬变的影响减至最小。

(1) 将旋转开关转到 $\tilde{V}$、$\overline{V}$ 或 $\overline{mV}$,选择交流电或直流电。

(2) 将红表笔插入端子④（见图1-11）并将黑表笔插入COM端子。

(3) 将探针接触想要的电路测试点，测量电压。

(4) 阅读显示屏上测出的电压值，如图1-13所示。

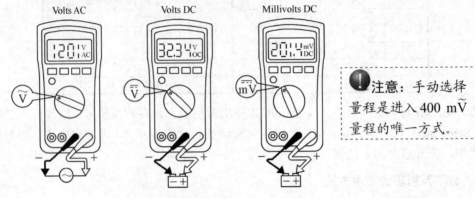

注意：手动选择量程是进入400 mV量程的唯一方式。

图1-13 电压的测量

5）测量交流电流或直流电流

（1）将旋转开关转到Ã、mA或μA。

（2）按下黄色按钮，在交流电流测量或直流电流测量间切换。

（3）根据待测的电流，将红表笔插入"A"、"mA"或"μA"端子，并将黑表笔插入COM端子。

（4）断开待测的电路路径。然后将测试导线衔接断口并施用电源。

（5）阅读显示屏上测出的电流值，如图1-14所示。

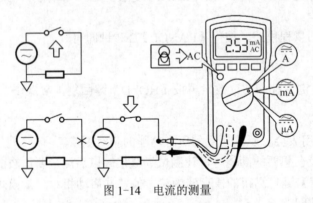

图1-14 电流的测量

6）测量电阻

（1）将旋转开关转至 ，并确保已切断待测电路的电源。

（2）将红表笔插入端子④（见图1-11），并将黑表笔插入COM端子。

（3）将探针接触想要的电路测试点，测量电阻。

（4）阅读显示屏上测出的电阻值。

若进行通断性测试，选中电阻模式，按两次黄色按钮可启动通断性蜂鸣器。若电阻不超过50 Ω，则蜂鸣器会发出连续音，表明短路。若万用表读数为"ΟL"，则表示是开路，如图1-15所示。

项目1 电子元件的识别与检测

!警告：在测量电阻或电路的通断性时，为避免受到电击或造成万用表损坏，请确保电路的电源已关闭，并将所有电容器放电。

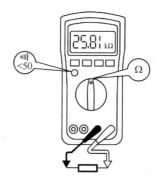

图1-15 电阻的测量/通断性测试

7）测量二极管

!警告：在测量电路二极管时，为避免受到电击或造成万用表损坏，请确保电路的电源已关闭，并将所有电容器放电。

（1）将旋转开关转至 。
（2）按黄色功能按钮一次，启动二极管测试。
（3）将红表笔插入端子④（见图1-11）并将黑表笔插入COM端子。
（4）将红色探针接到待测的二极管的阳极而黑色探针接到阴极。
（5）阅读显示屏上的正向偏压值。
（6）若测试导线的电极与二极管的电极反接，则显示屏的读数是"OL"。这可以用来区分二极管的阳极和阴极。

8）电容的测试
（1）将旋转开关转至 。
（2）将红表笔插入端子④（见图1-11）并将黑表笔插入COM端子。
（3）将探针接触电容器导线。
（4）待读数稳定后（15 s后），阅读显示屏上的值。

!注意：为避免损坏万用表，在测量电容前，请断开电源并将所有高压电容器放电。

9）测量温度（仅17B型）
（1）将旋转开关转至"=_"。
（2）将热电偶插入电表的 和COM端子，并确保带有正号的热电偶的插头插入万用表上的 端子。
（3）阅读显示屏上显示的摄氏温度。

10）测试保险丝

!警告：为了避免受到电击或发生人员伤害，在更换保险丝前，请先取下测试导线及一切输入信号。

（1）将旋转开关转至 。

11

（2）将测试导线插入端子④（见图1-11），并将探针接触"A"、"mA"或"μA"端子。

若读数介于 000.0～000.1 Ω，则证明"A"端子保险丝是完好的。若读数介于 0.990～1.010 kΩ，则证明"mA"、"μA"端子保险丝是完好的。

若读数为 0L，则更换保险丝后再测试。

若显示屏显示其他任何数值，则需维修万用表。

11）维护和保养

除更换电池和保险丝外，若非合格的专业技师并且拥有足够的校准、性能测试和维修仪器，切勿尝试修理或保养万用表。建议校准周期为 12 个月。

用湿布和少许清洁剂定期擦拭外壳，请勿使用磨料或溶剂。端子若弄脏或潮湿可能会影响读数。清洁端子的方法如下：

（1）关闭万用表并且断开测试导线；

（2）把端子内可能的灰尘摇掉；

（3）取一个新棉棒沾上酒精，清洁每个输入端子内部；

（4）用一个新棉棒在每个端子内涂上一层薄薄的精密机油。

> ⚠ 警告：为避免错误的读数而导致电击或人员伤害，电池指示灯（见图1-12中的⑭）亮时应尽快更换电池。为防止损坏或伤害，只安装、更换符合指定的安培数、电压和干扰相等的保险丝。在打开机壳或电池门以前，须断开测试线。

3. 使用注意事项

为避免可能受到电击或人员伤害，以及避免对万用表或待测装置造成损害，请遵照下面的惯例说明使用万用表。

（1）在使用万用表前，请检查机壳。切勿使用机壳损坏的万用表。查看是否有裂痕或缺少塑胶件。请特别注意接头的绝缘层。

（2）检查测试导线的绝缘是否有损坏或裸露的金属。检查测试导线的通断性。若导线有损坏，则需更换后再使用万用表。

（3）用万用表测量已知的电压，确定其操作是否正常。若万用表工作异常，请勿使用，保护设施可能已遭到损坏。若有疑问，应把万用表送去维修。

（4）切勿在任何端子和地线间施加超出万用表上标明的额定电压。

（5）在超出 30 V 交流电均值、42 V 交流电峰值或 60 V 直流电时使用电表，请特别留意。该类电压会有电击的危险。

（6）作测量时，必须用正确的端子、功能和量程挡。

（7）切勿在爆炸性的气体、蒸汽或灰尘附近使用万用表。

（8）使用测试探针时，手指应保持在保护装置的后面。

（9）进行连接时，先连接公共测试导线，再连接带电的测试导线；切断连接时，则先断开带电的测试导线，再断开公共测试导线。

（10）测试电阻、通断性、二极管或电容以前，必须先切断电源，并将所有的高压电容器放电。

（11）若未按照手册的指示使用万用表，则万用表提供的安全功能可能会失效。

(12）对于所有的直流电功能，包括手动或自动量程，为避免由于可能的不正确读数而导致电击的危险，请先使用交流电功能来确认是否有任何交流电压存在。然后，选择一个等于或大于交流电量程的直流电压量程。

（13）测量电流前，应先检查电表的保险丝（请见"测试保险丝"的说明）并关闭电源，然后才能将万用表与电路连接。

（14）取下机壳（或部分机壳）时，请勿使用万用表。

（15）本万用表只需使用两个正确安装在万用表机壳内的 AA 类的电池。

（16）电池指示灯（见图 1-12 中的⑭）亮时立即更换电池。当电池电量不足时，万用表可能会产生错误读数，甚至导致电击及人员伤害。

（17）打开机壳或电池门以前，必须先把测试导线从万用表上拆下。

（18）不要测量第Ⅱ类 600 V 以上或第Ⅲ类 300 V 以上安装的电压。

（19）REL 模式下显示 _ 符号。由于危险电压可能存在，所以请务必当心。

（20）维修万用表时，必须使用工厂指定的更换零件。

小知识　国际电力符号

～	AC（交流电）	⏚	地线
⎓	DC（直流电）	⎓	保险丝
≅	交流电或直流电	▣	双重绝缘
⚠	安全说明	⚠	电击危险
⊞	电池	CE	符合欧盟的相关法令

1.2 电阻器

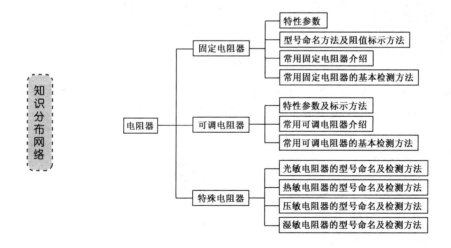

导电体对电流的阻碍作用称作电阻，用符号 R 表示，单位为欧姆、千欧、兆欧，分别用 Ω、kΩ、MΩ 表示。电阻器，简称电阻，是电气、电子设备中用得最多的基本元件之一，主要用于控制和调节电路中的电流和电压，或用作消耗电能的负载。电阻器的图形符号如图 1-16 所示。

电阻器的种类有很多，通常分为三大类：固定电阻，可调电阻和特殊电阻。在电子产品

电子产品工艺实训（第2版）

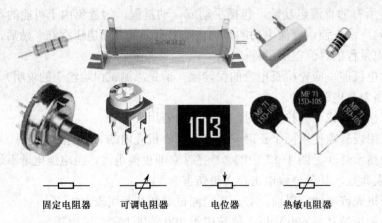

图 1-16　电阻器的图形符号

中，以固定电阻应用最多。

1.2.1　固定电阻器

1. 固定电阻器的分类

1) 按材料分

（1）线绕电阻器，包括通用线绕电阻器、精密线绕电阻器、大功率线绕电阻器和高频线绕电阻器。其外形如图 1-17 所示。

图 1-17　线绕电阻器

（2）薄膜电阻器，包括碳膜电阻器、合成碳膜电阻器、金属膜电阻器、金属氧化膜电阻器、化学沉积膜电阻器、玻璃釉膜电阻器和金属氮化膜电阻器。其外形如图 1-18 所示。

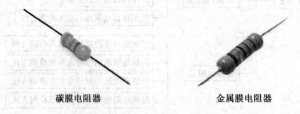

图 1-18　薄膜电阻器

（3）碳质电阻器，包括无机合成实心碳质电阻器和有机合成实心碳质电阻器。其外形如图 1-19 所示。

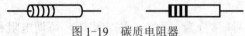

图 1-19　碳质电阻器

2）按功率分

常见的有 1/8 W、1/4 W、1/2 W、1 W 等的色环碳膜电阻器，是电子产品和电子制作中用得最多的。在一些微型产品中，还会用到 1/16 W 的电阻，它的体积小得多。

再者就是微型片状电阻，它是贴片元件家族中的一员。常用电阻器的外形如图 1-20 所示。

色环碳膜电阻　　矩形片式电阻器　　圆柱形片式电阻器

图 1-20　常用电阻器的外形

2. 主要特性参数

（1）标称阻值：电阻器上面所标示的阻值。国标规定了一系列阻值作为产品的标准，称为标称阻值系列，有 E6、E12、E24、E48、E96 和 E192，常用的有 E6、E12、E24 系列，见表 1-5。

表 1-5　E6、E12、E24 标称阻值系列

允许偏差			允许偏差			允许偏差		
±5%	±10%	±20%	±5%	±10%	±20%	±5%	±10%	±20%
E24	E12	E6	E24	E12	E6	E24	E12	E6
1.0	1.0	1.0	2.2	2.2	2.2	4.7	4.7	4.7
1.1			2.4			5.1		
1.2	1.2		2.7	2.7		5.6	5.6	
1.3			3.0			6.2		
1.5	1.5	1.5	3.3	3.3	3.3	6.8	6.8	6.8
1.6			3.6			7.5		
1.8	1.8		3.9	3.9		8.2	8.2	
2.0			4.3			9.1		

（2）允许偏差：标称阻值、实际阻值的差值与标称阻值之比的百分数称为允许偏差。它表示电阻器的精度。

从表 1-3 可以看出，E12 系列找不到 1.3×10^n 的电阻器，只能在 E24 系列中找到。表中各数值乘以 10^n 可得不同的电阻值。

（3）额定功率：在正常的大气压力为 90～106.6 kPa 及环境温度为 -55 ℃～+70 ℃ 的条件下，电阻器长期工作所允许耗散的最大功率。

线绕电阻器的额定功率（W）系列为 1/20、1/8、1/4、1/2、1、2、4、8、10、16、25、40、50、75、100、150、250、500。

非线绕电阻器的额定功率（W）系列为 1/20、1/8、1/4、1/2、1、2、5、10、25、50、100。

（4）额定电压：由阻值和额定功率换算出的电压。

(5) 最高工作电压：允许的最大连续工作电压。在低气压工作时，最高工作电压较低。

(6) 温度系数：温度每变化 1 ℃所引起的电阻值的相对变化。温度系数越小，电阻器的稳定性越好。阻值随温度升高而增大的为正温度系数，反之为负温度系数。

3．型号命名方法

国产固定电阻器的型号命名及含义见表 1-6，举例说明如下。

(1) RJ75——精密金属膜电阻器：

其中，R 表示电阻器（第一部分）；

  J 表示金属膜（第二部分）；

  7 表示精密（第三部分）；

  5 表示序号（第四部分）。

(2) RT10——普通碳膜电阻器：

其中，R 表示电阻器；

  T 表示碳膜；

  1 表示普通型；

  0 表示序号。

表 1-6 国产固定电阻器的型号命名及含义

第一部分：主称		第二部分：电阻体材料		第三部分：类别或额定功率				第四部分：序号
字母	含义	字母	含义	数字或字母	含义	数字	额定功率（W）	
R	电阻器	C	沉积膜或高频瓷	1	普通	0.125	1/8	用个位数或无数字表示
				2	普通或阻燃			
		F	复合膜	3	超高频	0.25	1/4	
		H	合成碳膜	4	高阻			
		I	玻璃釉膜	5	高温	0.5	1/2	
		J	金属膜	7	精密			
		N	无机实心	8	高压	1	1	
		S	有机实心	9	特殊（如熔断型等）			
W	电位器	T	碳膜	G	高功率	2	2	
		U	硅碳膜	L	测量			
		X	线绕	T	可调	3	3	
		Y	氧化膜	X	小型			
				C	防潮	5	5	
		O	玻璃膜	Y	被釉			
				B	不燃性	10	10	

4．固定电阻器的标示

1）普通固定电阻器的标示

(1) 直标法。直标法是用阿拉伯数字和单位符号在电阻器表面直接标出标称阻值，如图 1-21 所示，其允许偏差直接用百分数表示。

图 1-21 所示为标称阻值为 10 MΩ、允许偏差为±20%、额定功率为 5 W 的碳膜电阻器。

（2）文字符号法。文字符号法用阿拉伯数字和文字符号两者有规律的组合来表示标称阻值。

其允许偏差用文字符号表示（如表 1-7 所示），符号前面的数字表示整数阻值，后面的数字依次表示第一位小数阻值和第二位小数阻值，如图 1-22 所示。

图 1-21　直标法　　　　　　　　图 1-22　文字符号法

图 1-22 所示为金属膜电阻器，额定功率为 0.5 W，阻值为 5.1 kΩ，误差为±5%。

表 1-7　允许偏差代号

文字符号	允许偏差	文字符号	允许偏差
B	±0.1%	J	±5%
C	±0.25%	K	±10%
D	±0.5%	M	±20%
F	±1%	N	±30%
G	±2%		

（3）色环法。色环法是用不同颜色的环在电阻器的表面标出标称阻值和允许偏差。色环电阻器得到了广泛应用，其优点是在装配、调试和修理过程中，不用拨动元件，即可在任意角度看清色环，读出阻值，使用方便。

普通电阻器用四道色环，精密电阻器用五道色环，如图 1-23 所示。色环定义见表 1-8。

表 1-8　色环定义

颜色	第一位有效数字	第二位有效数字	第三位有效数字	倍率	允许偏差
黑	0	0	0	10^0	
棕	1	1	1	10^1	±1%
红	2	2	2	10^2	±2%
橙	3	3	3	10^3	
黄	4	4	4	10^4	
绿	5	5	5	10^5	±5%
蓝	6	6	6	10^6	±0.25%
紫	7	7	7	10^7	±0.1%
灰	8	8	8	10^8	
白	9	9	9	10^9	+50% ±20%（四环）
金				10^{-1}	±5%（四环）
银				10^{-2}	±10%（四环）
无色					±20%（四环）

① 四环电阻器的色环定义：

1—标称值第一位有效数字；

2—标称值第二位有效数字；

3—标称值有效数的倍率（数字后0的个数）；

4—允许偏差。

② 五环电阻器的色环定义：

1—标称值第一位有效数字；

2—标称值第二位有效数字；

3—标称值第三位有效数字；

4—标称值有效数的倍率（数字后0的个数）；

5—允许偏差。

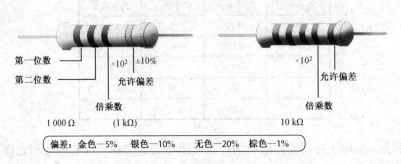

图1-23 色环标志法

下面介绍掌握此方法的几个要点。

- 熟记第一、第二环每种颜色所代表的数。可这样记忆：

棕=1　红=2　橙=3　黄=4　绿=5　蓝=6　紫=7　灰=8　白=9　黑=0

> **注意**：此乃基本功，多识读，一定要记住！

- 记准、记牢四环电阻中的第三环颜色、五环电阻中的第四环颜色所代表的阻值范围，这一点是关键。具体做法是：

  金色：几点几 Ω　　　　　　黑色：几十几 Ω

  棕色：几百几 Ω　　　　　　红色：几点几 kΩ

  橙色：几十几 kΩ　　　　　　黄色：几百几 kΩ

  绿色：几点几 MΩ　　　　　　蓝色：几十几 MΩ

从数量级来看，大体上分为四个大的等级，即金、黑、棕色是欧姆级的，红色是千欧级的，橙、黄色是十千欧级的，绿是兆欧级的，蓝色则是十兆欧级的。

- 当四环中的第二环、五环中的第三环是黑色时，后一环颜色所代表的则是整数，即几、几十、几百 kΩ等（这是读数时的特殊情况，要注意）。例如，四环中第三环是红色，则其阻值即是整几 kΩ的。

- 记住最后一环颜色所代表的误差，即金色为5%，银色为10%，无色为20%。

下面举例说明。

实例1-1 当四个色环依次是黄、橙、红、银色时，因第三环为红色，故阻值范围是整几 kΩ的。将黄、橙两色分别代表的数"4"和"3"代入，则其读数为 43 kΩ。第四环是银色，表示误差为±10%。

实例1-2 当五个色环依次是棕、绿、黑、橙、金色时，因第四环为橙色，第三环又是黑色，故阻值应是整几百 kΩ的。将棕色代表的数"1"、绿色代表的数"5"代入，则读数为 150 kΩ。第五环是金色，则其误差为±5%。

2）片状固定电阻器的标示

贴片元器件（SMD/SMC）是无引线或短引线的新型微小型元器件，适合安装于没有通孔的印制板上，是表面组装技术的专用元器件。片状电阻器是贴片器件中应用最广的元件之一，常用的固定贴片电阻器有矩形电阻器、圆柱形电阻器等。

（1）矩形片状电阻器，如图 1-24 所示。

图 1-24 矩形片状电阻器的外形

其标记识别方法如下。

① 当片状电阻器的阻值精度为±5%时，采用三个数字表示：

跨接线记为 000（专门作跨接线用的电阻器也叫片状跨接线电阻器或零阻值电阻器）；

阻值小于 10 Ω的，在两个数字之间补加"R"；

阻值在 10 Ω以上的，则最后一个数值表示增加的零的个数。举例如下。

实例1-3 4.7 Ω记为 4R7；
100 Ω记为 101；
1 MΩ记为 105。

② 当片式电阻器的阻值精度为±1%时，则采用四个数字表示：

前面三个数字为有效数字，第四位表示增加的零的个数；

阻值小于 10 Ω的，仍在第二位补加"R"；

阻值大于或等于 100 Ω的，则在第四位补 0。举例如下。

实例1-4 4.7 Ω记为 4R70；
100 Ω记为 1000；
1 MΩ记为 1004；
10 Ω记为 10R0。

（2）圆柱形片状电阻器，如图 1-25 所示。

图 1-25 圆柱形片状电阻器的外形

其标记识别如下。

MELF 的阻值以色环标志法表示，如图 1-26 所示。

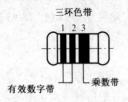 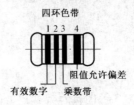 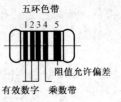

图 1-26　MELF 的色环标志法

标称阻值系列可参照 GB/T 2691—1994。

① ERD 型碳膜电阻器。阻值允许偏差为 J（±5%），采用 E24 系列，用三条色环标志，第一、第二条表示有效数字，第三条表示前两位有效数字乘以 10 的个数。

② ERO 型金属膜电阻器。阻值允许偏差为 G（±2%）的采用 E96 系列。阻值允许偏差为 F（±1%）的采用 E192 系列，用五条色环标志，第一、二、三条表示有效数字，第四条表示前三位有效数字乘以 10 的个数，第五条表示阻值允许偏差。色带的第一条靠近电阻器的一端，最后一条比其他各条宽 1.5～2 倍。色环法中各色所代表的含义见表 1-6。

5. 常用固定电阻器

1）碳膜电阻器

碳膜电阻器是膜式电阻器的一种，有轴向引线、领带式引线及不接引线等方式，如图 1-27 所示。

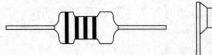 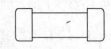

图 1-27　常见碳膜电阻器的外形

（1）性能特点：碳膜电阻器有良好的稳定性，负温度系数小，高频特性好，受电压频率的影响较小，噪声电动势较小，脉冲负荷稳定，阻值范围宽；制作容易，生产成本低，价格低廉，故其应用非常广泛。

（2）阻值范围：1 Ω～10 MΩ。

（3）额定功率：1/8 W、1/4 W、1/2 W、1 W、2 W、5 W、10 W 等。

普通碳膜电阻器的外形结构如图 1-28 所示。

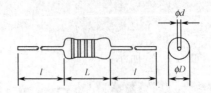

图 1-28　普通碳膜电阻器的外形结构

2）金属膜电阻器

金属膜电阻器是膜式电阻器的一种。

（1）性能特点：金属膜电阻器的稳定性好，耐热性能好，温度系数小，电压系数比碳膜电阻器更好；工作频率范围大，噪声电动势很小，可在高频电路中使用；在相同的功率条件下，它比碳膜电阻器的体积小很多，但这种电阻器的脉冲负荷稳定性较差。

（2）阻值范围：一般为 1 Ω～200 MΩ。

（3）额定功率：1/8 W、1/4 W、1/2 W、1 W、2 W 等。

金属膜电阻器的外形结构与普通碳膜电阻器相同。

3）金属氧化膜电阻器

金属氧化膜电阻器的有些性能优于金属膜电阻器（例如，有的金属氧化膜电阻器可在超高频范围工作）。普通金属氧化膜电阻器的外形与金属膜电阻器基本相同，其结构多为圆柱形和轴向引线。金属氧化膜电阻器的外形如图 1-29 所示。

（1）性能特点：它比金属膜电阻器的抗氧化能力强，抗酸、抗盐的能力强，耐热性能好；缺点是由于材料特性和膜层厚的限制，阻值范围小。

（2）阻值范围：1 Ω～200 kΩ。

（3）额定功率：1/8～10 W，25～50 kW。

4）合成碳膜电阻器

合成碳膜电阻器主要适于制成高压和高阻用电阻器，常用玻璃外壳封装，制成真空兆欧电阻器，用于微电流测试。其外形如图 1-30 所示。

图 1-29 金属氧化膜电阻器

图 1-30 合成碳膜电阻器

（1）性能特点：合成碳膜电阻器的生产工艺、设备简单，因此价格低廉；它的阻值范围大，可达 $10 \sim 10^6$ MΩ；其缺点是抗湿性差，电压稳定性低，频率特性不好，噪声大，不适合作为通用电阻器。

（2）阻值范围：$10 \sim 10^6$ MΩ。

（3）额定功率：1/4～5 W。

（4）最高工作电压：35 kV。

5）有机合成实心电阻器

如图 1-31 所示，其引线压塑在电阻体内，一种是无端帽的电阻器，另一种是有端帽并把端帽作为电极的电阻器。

（1）性能特点：这种电阻器机械强度高、可靠性好，具有较强的过负荷能力，体积小、

图 1-31　有机实心电阻器

价格低廉；固有噪声大、分布参数大，电压和温度稳定性差，不适用于要求较高的电路中。

（2）阻值范围：4.7 Ω～22 MΩ。

（3）工作电压：250～500 V。

（4）额定功率：1/4～2 W。

6）玻璃釉电阻器

玻璃釉电阻器如图 1-32 所示。

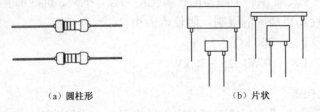

（a）圆柱形　　　　　　　　（b）片状

图 1-32　常见玻璃釉电阻器的外形图

小型玻璃釉电阻器可用于电子手表中，其阻值范围为 4.7 Ω～10 MΩ；使用环境为 -55 ℃～+125 ℃，额定温度可达 85 ℃；额定功率为 1/8 W。

玻璃釉电阻器的性能特点：此电阻器耐高温、耐湿性好，稳定性好，噪声小，温度系数小，阻值范围大。该电阻器属于厚膜电阻。

7）线绕电阻器

线绕电阻器的表面被覆一层玻璃釉，常称作被釉线绕电阻器；有的表面被覆一层保护有机漆或清漆，称为涂漆线绕电阻器；还有裸式线绕电阻器。线绕电阻器的外形如图 1-33 所示。

（1）性能特点：这种电阻器噪声小，甚至无电流噪声；温度系数小，热稳定性好，耐高温，工作温度可达 315 ℃；功率大，能承受大功率负荷；缺点是高频特性差。

（2）阻值范围：0.1 Ω～5 MΩ。

（3）额定功率：1/8～500 W。

线绕电阻器分为固定式和可调式两种。

8）熔断电阻器

熔断电阻器是一种新型的双功能元件。在电路正常工作时，它具有普通电阻器的功能；当电路出现故障而超过其额定功率时，它会像保险丝一样熔断，而将连接电路断开，从而起到保护作用。熔断电阻器可以分为绕线型、金属膜型、碳膜型、化学沉积膜型等，其阻值范围为 0.33 Ω～10 kΩ。熔断电阻器的外形如图 1-34 所示。

项目1 电子元件的识别与检测

图1-33 线绕电阻器　　　　　　　　图1-34 熔断电阻器的外形

9）矩形片状电阻器

矩形片状电阻器的外形及结构如图1-35所示。片状电阻由于制造工艺的不同有两种类型，一种是厚膜型（RN型），另一种是薄膜型（RK型）。薄膜型性能稳定，阻值精度高，但价格较贵。在电阻层上涂覆特殊的玻璃釉涂层，可使电阻器在高温、高湿下的性能非常稳定。

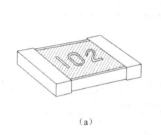 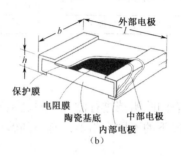

> 注意：电阻的焊盘尺寸不要过大，以避免焊锡过多而造成冷却时收缩应力过大（有时会造成电阻断裂）。

图1-35 矩形片状电阻器的外形及结构

矩形片状电阻器一般用于电子调谐器和移动通信等频率较高的产品中，可提高安装密度和可靠性。

10）圆柱形片状电阻器

圆柱形固定片状电阻器，即金属电极无引脚端面元件，简称MELF电阻器。MELF电阻器主要有碳膜ERD型、高性能金属膜ERO型及跨接用的0Ω电阻器三种。它与矩形片状电阻器相比，无方向性和正反面性，包装、使用方便，装配密度高，固定到印制板上有较高的抗弯曲能力，特别是噪声电平和三次谐波失真都比较低，常用于高档音响等电器产品中。

圆柱形片状电阻器如图1-36所示。

11）小型固定电阻网络

电阻网络是电阻器集成的复合元件，也叫阻排，它具有体积小、质量轻、可以高密度安装、可靠性高、可焊性好等特点。使用时，焊接远离元件的引出端，不会带来热冲击；引出端扁平短小，且元件均进行了密封，寄生电参数小，便于屏蔽。电阻网络按电阻膜特性分为厚膜型和薄膜型。常用的是厚膜型电阻网络，薄膜型电阻网络只在要求高频、精密的情况下使用。单排固定电阻网络如图1-37所示。

表面组装元件的电阻网络有SOP型电阻网络、芯片功率型电阻网络、芯片载体型电阻网络和芯片阵列型电阻网络四种结构。其结构特点见表1-9。

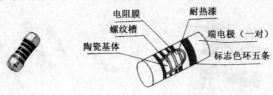

图 1-36 圆柱形片状电阻器   图 1-37 单排固定电阻网络

表 1-9 表面组装元件的电阻网络种类

种 类	结 构	特 点
SOP 型	外引出端子与 SOP 集成电路相同，模塑封装。厚膜或薄膜电阻	可组成高密度电路
芯片功率型	基板带 "]" 型端子，氮化钽薄膜或厚膜电阻	功率大，形状大，适合于专用电路
芯片载体型	电阻芯片贴于载体基板上，基板侧面四个方向有电极	可做成小型、薄型、高密度，仅适应再流焊接
芯片阵列型	电阻芯片以阵列排列，在基板两侧有电极	小型、薄型简单网络

1.2.2 固定电阻器的检测

对电阻器的检测，主要用万用表的欧姆挡进行测量，通过阻值来判断其是否有短路、断路、阻值变化等故障。对于不同情况下的不同电阻器，有不同的检测方法，简述如下。

1．普通固定电阻器的检测

1）单独检测固定电阻器

将万用表（数字式或指针式）的两表笔（不分正负）分别与电阻的两端引脚相接即可测出实际电阻值。

以指针式万用表为例。为了提高测量精度，应根据被测电阻标称值的大小来选择量程。由于欧姆挡刻度的非线性关系，它的中间一段分度较为精细，因此应使指针指示值尽可能落到刻度的中段位置，即全刻度起始的 1/3～2/3 弧度范围内，以使测量更准确，如图 1-38 所示。根据电阻误差等级的不同，读数与标称阻值之间分别允许有±5%、±10%或±20%的偏差。如不相符或超出误差范围，则说明该电阻值变值了。

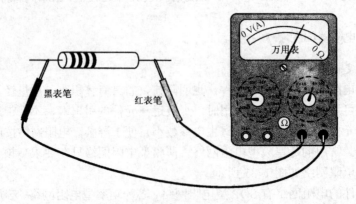

图 1-38 单独检测固定电阻器

项目1 电子元件的识别与检测

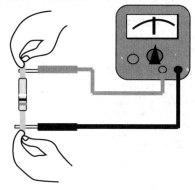

> **注意**：测试时，特别是在测几十千欧以上阻值的电阻时，手不要触及表笔和电阻的导电部分，如图1-39所示；被检测的电阻从电路中焊下来时，至少要焊开一个头，以免电路中的其他元件对测试产生影响，造成测量误差；色环电阻的阻值虽然能以色环标志来确定，但在使用时最好还是用万用表测试一下其实际阻值。

图1-39 不正确的测量方法

2）在路测试电阻器

在路测试电阻器的具体检测步骤如下。

（1）首先将电路板的电源断开。

（2）排除引脚有虚焊的现象。

（3）将万用表设置在欧姆挡。

（4）选择合适的量程。

（5）对万用表进行电气调零校正（即将两表笔短接，观察指针是否指到右端0位。若没指到0位则需调整电气调零旋钮）。

（6）将万用表的红、黑表笔分别搭在电阻器两端引脚的焊点上，如图1-40所示，观察表盘，读数并记录结果。

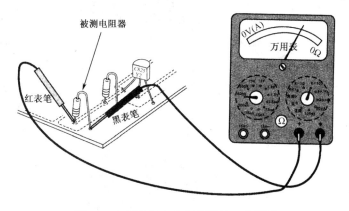

图1-40 线路板上电阻器的第1次测量

（7）将红、黑表笔互换位置，再次测量，如图1-41所示，读数并记录结果。这样做的目的是排除电路中晶体管PN结的正向电阻对测量的影响。

（8）判断结果：若第一次测量结果等于或接近标称值，或第二次测量结果等于或接近标称值，则可以断定该电阻器正常。

若第一次测量结果大于标称值，或第二次测量结果大于标称值，则可以判断该电阻器损坏。若两次都远小于标称值，但是大于0，则说明该电阻器有可能阻值变小，但需要将电阻器从电路板上焊开，脱离电路板单独进行检测证实。若两次都接近于0，则说明电阻器短路，

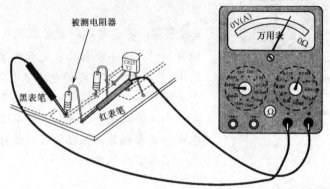

图 1-41　线路板上电阻器的第 2 次测量

但需要从电路板上焊开，再次测量进行证实。

对于电路板上电阻器的脱开检测有两种方法：一种是使用电烙铁将电阻器一端焊下，脱开线路，然后再测量，如图 1-42（a）所示；另一种是切断电阻器一端引脚的铜箔线路，如图 1-42（b）所示。

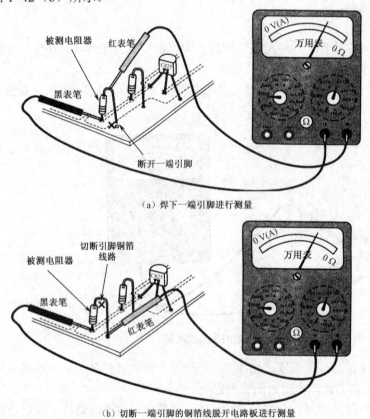

（a）焊下一端引脚进行测量

!注意：如果测量具有大电容的电路中的电阻器时，必须将电容器上的充电电荷放电后再进行测量。

（b）切断一端引脚的铜箔线脱开电路板进行测量

图 1-42　脱开电路板检测电阻器

2. 熔断电阻器的检测

在电路中，当熔断电阻器熔断开路后，可根据经验作出判断：若发现熔断电阻器表面发黑或烧焦，可断定是其负荷过重，是通过它的电流超过额定值很多倍所致；如果其表面无任何痕迹而开路，则表明流过的电流刚好等于或稍大于其额定熔断值。对于表面无任何痕迹的熔断电阻器好坏的判断，可借助万用表的 R×1 挡来测量，为保证测量准确，应将熔断电阻器一端从电路上焊下。若测得的阻值为无穷大，则说明此熔断电阻器已失效开路；若测得的阻值与标称值相差甚远，则表明电阻变值，也不宜再使用。具体的检测方法有两种。

1）单独熔断电阻器检测

单独熔断电阻器的检测步骤如下。

（1）清洁熔断电阻器的引脚。

（2）将万用表设置成欧姆挡。

（3）选择合适的量程。

（4）若是机械表，则需要调零校正（即将两表笔短接使指针指在"0"处）。

（5）将万用表的红、黑表笔分别搭在熔断电阻器两端的引脚上，如图 1-43 所示，观察表盘，读数并记录结果 R。

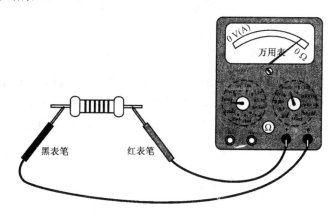

图 1-43　单独熔断电阻器的检测

（6）判断结果：

① 若 R 等于或十分接近标称阻值，则可以断定该电阻器正常；

② 若 R 为无穷大，则可以断定该电阻器已熔断；

③ 若 R 远大于标称阻值，则可以断定该电阻器已损坏。

2）在路直接检测

在路直接检测的具体步骤如下。

（1）将电路板正常加电。

（2）排除引脚有虚焊的现象。

（3）将万用表设置成电压挡。

（4）选择合适的量程。

（5）对指针式万用表进行调零校正（即将两表笔短接，观察指针是否指到右端的"0"位。若未指到"0"位则需调整电气调零旋钮）。

(6) 判断熔断电阻器的电流方向。

(7) 沿着电流的方向依次检测熔断电阻器两端的支流对地电压，如图 1-44 所示。

若对地电压属于正电压，则将万用表的黑表笔接地，再将红表笔搭在电阻器上一端（电流流入）引脚的焊点上。

若对地电压属于负电压，则将万用表的红表笔接地，黑表笔搭在熔断电阻器的一端（电流流入）引脚的焊点上。观察表盘，读数并记录结果 U_1。

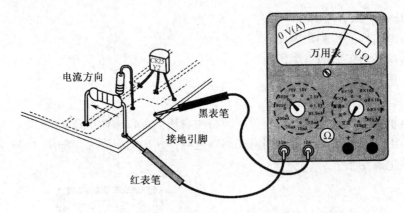

图 1-44 正电压的情况下测量一端引脚电压

(8) 如图 1-45 所示，当对地电压属于正电压时，保持万用表的黑表笔接地，红表笔搭在熔断电阻器的另一端（电流流出）引脚的焊点上。当对地电压属于负电压时，保持万用表的红表笔接地，将黑表笔搭在熔断电阻器的另一端（电流流出）引脚的焊点上，观察表盘，读数并记录结果 U_2。

(9) 判断结果：

① 若 U_1 和 U_2 都等于或十分接近正常电压，则可以断定该电阻器正常；

② 若 U_1 等于或十分接近正常电压，而 U_2 等于 0 V，则可以断定该电阻器已损坏。

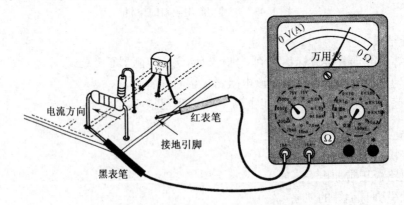

图 1-45 测量另一端引脚的电压

3. 片状电阻器的检测

片状电阻器的检测与普通固定电阻器的检测相同，只需将万用表的表笔分别接触片状电阻器的两端即可。

1.2.3 可调电阻器

可调电阻器主要指电位器。电位器对外有三个引出端,其中两个为固定端,一个为滑动端(也叫中心抽头)。滑动端可以在固定端之间的电阻体上机械运动,使其与固定端之间的阻值发生变化。电位器的外形及其电路符号如图1-46所示。

图1-46 电位器的外形及其电路符号

1. 普通电位器的分类

常见普通电位器的种类很多,用途各异。可按用途、材料、结构特点、阻值变化规律等因素对电位器进行分类。常见电位器的分类见表1-10。

表1-10 电位器的分类

分类依据			举例
材料	合金型	线绕	线绕电位器
		金属箔	金属箔电位器
	薄膜型		金属膜电位器,金属氧化膜电位器,复合膜电位器,碳膜电位器
	合成型	有机	有机实心电位器
		无机	无机实心电位器,金属玻璃釉电位器
	导电塑料		直滑式,旋转式
用途			普通,精密,微调,功率,高频,高压,耐热
阻值变化规律	线性		线性电位器
	非线性		对数式,指数式,正余弦式
结构特点			单圈,多圈,单联,多联,有止挡,无止挡,带旋转开关
调节方式			旋转式,直滑式

2. 电位器的主要参数

1)标称阻值

标称阻值即标在产品上的名义阻值,其系列与电阻器的标称阻值系列相同。根据不同的精度等级,实际阻值与标称阻值的允许偏差范围是±20%、±10%、±5%、±2%、±1%,精密电位器的可达到±0.1%。

2)额定功率

电位器的额定功率是指两个固定端之间允许的最大耗散功率。

一般电位器的额定功率系列为0.063 W、0.125 W、0.25 W、0.5 W、0.75 W、1 W、2 W、3 W。

绕线电位器的额定功率比较大,为0.5 W、0.75 W、1 W、1.6 W、3 W、5 W、10 W、16 W、25 W、40 W、63 W、100 W。

!注意：滑动端与固定端之间允许的功率要小于额定功率。

3）滑动噪声

当滑动端在电阻体上滑动时，电位器中心端与固定端之间的电压出现无规则的起伏，这种现象称为滑动噪声。它是由材料电阻率分布的不均匀性及滑动端滑动时接触电阻的无规则变化引起的。

4）分辨力

对输出量可实现的最精细的调节能力，称为电位器的分辨力。绕线电位器的分辨力较差。

5）阻值变化规律

调整电位器的滑动端，其阻值按照一定规律变化，如图 1-47 所示。常见电位器的阻值变化规律有线性变化、指数变化和对数变化。根据不同需要，还可制成按照其他函数规律变化的电位器。

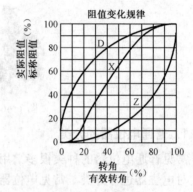

图 1-47　阻值变化规律

6）启动力矩与转动力矩

启动力矩是指转轴在旋转范围内启动时所需要的最小力矩；转动力矩是指转轴维持匀速旋转时所需要的力矩。这两者相差越小越好。在自控装置中与伺服电机配合使用的电位器，要求启动力矩小，转动灵活；而用于电路调节的电位器，其启动力矩和转动力矩都不应太小。

3. 电位器的命名方法

详见表 1-6。

4. 电位器的标示

电位器的参数标示方法主要为直标法，通常将标称阻值及允许偏差、额定功率和类型标注在电位器的外壳上，一些小型电位器只标注标称阻值。

实例 1-5　某电位器外壳的标注为 W51K-0.5/X，则表示"标称阻值 51 kΩ，额定功率 0.5 W，X 型"的电位器。

5. 常用电位器

1）线绕电位器

（1）结构：用合金电阻线在绝缘骨架上绕制成电阻体，中心抽头的簧片在电阻丝上滑动。可制成精度达±0.1%的精密线绕电位器和额定功率达 100 W 以上的大功率电位器。常见线绕电位器如图 1-48 所示。

（2）特点：根据用途可制成普通型、精密型、微调型的线绕电位器；根据阻值变化规律有线性的和非线性的两种。线性电位器的精度易于控制，稳定性好，电阻的温度系数小，噪声小，耐高温，但阻值范围较窄，一般在几欧到几十千欧之间。

2）合成碳膜电位器

（1）结构：在绝缘体上涂敷一层合成碳膜，经加温聚合后形成碳膜片，再与其他零件组合而成。其阻值变化规律有线性的和非线性的两种,轴端结构分为带锁紧的与不带锁紧的两种。合成碳膜电位器的外形如图 1-49 所示。

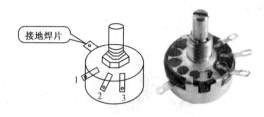

图 1-48 线绕电位器　　　　　　　图 1-49 合成碳膜电位器

（2）特点。其阻值变化连续,分辨率高,阻值变化范围宽（100 Ω～5 MΩ）。对温度和湿度适应性差,使用寿命短。额定功率有 0.125 W、0.5 W、1 W、2 W 等,精度一般为±20%。

3）有机实心电位器

（1）结构：由导电材料与有机填料、热固性树脂配制成电阻粉,经热压,在基座上形成实心电阻体,其外形如图 1-50 所示。

图 1-50 有机实心电位器

（2）特点：结构简单,耐高温,体积小,寿命长,可靠性高；耐压稍低,噪声大,转动力矩大。多用于对可靠性要求较高的电路。阻值范围在 47 Ω～4.7 MΩ,功率在 0.25～2 W,精度有±5%、±10%、±20% 几种。

4）多圈电位器

多圈电位器属于精密电位器,调整阻值时需要使转轴旋转多圈,因而精度高。当阻值需要在很大范围内进行微量调整时,可选用多圈电位器。多圈电位器的种类很多,有线绕型、金属膜型、有机实心型等,调节方式有螺旋式、螺杆式等。

5）导电塑料电位器

导电塑料电位器的电阻体由碳黑、石墨、超细金属粉与磷苯二甲酸、二烯丙酯塑料和胶粘剂塑压而成。其耐磨性好,接触可靠,分辨力强,寿命较长,但耐湿性差。其外形如图 1-51 所示。

图 1-51 导电塑料电位器

除了以上介绍的接触式电位器以外,还有非接触式电位器。非接触式电位器不存在机械接触,因此克服了接触电阻不稳定、滑动噪声及断线等缺点。

6）带开关的电位器

带开关的电位器有旋转式开关电位器、推拉式开关电位器、推开式开关电位器等，如图1-52所示。

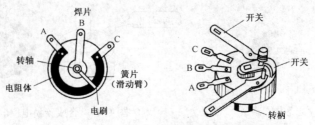

图1-52 带开关的小型电位器的结构示意图

7）无触点电位器

无触点电位器消除了机械接触，寿命长、可靠性高，有光电式电位器、磁敏式电位器等。

8）片状电位器

表面安装电位器，又称片状电位器，包括片状、圆柱状、扁平矩形结构等。其阻值基数是1、2、5，如常用的阻值是10 kΩ、20 kΩ、50 kΩ及100 kΩ等（阻值范围为100 Ω～1 MΩ）。

片状电位器有四种不同的外形结构。

（1）敞开式结构。敞开式电位器的结构如图1-53所示。它又分为直接驱动簧片结构和绝缘轴驱动簧片结构两种。这种电位器无外壳保护，灰尘和潮气易进入产品，所以对其性能有一定影响，但价格低廉，因此常用于消费类电子产品中。但敞开式的片状电位器仅适用于锡膏—再流焊工艺，不适用于贴片—波峰焊工艺。

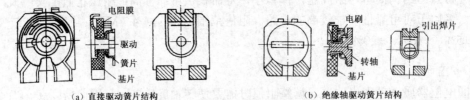

图1-53 敞开式电位器的结构

（2）防尘式结构。防尘式电位器的结构如图1-54所示，有外壳或护罩，灰尘及潮气不易进入产品，性能较好，多用于投资类电子整机和高档消费类电子整机中。

（3）微调式结构。微调式电位器的结构如图1-55所示，属精细调节型，性能好，但价格昂贵，多用于精密的投资类电子整机中。

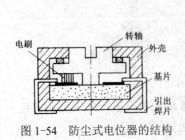

图1-54 防尘式电位器的结构

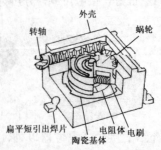

图1-55 微调式电位器的结构

（4）全密封式结构。全密封式的电位器有圆柱形和扁平矩形两种形式，具有调节方便、可靠、寿命长的特点，常用于高档电子产品中。圆柱形电位器的结构如图 1-56 所示，分为顶调和侧调两种。

图 1-56 圆柱形电位器的结构

1.2.4 电位器的检测

电位器的检测有阻值检测和视听检查两种方法，应根据电位器在电路中的具体作用而采取不同的检测方法。

1. 检测单独的电位器

检测单独的电位器的具体步骤如下。

（1）清洁电位器的引脚。

（2）将万用表设置在欧姆挡。

（3）选择合适的量程。

（4）若是机械表，则需要调零校正（即将两表笔短接，观察指针是否指到右端"0"位。若未指到"0"位则需调整电气调零旋钮）。

（5）将万用表的红、黑表笔分别搭在电位器两个固定端的引脚上，如图 1-57 所示，观察表盘，读数并记录结果 R_1。

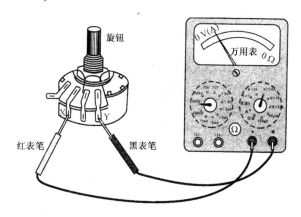

图 1-57 电位器最大阻值的检测

（6）将万用表的红、黑表笔分别搭在电位器任意一个定片（X）引脚和动片引脚上，缓慢匀速旋转电位器的旋钮，使动片从定片引脚（X）端滑到另一端的定片引脚（Y），如图 1-58 所示。在调节动片的同时，仔细观察表盘指针的摆动，并记录最后的定值 R_2。

（7）判断结果：

① 若 R_1 和最大定值 R_2 等于或十分接近标称值，并且在缓慢匀速旋转电位器旋钮的同时，万用表指针的偏转也是连续偏转，直至最大定值 R_2，则可以断定此电位器是好的；

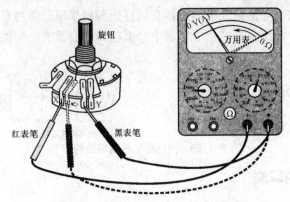

图 1-58 电位器阻值变化的检测

② 若 R_1 远小于或远大于标称值,则可以断定该电位器是坏的;

③ 若万用表指针偏转时出现停顿或跳动的现象,则说明动片与定片之间存在接触不良的故障。

2. 视听法检测音量、音调电位器

检测位于电路板上的电位器的具体步骤如下。

(1) 排除电位器上的污物。

(2) 保证电路正常通电。

(3) 缓慢匀速调节电位器,使动片在定片之间滑动,如图 1-59 所示。在调节动片的同时,仔细聆听扬声器的声音。

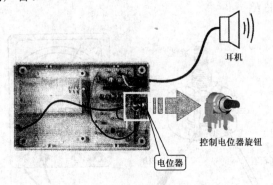

图 1-59 视听法检测电位器

(4) 判断结果:

① 若调节过程中几乎听不到什么噪声,则说明电位器基本良好;

② 若调节噪声大,则可以断定该电位器有问题;

③ 若旋钮刚刚转动一些,音量的变化很大,再转动旋钮时音量几乎不再增大,则说明该电位器有问题。

1.2.5 特殊电阻器

特殊电阻器主要包括热敏电阻器、光敏电阻器、压敏电阻器、湿敏电阻器、气敏电阻器、力敏电阻器等。每种电阻器的型号命名方法、特性、检测方法都不相同,下面逐一介绍。

1. 热敏电阻器

热敏电阻器大多数由金属氧化物按不同比例配方后经高温烧结而成。其阻值会随温度的变化而变化。热敏电阻器根据结构和形状分为圆片、方片、珠状、杆状、管线状、薄膜、厚膜热敏电阻器等；根据受热方式分为直热式和旁热式热敏电阻器。

热敏电阻器又可分为阻值随温度升高而减小的负温度系数（NTC）的热敏电阻器和阻值随温度升高而增加的正温度系数（PTC）的热敏电阻器。常用的热敏电阻器的外形及电路符号如图 1-60 所示。

图 1-60　热敏电阻器的外形及电路符号

1）热敏电阻器的主要参数

（1）额定功率（P_N），是指在规定的标准条件下（大气压为 1.01×10^5 Pa，规定环境温度），热敏电阻器长期连续负荷所允许的耗散功率。实际使用时不得超过额定功率。

（2）测量功率（P_C），是指在规定的环境温度下，电阻体受测试电流加热时所引起阻值的变化不超过 0.1%时所消耗的功率。

（3）标称阻值（R_{25}），一般指环境温度为+25 ℃时，热敏电阻器的实际电阻值。

（4）实际阻值（R_T），是指在一定温度和条件下（电源引起的温升不超过+0.05 ℃，阻值变化不超过 0.1%），所测得的电阻值。

（5）最大电压，是指在规定环境温度下，热敏电阻器不引起失控所允许连续施加的最大直流电压。

2）热敏电阻器的型号命名方法

根据标准 SJ/T 11167—1998《敏感元器件及传感器型号命名方法》的规定，敏感电阻器的产品型号由下列四部分组成。

第一部分：主称（用字母 M 表示敏感元器件）。

第二部分：类别或材料（用字母或数字表示）。例如：

　　　　　Z：直热式正温度系数热敏电阻器（PTC）；ZB：铂热敏电阻器；

　　　　　F：直热式负温度系数热敏电阻器（NTC）；FP：旁热式负温度系数热敏电阻器。

第三部分：特征（用字母或数字表示）。

第四部分：序号和区别代号（用数字加字母表示）。

热敏电阻器型号命名中特征部分的数字所表示的意义见表 1-11。

表 1-11　热敏电阻器型号命名中特征部分的数字所表示的意义

	1	2	3	4	5	6	7
PTC	补偿型	限流型	起动型	加热型	测温型	控温型	消磁型
NTC	补偿型	稳压型	微波测量型		测温型	控温型	抑制型

实例 1-6　MZ11 表示正温度系数补偿型电阻器热敏电阻器。其中，M 表示敏感元器件；Z 表示正温度系数热敏电阻器（PTC）；第三位 1 表示补偿型电阻器；第四位 1 为设计序号。

3）热敏电阻器的检测

检测时，用万用表的 R×1 挡，具体可分两步操作。

（1）常温检测（室内温度接近 25 ℃）。如图 1-61 所示，将两表笔接触热敏电阻器的两引脚，测出其实际阻值，并与标称阻值相对比，两者相差在 ±2 Ω 内即为正常。实际阻值若与标称阻值相差过大，则说明其性能不良或已损坏。

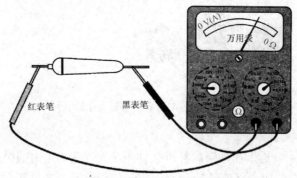

图 1-61　常温检测热敏电阻器

（2）加温检测。在常温检测正常的基础上，即可进行第二步检测——加温检测。如图 1-62 所示，将一热源（如电烙铁）靠近热敏电阻器对其加热，同时用万用表监测其电阻值是否随温度的升高而增大，若是则说明热敏电阻器正常；若阻值无变化则说明其性能变劣，不能继续使用。注意，不要使热源与热敏电阻器靠得过近或直接接触，以防止将其烫坏。

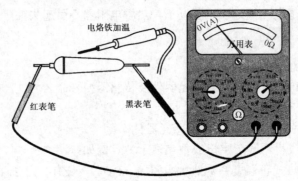

图 1-62　加温检测热敏电阻器

2. 光敏电阻器

光敏电阻器大多数是由半导体材料制成的。它是利用半导体的光导特性，使电阻器的阻值随入射光线的强弱而发生改变。当入射光线增强时，其阻值会明显减小；当入射光线减弱时，其阻值明显增大。光敏电阻器由玻璃基片、光敏层和电极组成。光敏电阻器多为片形，其外形结构及电路符号如图 1-63 所示。

光敏电阻器的特点：阻值随入射光线的强弱而改变，有较高的灵敏度；在交、直流电路中均可使用，且电性能稳定；体积小，结构简单，价格便宜，应用范围广。

图 1-63　光敏电阻器的外形结构及电路符号

1）光敏电阻器的主要参数

（1）额定功率（P_N），是指光敏电阻器在规定条件下，长期连续负荷所允许消耗的最大功率。在此功率下，电阻器本身的温度不超过最高工作温度。

（2）亮电阻（R_L），是指光敏电阻器受到光线照射时所具有的阻值。

（3）暗电阻（R_D），在无光照的黑暗条件下所具有的阻值。

（4）最高工作电压（V_m），是指在额定功率下，所允许承受的最高电压。

（5）亮电流（I_L），是指在规定的外加电压下受到光照时所通过的电流。

（6）暗电流（I_D），是指当光照为 0 lx 时，光敏电阻器在规定的外加电压下所通过的电流。

（7）时间常数（τ），是指光敏电阻器从光照跃变开始到稳定亮电流的 63% 所需的时间。

（8）电阻灵敏度，电阻灵敏度=$(I_D-I_L)/I_D$。

（9）电流灵敏度，是指光敏电阻器的光电流与照射到其上的光通量之比。

2）光敏电阻器的型号命名方法

光敏电阻器的型号命名分为四个部分，各部分的含义见表 1-12。

表 1-12　光敏电阻器的型号命名及含义

第一部分：主称		第二部分：类别		第三部分：特征		第四部分：序号
字母	含义	字母	含义	数字	含义	
M	敏感元器件	G	光敏电阻器	1	紫外型	用数字表示序号，以区别该电阻器的外形尺寸及性能指标
				2		
				3		
				4	可见光型	
				5		
				6		
				7	红外型	

（1）第一部分用字母表示主称。

（2）第二部分用字母表示类别为光敏电阻器。

（3）第三部分用数字表示特征。

（4）第四部分用数字表示产品序号。

实例 1-7　MG45-14 表示可见光敏电阻器，其中，M 表示敏感元器件；G 表示光敏电阻器；4 表示为可见光型；5-14 表示产品序号。

3）光敏电阻器的检测

（1）用一黑纸片将光敏电阻器的透光窗口遮住，此时万用表的指针基本保持不动，阻值接近无穷大。此值越大说明光敏电阻器的性能越好。若此值很小或接近为零,则说明光敏电阻器已烧穿损坏,不能再继续使用。

(2)将一光源对准光敏电阻器的透光窗口,此时万用表的指针应有较大幅度的摆动,阻值明显减小。此值越小说明光敏电阻器的性能越好。若此值很大甚至无穷大,则表明光敏电阻器内部开路损坏,不能再继续使用。

(3)将光敏电阻器的透光窗口对准入射光线,用小黑纸片在透光窗口的上部晃动,使其间断受光,此时万用表指针应随黑纸片的晃动而左右摆动。如果万用表指针始终停在某一位置而不随纸片的晃动而摆动,说明光敏电阻器的光敏材料已经损坏。

3. 压敏电阻器

压敏电阻器是一种电压敏感元件,其特点是当该元件上的外加电压增加到某一临界值(标称电压值)时,其阻值将急剧减小。它是利用半导体材料具有非线性伏安特性的原理制成的,因此属于非线性电阻器。压敏电阻器主要有碳化硅压敏电阻器和氧化锌压敏电阻器两种,氧化锌压敏电阻器具有更多的优良特性。压敏电阻器的外形及电路符号如图1-64所示。

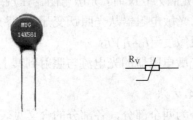

图1-64 压敏电阻器的外形及电路符号

1)压敏电阻器的主要参数

(1)标称电压,是指通过1 mA直流电流时,压敏电阻器两端的电压值。

(2)电压比,是指压敏电阻器的电流为1 mA时产生的电压值与电流为0.1 mA时产生的电压值之比。

(3)最大限制电压,是指压敏电阻器两端所能承受的最高电压值。

(4)通流容量,也称通流量,是指在规定的条件(以规定的时间间隔和次数,施加标准的冲击电流)下,允许通过压敏电阻器上的最大脉冲(峰值)电流值。

(5)电压温度系数,是指在规定的温度范围(温度为20~70 ℃)内,压敏电阻器标称电压的变化率,即在通过压敏电阻器的电流保持恒定时,温度改变 1 ℃时其两端电压的相对变化。

(6)电流温度系数,是指在两端电压保持恒定时,温度改变1℃时,流过压敏电阻器的电流的相对变化。

(7)绝缘电阻,是指压敏电阻器的引出线(引脚)与电阻体绝缘表面之间的电阻值。

2)压敏电阻器的型号命名方法

压敏电阻器的型号命名分为四部分。

(1)第一部分用字母"M"表示主称,为敏感元器件。

(2)第二部分用字母"Y"表示为压敏电阻器。

（3）第三部分用字母表示压敏电阻器的特征。

（4）第四部分用数字表示序号，有的在序号的后面还标有标称电压、通流容量或电阻体直径、电压误差、标称电压等。各部分的含义见表1-13。

表1-13 压敏电阻器的型号命名及含义

第一部分：主称		第二部分：类别		第三部分：特征		第四部分：序号
字母	含义	字母	含义	字母	含义	
M	敏感元器件	Y	压敏电阻器	G	过压保护型	用数字表示序号，有的在序号的后面还标有标称电压、通流容量或电阻体直径、标称电压、电压误差等
				L	防雷型	
				N	高能型	
				F	复合功能型	
				U	组合型	
				S	指示型	
				Z	消噪型	

实例1-8 MYL1-1表示防雷用压敏电阻器，其中，M表示敏感元器件；Y表示压敏电阻器；L表示防雷型；1-1表示序号。

3）压敏电阻器的检测

检测压敏电阻器的步骤如下。

（1）清洁电阻器的引脚。

（2）将万用表设置成欧姆挡。

（3）选择合适的量程。

（4）若是机械表，则需要调零校正（即将两表笔短接，观察指针是否指到右端"0"位。若未指到"0"位则需调整电气调零旋钮）。

（5）将万用表的红、黑表笔分别搭在压敏电阻器的两端引脚上，如图1-65所示。观察表盘读数并记录结果 R。

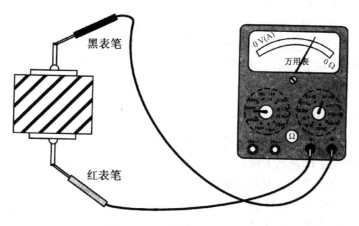

图1-65 压敏电阻器的检测

（6）判断结果：
① 若 R 等于或接近标称值，则可以断定该电阻器正常；
② 若 R 远小于标称值，则可以断定该电阻器已损坏。

4．湿敏电阻器

湿敏电阻器主要包括氯化锂湿敏电阻器、碳湿敏电阻器和氧化物湿敏电阻器。湿敏电阻器由感湿层、电极和绝缘体组成，灵敏度低，阻值受温度影响大，易老化，故较少使用。湿敏电阻器常见外形及电路符号如图 1-66 所示。

图 1-66　湿敏电阻器常见外形及电路符号

氧化物湿敏电阻器的性能较优越，可长期使用，阻值受温度影响小，阻值与湿度变化呈线性关系，有氧化锡、镍铁酸盐等材料。氯化锂湿敏电阻器随湿度上升而阻值减小，其缺点为测试范围小、特性重复性不好、阻值受温度影响大。

1）湿敏电阻器的主要参数
（1）相对湿度：指在某一温度下，空气中所含水蒸气的实际密度与同一温度下饱和密度之比，通常用"RH"表示，如 20%RH。
（2）湿度温度系数（%RH/℃）：指当环境湿度恒定时，湿敏电阻器在温度每变化 1 ℃时，其湿度指示的变化量。
（3）灵敏度：指湿敏电阻器检测湿度时的分辨率。
（4）测湿范围（%RH）：指湿敏电阻器的湿度测量范围。
（5）湿滞效应：指湿敏电阻器在吸湿和脱湿过程中电气参数表现的滞后现象。
（6）响应时间（s）：指湿敏电阻器在湿度检测环境快速变化时，其电阻值的变化情况（即反应速度）。

2）湿敏电阻器的型号命名方法
湿敏电阻器的型号命名可分为四部分，各部分的含义见表 1-14。
（1）第一部分用字母表示主称。
（2）第二部分用字母表示为湿敏文件。
（3）第三部分用字母表示特征。
（4）第四部分用数字表示序号。

表 1-14 湿敏电阻器的型号命名及含义

第一部分：主称		第二部分：类别		第三部分：用途或特征		第四部分：序号
字母	含义	字母	含义	字母	含义	
M	敏感元器件	S	湿敏电阻器	Z	电阻式	用数字或数字与字母混合表示序号，以区别电阻器的外形尺寸及性能参数
				R	电容式	
				J	阶跃式	
				G	场效应管式	

实例 1-9 MSZ1 表示电阻式湿敏电阻器，其中，M 表示敏感元器件；S 表示湿敏电阻器；Z 表示为电阻式；1 表示序号。

3）湿敏电阻器的检测

检测湿敏电阻器的步骤如下。

（1）清洁电阻器的引脚。

（2）将万用表设置成欧姆挡。

（3）选择合适的量程。

（4）若是机械表，则需要调零校正（即将两表笔短接，观察指针是否指到右端"0"位。若未指到"0"位则需调整电气调零旋钮）。

（5）在正常湿度下，将万用表的红、黑表笔分别搭在湿敏电阻器的两端引脚上，如图 1-67 所示。观察表盘读数并记录结果 R_1。

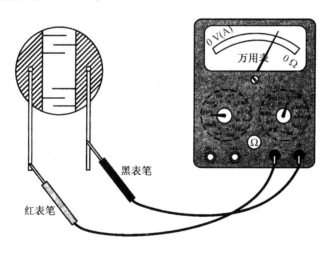

图 1-67 湿敏电阻器的检测

（6）对湿敏电阻器喷洒一点水雾，然后立即将万用表的红、黑表笔分别搭在湿敏电阻器的两端引脚上，如图 1-68 所示。观察表盘，读数并记录结果 R_2。

（7）判断结果：

① 若是正系数湿敏电阻器，R_1 等于或十分接近标称电阻值，则若 R_2 大于 R_1 可以断定该电阻器正常；

② 若是负系数湿敏电阻器，R_1 等于或十分接近标称阻值，则若 R_1 大于 R_2 可以断定该电阻器正常；

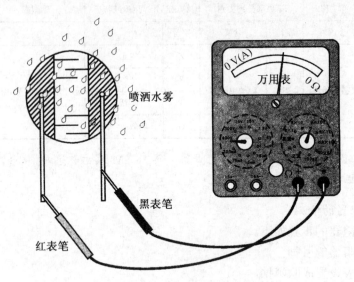

图 1-68　增大湿度后检测湿敏电阻器

③ 若 R_1 远大于标称阻值，则可以断定该电阻器已损坏。

5. 气敏电阻器

气敏电阻器是利用某些半导体吸收某种气体后发生氧化还原反应制成的，其主要成分是金属氧化物。其主要品种有金属氧化物气敏电阻器、复合氧化物气敏电阻器、陶瓷气敏电阻器等。

6. 力敏电阻器

力敏电阻器是一种阻值随压力变化而变化（即压力电阻效应）的电阻器，国外称其为压敏电阻器。所谓压力电阻效应，即半导体材料的电阻率随机械应力的变化而变化的效应。利用该效应，可制成各种力矩计、半导体话筒、压力传感器等。

1.3　电容器

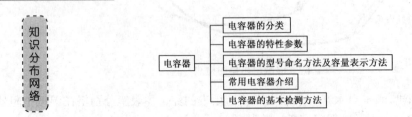

电容是电子设备中大量使用的电子元件之一，广泛应用于隔直、耦合、旁路、滤波、调谐回路、能量转换、控制电路等方面。用 C 表示电容，电容单位有法拉（F）、微法拉（μF）、皮法拉（pF），$1\,F=10^6\,\mu F=10^{12}\,pF$。其外形及电路符号如图 1-69 所示。

 项目1 电子元件的识别与检测

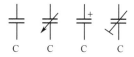

图 1-69 电容器的电路符号

1.3.1 电容器基础

1. 电容器的分类

（1）按结构分三大类：固定电容器、可变电容器和微调电容器，如图 1-70 所示。

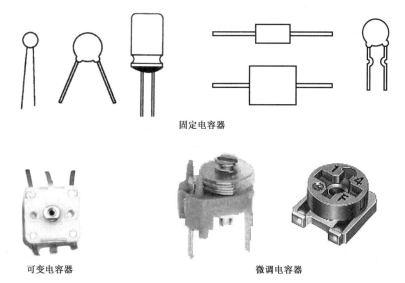

图 1-70 电容器外形

（2）按电解质分类：有机介质电容器、无机介质电容器、电解电容器和空气介质电容器等。

（3）按用途分类：高频旁路、低频旁路、滤波、调谐、高频耦合、低频耦合、小型电容器等。

（4）按极性分类：有极性电容器和无极性电容器，如图 1-71 所示。电解电容和钽电容是最常用的有极性电容器。无极性电容器种类较多，如瓷片电容器、玻璃釉电容器等。

有极性电容器　　　　　　　　无极性电容器

图 1-71　无极性和有极性电容器的外形

（5）贴片式电容器：常用的有片状多层陶瓷电容器、高频圆柱状电容器、片状涤纶电容器、片状电解电容器、片状钽电解电容器、片状微调电容器等。其外形如图 1-72 所示。

图 1-72　贴片式电容器

2. 电容器的主要特性参数

1）标称电容量和允许偏差

标称电容量是标注在电容器上的电容量。

电容器实际电容量与标称电容量的差值称为偏差，允许的偏差范围称为精度。

常用固定电容器的允许偏差的等级见表 1-15。

表 1-15　常用固定电容器允许偏差的等级表

允许偏差	±2%	±5%	±10%	±20%	(+20%−30%)	(+50%−20%)	(+100%−10%)
级　别	02	I	II	III	IV	V	VI

一般电容器常用 I、II、III 级，电解电容器用 IV、V、VI 级，实际中应根据用途选取。

2）额定电压

在最低环境温度和额定环境温度下可连续加在电容器上的最高直流电压的有效值，一般直接标注在电容器外壳上，称为电容器的额定电压。如果工作电压超过额定电压，则电容器击穿，并造成不可修复的永久损坏。

3）绝缘电阻

直流电压加在电容器上，并产生漏电电流，两者之比称为绝缘电阻。绝缘电阻用来表明漏电大小。

小容量的电容器，绝缘电阻很大，为几百兆欧姆或几千兆欧姆。电解电容的绝缘电阻一一般较小。相对而言，绝缘电阻越大越好，且其漏电也小。当电容量较小时，绝缘电阻主要取决于电容器的表面状态；当电容量大于 0.1 μF 时，绝缘电阻主要取决于介质的性能。

4）损耗

电容在电场作用下，在单位时间内因发热所消耗的能量称为损耗。各类电容都规定了其在某频率范围内的损耗允许值，电容的损耗主要由介质损耗、电导损耗和电容所有金属部分的电阻所引起。

在直流电场的作用下，电容器的损耗以漏导损耗的形式存在，一般较小；在交变电场的作用下，电容器的损耗不仅与漏导有关，而且与周期性的极化建立过程有关。

5）频率特性

电容器的频率特性是指其电参数随电场频率而变化的性质。在高频条件下工作的电容器，由于介电常数比低频时小，故电容量也相应减小，损耗也随频率的升高而增加。另外，在高频工作时，电容器的分布参数，如极片电阻、引线和极片间的电阻、极片的自身电感、引线电感等，都会影响电容器的性能。所有这些，使得电容器的使用频率受到了限制。

3. 电容器的型号命名方法

国产电容器的型号一般由四部分组成（不适用于压敏、可变和真空电容器），分别代表主称、材料、分类和序号。

（1）第一部分：主称，用字母 C 表示。
（2）第二部分：材料，用字母表示。
（3）第三部分：类别，一般用数字表示，个别的用字母表示。
（4）第四部分：序号，用数字表示。具体内容见表 1-16。

表 1-16 电容器型号命名方法

第一部分：主称		第二部分：介质材料		第三部分：类别					第四部分：序号
字母	含义	字母	含义	数字或字母	含义				
					瓷介电容器	云母电容器	有机电容器	电解电容器	
C	电容器	A	钽电解	1	圆形	非密封	非密封	箔式	用数字表示序号，以区别电容器的外形尺寸及性能指标
		B	聚苯乙烯等非极性有机薄膜（常在"B"后面再加字母，以区分具体材料。例如，"BB"为聚丙烯，"BF"为聚四氟乙烯）	2	管形	非密封	非密封	箔式	
				3	叠片	密封	密封	烧结粉，非固体	
				4	独石	密封	密封	烧结粉，固体	
		C	高频陶瓷						
		D	铝电解	5	穿心		穿心		
		E	其他材料电解	6	支柱等				
		G	合金电解						

续表

第一部分：主称	第二部分：介质材料		第三部分：类别				第四部分：序号
C 电容器	H	纸膜复合	7			无极性	用数字表示序号，以区别电容器的外形尺寸及性能指标
	I	玻璃釉	8	高压	高压	高压	
	J	金属化纸介	9		特殊	特殊	
	L	涤纶等极性有机薄膜（常在"L"后面再加一字母，以区分具体材料。例如，"LS"为聚碳酸酯）	G	高功率型			
			T	叠片式			
	N	铌电解	W		微调型		
	O	玻璃膜					
	Q	漆膜	J		金属化型		
	T	低频陶瓷					
	V	云母纸					
	Y	云母	Y		高压型		
	Z	纸介					

实例 1-10 CBB11 表示非密封聚丙烯电容器，其中，C 表示电容器；BB 表示介质材料为聚丙烯；1 表示分类（非密封）；1 表示序号。

4. 电容器的容量表示方法

电容器的表面标注参数主要有标称电容量、额定电压和允许偏差等。

1）普通电容器

对于普通电容器，从容量的标示进行区分，其标示方法主要有三种。

（1）直标法。用数字和单位符号直接标出，通常是用表示数量的字母 m（10^{-3}）、μ（10^{-6}）、n（10^{-9}）和 p（10^{-12}）加上数字组合而成。

实例 1-11 4n7 表示 4.7×10^{-9} F=4 700 pF

47n 表示 47×10^{-9} F=47 000 pF=0.047 F

6p8 表示 6.8 pF。

另外，有时在数字前冠以 R，如 R33，表示 0.33 μF。

有时用大于 1 的四位数字表示，单位为 pF，如 2 200 表示 2 200 pF。

有时用小于 1 的数字表示，单位为μF，如 0.22 表示 0.22 μF。

有时用 3 位整数来表示，其前两位为有效数字，第 3 位表示倍率，单位为 pF，如 103 表示 10×10^{-3} pF。

（2）文字符号法。用数字和文字符号的有规律的组合来表示容量。

实例 1-12 p10 表示 0.1 pF，1p0 表示 1 pF，6P8 表示 6.8 pF，2μ2 表示 2.2 μF。

(3) 色标法。用色环或色点表示电容器的主要参数。电容器的色标法与电阻器相同。

电容器的偏差标志符号：+100%—0—H、+100%—10%—R、+50%—10%—T、+30%—10%—Q、+50%—20%—S、+80%—20%—Z。

2) 片状电容器

对于片状电容器，其标示方法有两种。

(1) 片状陶瓷电容元件标示法。有些厂家在片状电容器表面印有英文字母及数字，它们均代表特定的数值，只要查到相关表格就可以估算出电容值，详见表 1-17（a）、表 1-17（b）。

表 1-17（a） 片状电容容量系数表

字母	A	B	C	D	E	F	G	H	J	K	L
容量系数	1.0	1.1	1.2	1.3	1.5	1.6	1.8	2.0	2.2	2.4	2.7
字母	M	N	P	Q	R	S	T	U	V	W	X
容量系数	3.0	3.3	3.6	3.9	4.3	4.7	5.1	5.6	6.2	6.8	7.5
字母	Y	Z	a	b	c	d	e	f	m	n	t
容量系数	8.2	9.1	2.5	3.5	4.0	4.5	5.0	6.0	7.0	8.0	9.0

表 1-17（b） 片状电容容量倍率表（pF）

数字	0	1	2	3	4	5	6	7	8	9
容量倍率	10	10^1	10^2	10^3	10^4	10^5	10^6	10^7	10^8	10^9

实例 1-13 A3，从系数表中查知字母 A 代表的系数为 1.0，从倍率表中查知数字 3 表示容量倍率为 10^3。由此可知该电容值为 $1.0 \times 10^3 = 1\,000$(pF)。

(2) 片状电解电容元件标示法。片状电解电容的代码中需要标注的参数主要有容量和耐压值，如图 1-73 所示。

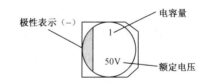

图 1-73 片状电解电容的标示

实例 1-14 470 代表电解电容的容量为 470 μF，耐压为 25 V。

有些片状电解电容采用代码法，代码由 1 个字母和 3 个数字组成，字母标示电解电容的耐压值，3 个数字表示电容量，单位为 pF。其中，第 1、2 位数字表明电容量的有效数字，第 3 位数字代表倍率。片状电解电容上面的指示条标明此端为电解电容的负极。

5. 常用电容器

1) 铝电解电容器

铝电解电容器以氧化膜为介质，氧化膜厚度一般为 0.02~0.03 μm。铝电解电容器有正负极之分，以铝箔为正极。铝电解电容器之所以有正、负极，是因为氧化膜介质具有单向导电性。铝电解电容器的容量大，能耐受大的脉动电流，容量误差大，泄漏电流大；普通的不适于在高频和低温下应用，不宜使用在 25 kHz 以上频率的低频旁路、信号耦合和电源滤波中。当它接入电路时，极性必须连接正确，否则会损坏电容器。铝电解电容器的外形如图 1-74 所示。

> **注意**：铝电解电容器的容量、耐压和极性都标在外壳上，"+" 表示正极，或用电极长引线表示。"–" 表示负极，或用电极短引线表示。

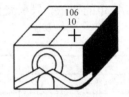

图 1-74　铝电解电容器

铝电解电容器有如下特性。

（1）单位体积的电容量大，重量轻。电容量为 0.47～10 000 μF。

（2）具有极性，即正、负极。

（3）介电常数较大，范围是 7～10。

（4）时间稳定性差，存放时间长时易失效，电容量误差较大。

（5）漏电流大，损耗大，容量和损耗会随温度的变化而变化。铝电解电容器只适合于-20～+50 ℃温度范围内工作。

（6）耐压不高，额定电压为 6.3～450 V，价格便宜。

（7）应用于电源滤波、低频耦合、去耦、旁路等。

2）钽电解电容器（CA）和铌电解电容器（CN）

钽电解电容器用烧结的钽块作正极，电解质使用固体二氧化锰。其温度特性、频率特性和可靠性均优于普通电解电容器，特别是漏电流极小，贮存性良好，寿命长，容量误差小，而且体积小，单位体积下能得到最大的电容电压乘积；但对脉动电流的耐受能力差，若损坏易呈短路状态故多用于超小型高可靠机件中。其外形如图 1-75 所示。

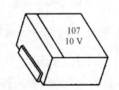

图 1-75　钽电解电容器

（1）主要特性如下。

① 与铝电解电容器相比，其可靠性高，稳定性好。

② 漏电流小，损耗低，绝缘电阻大。

③ 介电常数较大，故在相同容量下，钽电解电容器比铝电解电容器的体积要小。

④ 容量大，电容量为 0.1～1 000 μF，寿命长，可制成超小型元件。

⑤ 耐温性能较好，工作温度最高可达 200 ℃。
⑥ 额定电压为 6.3～125 V。
⑦ 金属钽材料稀少，价格贵。
（2）应用。在要求高的电路中代替铝电解电容器。

铌电解电容器是以铌金属为正极，氧化铌为介质。这种电容器按正极的形式可分为烧结式和箔式两种。

铌电解电容器的特性如下。
① 介电常数大，相同质量的铌电解电容器比钽的大一倍。
② 化学稳定性较好，其性能优于铝电解电容器。
③ 漏电流和损耗都比较小。

另外，还有钽-铌合金电解电容器，这种电解电容器的性能仅次于钽电解电容器，优于铝电解电容器。

3）金属化纸介电容器

金属化纸介电容器是用真空蒸发的方法在涂有漆的纸上蒸发一层厚度为 0.01 μm 的薄金属膜，并将其作为电极，用这种金属化纸卷绕成芯子、装入外壳内、加上引线后封装而成。其型号表示如图 1-76 所示。

图 1-76 金属化纸介电容器的型号表示

金属化纸介电容器有如下特性。
（1）体积小、容量大，在相同容量下，比纸介电容器体积小。
（2）自愈能力强，为其最大的优点。
（3）稳定性能、老化性能、绝缘电阻都比瓷介、云母、塑料膜电容器差，故适用于对频率和稳定性要求不高的电路。

4）涤纶电容器

涤纶电容器的介质为涤纶薄膜，有金属壳密封的，有塑料壳密封的。其外形如图 1-77 所示。

图 1-77 涤纶电容器　　　　图 1-78 云母电容器

涤纶电容器有如下特性。

（1）电容器的容量大、体积小，其中金属膜电容器的体积就更小。
（2）耐热性、耐湿性好，耐压强度大。
（3）由于材料的成本不高，所以制作成本低，价格便宜。
（4）稳定性较差，适合于稳定性要求不高的地方。

5）云母电容器

云母电容器用云母作为介质，其电极有金属箔式的和金属膜式的；多数采用在云母上被覆一层银电极的形式，芯子结构是装叠而成的；外壳有金属外壳、陶瓷外壳和塑料外壳。其外形如图1-78所示。

云母电容器有如下特性。
（1）稳定性高、精密度高、可靠性高。
（2）介质损耗小，固有电感小。
（3）温度特性好，频率特性好，不易老化。
（4）绝缘电阻高，是优良的高频电容器之一。

6）瓷介电容器

瓷介电容器是用陶瓷材料作介质，在陶瓷片上覆银制成电极，并焊上引线而成。其外层常涂有各种颜色的保护漆，以表示温度系数。例如，白色和红色表示负温度系数，灰色和蓝色表示正温度系数。瓷介电容器的外形如图1-79所示。

图1-79 瓷介电容器

（1）瓷介电容器的特性如下。
① 耐热性好，稳定性好，耐腐蚀性好。
② 绝缘性能好。
③ 介质损耗小，温度系数范围宽。
④ 原材料丰富，结构简单，便于开发新产品。
⑤ 容量较小，机械强度小。
（2）瓷介电容器分为高频瓷介电容器和低频瓷介电容器两种。

7）可变电容器

可变电容器主要用于输入调谐回路和本机振荡电路中，是一种可大可小、在一定范围内连续可调的电容器。

（1）单联可变电容器。单联可变电容器只有一个可变电容器，它用于直放式收音机电路中，作为调谐联，用来选取电台信号，其外形及符号如图1-80所示。

（2）双联可变电容器。双联可变电容器由两个可变电容器组合在一起，手动调节时两个可变电容器的容量同步调节。它用于超外差中波、短波收音机电路中，其中一个作为调谐联，另一个作为振荡联,如图 1-81 所示。

图 1-80　单联可变电容器　　　　　　　图 1-81　双联可变电容器

8)微调电容器

微调电容器又称半可变电容器,其容量变化范围比可变电容器小很多,电容量可在某一小范围内调整,并可在调整后固定于某个电容值。瓷介微调电容器的 Q 值高,体积也小,通常可分为圆管式及圆片式两种。云母和聚苯乙烯介质的微调电容器通常都采用弹簧式,结构简单,但稳定性较差。线绕瓷介微调电容器是通过拆铜丝(外电极)来变动电容量的,故容量只能变小,不适合在需反复调试的场合使用。微调电容器主要用于调谐电路,通常情况下与可变电容器一起使用,在外形上,一般体积比较大,有动片与定片之分。其外形及符号如图 1-82 所示。

微调电容器　　　　　　　　　　　　　片状微调电容器

图 1-82　微调电容器的外形图

9)薄膜电容器

薄膜电容器的结构与纸质电容器相似,如图 1-83 所示,但用聚脂、聚苯乙烯等低损耗塑材作介质时频率特性好,介电损耗小,不能获得大的容量,耐热能力差,多用于滤波器、积分、振荡、定时电路。

金属薄膜电容器　　　　　　　　　　金属化聚丙烯薄膜电容器

图 1-83　薄膜电容器

10)独石电容器

多层陶瓷电容器在若干片陶瓷薄膜坯上被覆以电极浆材料,叠合后一次绕结成一块不可分割的整体,外面再用树脂包封成小体积、大容量、高可靠和耐高温的新型电容器,即独石电容器。高介电常数的低频独石电容器也具有稳定的性能,体积极小,Q值高,容量误差较大,多用于噪声旁路、滤波器、积分、振荡电路。其外形如图1-84所示。

图1-84 独石电容器

(1) 容量范围:0.5 pF～1 μF。
(2) 耐压:二倍额定电压。
(3) 特点:电容量大、体积小、可靠性高、电容量稳定、耐高温、耐湿性好等。
(4) 应用范围:广泛应用于电子精密仪器,在各种小型电子设备中作谐振、耦合、滤波和旁路用。

11) 纸介电容器

纸介电容器一般是用两条铝箔作为电极,中间以厚度为0.008～0.012 mm的电容器纸隔开并重叠卷绕而成。其制造工艺简单,价格便宜,能得到较大的电容量。其外形结构如图1-85所示。

纸介电容器一般用在低频电路内,通常不能在高于3～4 MHz的频率上运用。油浸电容器的耐压比普通纸质电容器高,稳定性也好,适用于高压电路。

12) 玻璃釉电容器

玻璃釉电容器由一种浓度适于喷涂的特殊混合物喷涂成薄膜,介质再以银层电极经烧结而成。其"独石"结构的性能可与云母电容器媲美,能耐受各种气候环境,一般可在200 ℃或更高温度下工作,额定工作电压可达500 V,损耗在0.000 5～0.008。其外形如图1-86所示。

 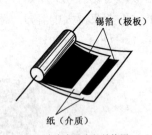 

图1-85 纸介电容器的外形结构　　图1-86 常见玻璃釉电容器的外形

(1) 电容量:10 pF～0.1 μF。
(2) 额定电压:63～400 V。
(3) 主要特点:稳定性较好,损耗小,耐高温(200 ℃)。
(4) 应用:脉冲、耦合、旁路等电路。

1.3.2 电容器的检测

电容器的检测，包括电容量的测量和电容器质量好坏的检测。电容量的测量可用电容表或数字万用表的电容挡检测，而电容器质量好坏的检测则主要由万用表（数字式或指针式）来完成。以下主要是电容器质量好坏的检测。

1. 普通固定电容器的检测

1）6 800 pF以下普通固定电容器的检测

6 800 pF以下普通固定电容器的检测步骤如下。

（1）排除固定电容器的引脚污物。

（2）将万用表置成欧姆挡。

（3）选择合适的量程"R×10 k"挡。

（4）若是机械表，则需要调零校正（即将两表笔短接使指针指在0欧姆处）。

（5）将万用表的两表笔分别接在普通固定电容器的两端引脚上，如图1-87所示，观察表盘指针的摆动情况。

（6）判断结果：

① 当电容器容量太小时，不能判断是否存在开路现象；

② 若在表笔接通的瞬间，表盘指针摆动一个较大的角度，则可以断定小容量电容器漏电或击穿。

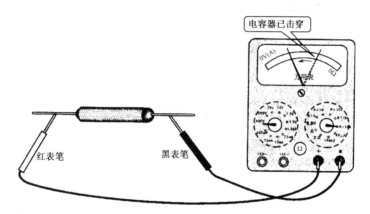

图1-87 6800pF以下普通固定电容器的检测

2）6 800pF～1 μF普通固定电容器的检测

6 800 pF～1 μF普通固定电容器的检测步骤如下。

（1）排除固定电容器的引脚污物。

（2）将万用表置成欧姆挡。

（3）选择合适的量程"R×10 k"挡。

（4）若机械表，则需要调零校正（即将两表笔短接使指针指在0欧姆处）。

（5）将万用表的两表笔分别接在普通固定电容器的两端引脚上，如图1-88所示，观察表盘指针的摆动情况。

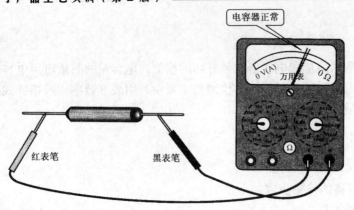

图 1-88　6800 pF～1 μF 固定电容器的检测

（6）判断结果：
① 若在表笔接通的瞬间，表盘指针摆动一个较小的角度，则可以断定该电容器正常；
② 若在表笔接通的瞬间，指针有一个很大的摆动并停在最大值，则可以断定该电容器击穿或严重漏电；
③ 若指针几乎没有摆动，则可以断定该电容器已开路。

2. 电解电容器的检测

1）检测电解电容器的正负极管脚

在做检测时，要分清电解电容器的正负极管脚；如果标示不清，则一定要用万用表进行辨别。

（1）排除电解电容器的引脚污物。
（2）将万用表置成欧姆挡。
（3）选择合适的量程"R×1 k"挡。若容量较大则用"R×10 k"挡。
（4）若是机械表，则需要调零校正（即将两表笔短接使指针指在 0 欧姆处）。
（5）在检测前，先将电解电容器的两根引脚短接一下，以便放掉电容器内残留的电荷。
（6）将万用表的两表笔分别接在电解电容器的两端引脚上，表盘指针向右摆动，然后摆回停在某一位置，记录此时的漏电阻 R_1。
（7）将万用表的两支表笔对调，重复步骤⑥，记录漏电阻 R_2，分析结果。

上述两种接法的漏电阻数值不同，漏电阻值较大的一次，万用表内电源的正极接电解电容器的正极，另一极为负极。

注意：指针式万用表的黑表笔接内电源的正极，红表笔接内电源的负极。
数字式万用表的黑表笔接内电源的负极，红表笔接内电源的正极。

2）在路检测

在路检测的具体步骤如下。
（1）排除电解电容器受到严重污染的情况。
（2）保证电路板正常通电。

（3）将万用表设置成直流电压挡。
（4）根据电路电压，选择合适的量程。
（5）将万用表的红、黑表笔分别搭在电解电容器的两端引脚上，如图 1-89 所示。观察表盘，并记录结果 U。

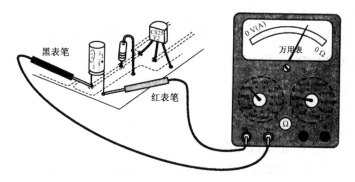

图 1-89　电路板上直接检测电解电容器

（6）判断结果：
① 若 U 等于 0 或电压值小，则可以判断该电解电容器已击穿；
② 若 U 值符合电路要求，则可以断定该电容器是正常的。

3）检测单独的电解电容器

这种检测主要是检测电容器的漏电阻大小及充电现象，具体的检测步骤如下。
（1）排除电解电容器的引脚污物。
（2）将万用表置成欧姆挡。
（3）选择合适的量程"R×1 k"挡。
（4）若是机械表，则需要调零校正（即将两表笔短接使指针指在 0 欧姆处）。
（5）在检测前，先将电解电容器的两根引脚碰一下，以便放掉电容器内残留的电荷。
（6）将万用表的两表笔按正接方式接在电解电容器的两端引脚上，如图 1-90 所示，观察表盘指针的摆动情况。

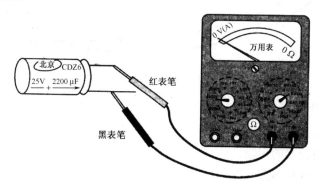

图 1-90　单独电解电容器的检测

（7）判断结果：
① 若在表笔接通的瞬间，指针向右摆动一个角度（电容器越大，摆动角度越大），然后

缓慢地向左回转,最后指针停下,则指针停下所指的阻值即为该电解电容器的漏电阻;

② 若漏电阻接近无穷大,或是约几兆欧左右,则可以断定该电容器正常;

③ 若指针停下时所指的阻值有一定的数值,但远小于正常漏电阻值,则可以断定该电容器严重漏电;

④ 若指针停下时所指的阻值很小,则可以断定该电容器已击穿;

⑤ 若指针无偏转、无摆动现象,则可以断定该电容器已损坏。

3. 可变电容器的检测

可变电容器的具体检测步骤如下。

(1) 排除可变电容器的污物。

(2) 将万用表置成欧姆挡。

(3) 选择合适的量程"R×10 k"挡。

(4) 若是机械表,则需要调零校正(即将两表笔短接使指针指在 0 欧姆处)。

(5) 将万用表的两表笔分别接在可变电容器的动片引脚和各个定片引脚上,如图 1-91 所示,观察表盘指针的摆动情况,并记录结果。

(6) 检查转动旋柄、动片外壳等是否有松动的情况。

(7) 判断结果:

① 若测试的数值很大,接近无穷大,属于开路情况,则可以断定该可变电容器正常;

② 若测试的数值很小,则可以断定该可变电容器的动片和定片之间有短路现象;

③ 若是空气介质可变电容器,则可直观检查它是否存在动片和定片相碰的故障。

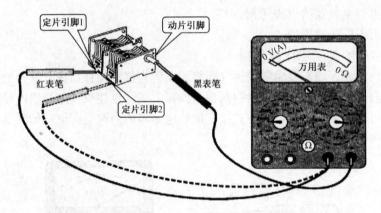

图 1-91 可变电容器的检测

4. 微调电容器的检测

微调电容器的具体检测步骤如下。

(1) 排除微调电容器的污物。

(2) 将万用表置成欧姆挡。

(3) 选择合适的量程"R×10 k"挡。

(4) 若是机械表,则需要调零校正(即将两表笔短接使指针指在 0 欧姆处)。

(5) 将万用表的两表笔分别接在微调电容器的动片引脚和各个定片引脚上,如图 1-92

项目 1　电子元件的识别与检测

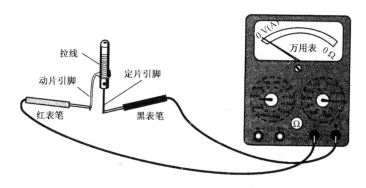

图 1-92　微调电容器的检测

所示,观察表盘指针的摆动情况,并记录结果。

(6)判断结果:

① 若测试的数值很大,接近无穷大,属于开路情况,则可以断定该微调电容器正常;

② 若测试的数值很小,则可以断定该微调电容器的动片和定片之间有短路现象。

5. 电容器的容量测量

电容器的容量测量有如下两种方法。

1)用数字万用表的电容器测量功能测量

用数字万用表的电容器测量功能测量电容器容量的具体步骤如下。

(1)排除固定电容器的引脚污物。

(2)接通数字万用表的电源开关。

(3)将万用表置成电容器测量挡。

(4)选择合适的量程。

(5)将普通固定电容器的两端引脚接入万用表的有关孔中,如图 1-93 所示,在显示屏上读取电容数值 C。

(6)判断结果。

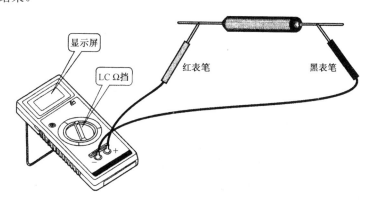

图 1-93　数字万用表检测电容器

2）用数字式电容表测量

用数字式电容表测量电容器容量的具体步骤如下。

（1）排除固定电容器的引脚污物。

（2）接通数字式电容表的电源开关。

（3）根据电容器的标称容量选择量程。

（4）对电容表进行调零，如图1-94所示。

（5）将普通固定电容器的两端引脚接入电容表的有关孔中，在显示屏上读取电容数值 C。

（6）判断结果。

图1-94 数字式电容表

1.4 电感器

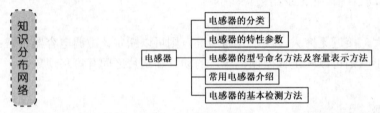

电感线圈是由导线一圈靠一圈地绕在绝缘管上，导线彼此互相绝缘，而绝缘管可以是空心的，也可以包含铁芯或磁粉芯，简称电感。用 L 表示，单位有亨利（H）、毫亨利（mH）、微亨利（μH），$1H=10^3 mH=10^6 \mu H$。图1-95即为常见的几种电感器及电感器图形符号。

图1-95 常见的几种电感器

1.4.1 电感器基础

1. 电感器的分类

（1）按电感形式分类：固定电感器、可变电感器。

（2）按导磁体性质分类：空心线圈、铁氧体线圈、铁芯线圈和铜芯线圈。

（3）按工作性质分类：天线线圈、振荡线圈、扼流线圈、陷波线圈和偏转线圈。

（4）按绕线结构分类：单层线圈、多层线圈和蜂房式线圈。其外形如图1-96所示。

（5）片状电感器：常见的有小功率电感器和大功率电感器。小功率电感器主要包括线绕片状电感器、多层片状电感器和高频片状电感器。大功率电感器主要为线绕型，如图1-97所示。

图 1-96　常见绕线结构电感器的外形

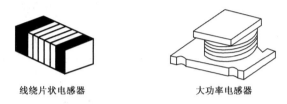

图 1-97　常见片状电感器的外形

2. 电感线圈的主要特性参数

1）电感量 L

电感量 L 表示线圈本身的固有特性，与电流大小无关。除专门的电感线圈（色码电感）外，电感量一般不专门标注在线圈上，而以特定的名称标注。

2）感抗 X_L

电感线圈对交流电流阻碍作用的大小称为感抗 X_L，单位是欧姆。它与电感量 L 和交流电频率 f 的关系为 $X_L=2\pi f L$。

3）品质因数 Q

品质因数 Q 是表示线圈质量的一个物理量，Q 为感抗 X_L 与其等效电阻的比值，即 $Q=X_L/R$。线圈的 Q 值愈高，回路的损耗愈小。线圈的 Q 值与导线的直流电阻、骨架的介质损耗、屏蔽罩或铁芯引起的损耗、高频趋肤效应的影响等因素有关。线圈的 Q 值通常为几十到几百。

4）分布电容

线圈的匝与匝间、线圈与屏蔽罩间、线圈与底板间存在的电容被称为分布电容。分布电容的存在使线圈的 Q 值减小，稳定性变差，因而线圈的分布电容越小越好。

3. 电感器的型号命名方法

电感元件的型号一般由下列四部分组成。

（1）第一部分：主称，用字母表示，其中 L 代表电感线圈，ZL 代表阻流圈。
（2）第二部分：特征，用字母表示，其中 G 代表高频。
（3）第三部分：型式，用字母表示，其中 X 代表小型。
（4）第四部分：区别代号，用数字或字母表示。

实例1-15 LGX 表示小型高频电感线圈。

应该指出的是,目前固定电感线圈的型号命名方法各生产厂有所不同,尚无统一的标准。

4．电感元件的标示方法

1）直标法

直标法即直接在电感器上标出其标称电感量。采用直标法的电感器将标称电感量用数字直接标注在电感器的外壳上,同时用字母表示额定工作电流,再用 I、II、III 表示允许偏差参数。

固定电感器除直接标出电感量外,还标出允许偏差和额定电流参数。见表1-18。

表1-18 小型固定电感器的工作电流和字母的关系

字 母	A	B	C	D	E
最大工作电流/mA	50	150	300	700	1600

实例1-16 电感器外壳上标有 C、II、470 μH,表示该电感器的电感量为 470 μH,最大工作电流为 300 mA,允许偏差为±10%。

LG2-C-2μ2,表示为高频立式电感器,额定电流为 300 mA,电感量为 2.2 μH,允许偏差为±5%。

2）数码表示法

用三位数字表示,前两位表示有效值,最后一位表示 0 的个数,小数点用 R 表示,单位为μH。

实例1-17 151 表示 150 μH,2R7 表示 2.7 μH。

3）色标法

电感元件的色标法与电阻元件相同。

4）其他方法

小功率电感量的代码有 nH 及 μH 两种单位,分别用 N 或 R 表示小数点。

实例1-18 4N7 表示 4.7 nH,4R7 则表示 4.7 μH。

大功率电感器上有时印有 680 K、220 K 字样,分别表示 68 μH 及 22 μH。

5．常用电感器

1）单层线圈

单层线圈是用绝缘导线一圈圈地绕在纸筒或胶木骨架上制成的,如晶体管收音机的中波天线线圈。单层线圈的电感量较小,约在几个微亨至几十微亨之间。单层线圈通常使用在高频电路中,为了提高线圈的 Q 值,单层线圈的骨架常使用介质损耗小的陶瓷和聚苯乙烯材料制作。如图1-98所示,为常见的单层线圈。

线圈的绕制可采用密绕和间绕。间绕线圈每圈间都相距一定的距离,所以分布电容较小，当采用粗导线时，可获得高 Q 值和高稳定性。但间绕线圈的电感量不能做得很大，因而它可以使用在要求分布电容小、稳定性高而电感量较小的场合。对于电感量大于 15 μH 的线圈，可采用密绕。密绕线圈的体积较小，但其圈间电容较大，故 Q 值和稳定性都有所降低。

另外，对于有些要求稳定性较高的地方，还应用镀银的方法将银直接镀覆在膨胀系数很小的瓷质骨架表面，制成电感系数很小的高稳定型线圈。在高频、大电流的条件下，为了减少集肤效应，线圈通常使用铜管绕制。

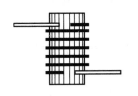

图 1-98　常见的单层线圈

2）多层线圈

单层线圈的电感量小，如要获得较大值的电感量，单层线圈已无法满足。因此当电感量大于 300 μH 时，就应采用多层线圈。其外形如图 1-99 所示。

图 1-99　常见多层线圈的外形

多层线圈除了圈与圈之间具有电容之外，层与层之间也具有电容，因此多层线圈的分布电容大大增加。同时，线圈层与层间的电压相差较多，当层间的绝缘较差时，易于发生跳火、绝缘击穿等问题。为此，多层线圈常采用分段绕制，各段之间的距离较大，减少了线圈的分布电容。

3）蜂房式线圈

多层线圈的缺点之一就是分布电容较大。采用蜂房式绕制方法，可以减少线圈的固有电容。所谓的蜂房式，就是将被绕制的导线以一定的偏转角（约 19°～26°）在骨架上缠绕。通常，缠绕是由自动或半自动的蜂房式绕线机进行的。对于电感量较大的线圈，可以采用两个、三个以至多个蜂房线包将它们分段绕制。其外形如图 1-100 所示。

4）铁氧体磁芯和铁粉芯线圈

线圈的电感量大小与有无磁芯有关。在空芯线圈中插入铁氧体磁芯，可增加电感量和提高线圈的品质因数。加装磁芯后还可以减小线圈的体积，减少损耗和分布电容。另外，调节磁芯在线圈中的位置，可以改变电感量。因此，许多线圈都装有磁芯，其形状也各式各样，如图 1-101 所示。

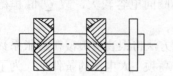

 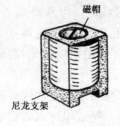

图 1-100 蜂房线圈的外形　　　　图 1-101 磁芯线圈的内部结构

5）可变电感线圈

在有些场合需对电感量进行调节，用以改变谐振频率或电路耦合的强弱。对此，通常采用图 1-102 所示的四种方法。

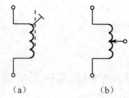 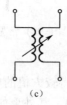 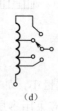

图 1-102　可变电感线圈的四种绕制方法

（1）在线圈中插入磁芯和铜芯。

（2）在线圈中安装一滑动接点。

（3）将两个线圈串联，均匀地改变两线圈之间的相对位置，以使互感量变化。

（4）将线圈引出数个抽头，加波段开关连接（这种方法有严重的缺点，即电感不能平滑地进行调节）。

6）色码电感器

色码电感器是具有固定电感量的电感器，其电感量的标志方法与电阻一样以色环来标记，如图 1-103 所示。色码电感器在电子线路中主要作振荡、滤波、阻流、陷波等用。

色码电感器的特点是体积小、重量小、结构牢固而可靠。按其引出线方向的不同可分为双向引出和单向引出。

图 1-103　色码电感器

7）扼流圈（阻流圈）

限制交流电通过的线圈称扼流圈，分高频扼流圈和低频扼流圈两种。低频扼流圈用于电源和音频滤波。它通常有很大的电感，可达几个亨到几十亨，因而对于交变电流具有很大的阻抗作用。扼流圈只有一个绕组，在绕组中对插硅钢片组成铁芯，硅钢片中留有气隙，以减少磁饱和。图 1-104 所示的是扼流圈的外形结构。

8）偏转线圈

偏转线圈是电视机扫描电路输出级的负载，要求其偏转灵敏度高、磁场均匀、Q 值高、体积小、价格低。电视机的偏转线圈如图 1-105 所示。

图 1-104 扼流圈的外形　　　　　图 1-105 电视机的偏转线圈

9）多层片状电感器

多层片状电感器尺寸小，耐热性好，焊接性能好，闭合磁路结构使它不干扰周围元件，也不易受周围元件的干扰，有利于提高元件的组装密度。但其电感量和 Q 值较低。多层片状电感器的内部结构如图 1-106 所示。

10）片式磁珠

片式磁珠是一种填充磁芯的电感器，在高频下其阻抗迅速增加。故它可以抑制各种电子线路中由电磁干扰源产生的电磁干扰杂波，具有小而薄、高阻抗的特性，适合波峰焊和再流焊，并已广泛地应用于各种产品。其结构如图 1-107 所示。

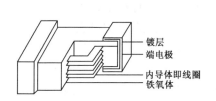
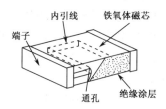

图 1-106 多层片状电感器的内部结构　　　图 1-107 片式磁珠的结构

1.4.2 电感器的检测

1. 电感线圈的通断检测

电感线圈的通断检测的具体步骤如下。

（1）排除电感上的污物。

（2）将万用表置成欧姆挡。

（3）选择合适的量程。

（4）若是机械表，则需要调零校正（即将两表笔短接使指针指在 0 欧姆处）。

（5）将万用表的两表笔分别接在电感线圈的两端引脚上，如图 1-108 所示，观察表盘，并记录结果 R。

（6）判断结果：

① 若 R 等于或十分接近标称值，则可以初步断定该电感器基本正常；

② 若 R 远小于标称值，则可以断定该电感器严重短路；

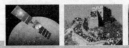

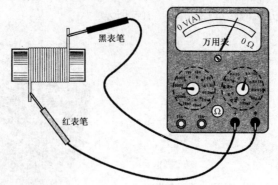

图 1-108 电感线圈的通断测试

③ 若 R 远大于标称值，则可以断定该电感有断线故障。

2. 电感线圈 Q 值大小的判断

电感线圈 Q 值大小的具体判断方法如下。

（1）测试 R 等于或十分接近标称值，则初步断定该电感器基本正常。
（2）估算电感线圈的电感量。
（3）测量电感线圈使用导线的直径。
（4）观察线圈绕制方式及线圈匝数。
（5）观察线圈骨架材料、有无磁芯及磁芯所用材料。
（6）判断结果：

① 若线圈的电感量相同，则导线直径越大，该电感器的 Q 值越大；
② 若线圈的电感量相同，则导线匝数越多，该电感器的 Q 值越大；
③ 若线圈的电感量相同，则按"蜂房式绕法、平绕式、乱绕式"的次序，Q 值依次递减；
④ 若线圈的电感量相同，则线圈无屏蔽罩、安装位置周围无金属构件时，其 Q 值大；
⑤ 若线圈的电感量相同，则有磁芯的电感其 Q 值大；
⑥ 若线圈的电感量相同，则磁芯的损耗越小，电感的 Q 值越大。

1.5 变压器

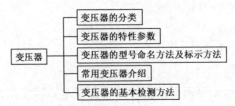

变压器是变换交流电压、交流电流和阻抗的元件，当初级线圈中通有交流电流时，铁芯（或磁芯）中便产生交流磁通，使次级线圈中感应出电压（或电流）。变压器由铁芯（或磁芯）和线圈组成，线圈有两个或两个以上的绕组，其中接电源的绕组叫初级线圈，其余的绕组叫次级线圈。变压器是将两组或两组以上的线圈绕在同一个线圈骨架上，或绕在同一铁芯上制成的。若线圈是空芯的，则称为空芯变压器，如图 1-109（a）所示；若在绕好的线圈

中插入了铁氧体磁芯,便称为铁氧体磁芯变压器,如图 1-109(b)所示;如果在线圈中插入铁芯,则称为铁芯变压器,如图 1-109(c)所示。

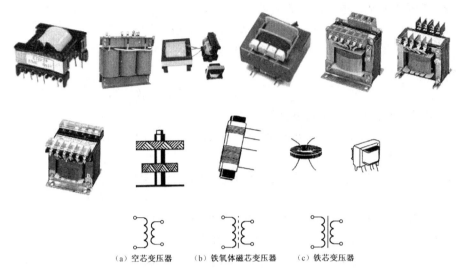

图 1-109 常见变压器的外形及结构图

1.5.1 变压器基础

1. 变压器的分类

(1) 按冷却方式分类:干式(自冷)变压器、油浸(自冷)变压器、氟化物(蒸发冷却)变压器。

(2) 按防潮方式分类:开放式变压器、灌封式变压器、密封式变压器。

(3) 按铁芯或线圈的结构分类:芯式变压器(插片铁芯、C 型铁芯、铁氧体铁芯)、壳式变压器(插片铁芯、C 型铁芯、铁氧体铁芯)、环型变压器、金属箔变压器。

(4) 按电源相数分类:单相变压器、三相变压器、多相变压器。

(5) 按用途分类:电源变压器、调压变压器、音频变压器、中频变压器、高频变压器、脉冲变压器。

2. 变压器的主要特性参数

1) 电源变压器

(1) 工作频率。变压器的铁芯损耗与频率的关系很大,故应根据使用频率来设计和使用变压器,这种频率称工作频率。

(2) 额定功率。在规定的频率和电压下,变压器能长期工作而不超过规定温升的输出功率,即额定功率。

(3) 额定电压。指在变压器的线圈上所允许施加的电压,工作时电压不得大于该规定值。

(4) 变比。

① 变压器的变压比。如果忽略铁芯、线圈的损耗,则如图 1-110 所示,变压器电路中有以下的关系:

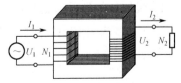

图 1-110 变压器原理图

$$U_1/U_2 = N_1/N_2 = k$$

式中，k 称为变压比。

② 变压器电流与电压的关系。若不考虑变压器的损耗，则有

$$U_1/U_2 = I_1/I_2 = k$$

③ 变压器的阻抗变换关系。设变压器初级输入阻抗为 Z_1，次级负载阻抗为 Z_2，则根据欧姆定律可导出：

$$Z_1/Z_2 = (U_1/U_2)^2 = k^2$$

因此，变压器可以做阻抗变换器。

（5）变压器的效率。指次级功率 P_2 与初级功率 P_1 比值的百分数。通常，变压器的额定功率愈大，效率就愈高。

以上分析中都假设变压器本身没有损耗，实际上损耗总是存在的。变压器的损耗主要有以下两个方面。

① 铜损耗：变压器线圈大部分是用铜线绕制而成的，由于导线存在着电阻，所以通过电流时就要发热，消耗能量，使变压器效率降低。

② 铁损耗：主要来自磁滞损耗和涡流损耗。为了减少磁滞损耗，变压器铁芯通常采用导磁率高（容易磁化）而磁滞小的软磁性材料制作，如硅钢、磁性瓷及坡莫合金等。为了减少涡流损耗，通常把铁芯沿磁力线平面切成薄片，使其相互绝缘，割断涡流。铁芯一般采用厚度为 0.35 mm 左右的硅钢片叠合而成。

在变压器的损耗中，除铜损耗和铁损耗外，还有漏磁损耗。磁滞和涡流的影响，都是随着频率的增高而增加的。

（6）空载电流。变压器次级开路时，初级仍有一定的电流，这部分电流称为空载电流。空载电流由磁化电流（产生磁通）和铁损电流（由铁芯损耗引起）组成。对于 50Hz 的电源变压器而言，空载电流基本上等于磁化电流。

（7）绝缘电阻。表示变压器各线圈之间、各线圈与铁芯之间的绝缘性能。绝缘电阻的高低与所使用的绝缘材料的性能、温度高低和潮湿程度有关。

2）音频变压器和高频变压器

（1）频率响应。指变压器次级输出电压随工作频率变化的特性。

（2）通频带。如果变压器在中间频率的输出电压为 U_0，则当输出电压（输入电压保持不变）下降到 $0.707U_0$ 时的频率范围，称为变压器的通频带 B。

（3）初、次级阻抗比。变压器初、次级接入适当的阻抗 R_0 和 R_i，使变压器初、次级阻抗匹配，则 R_0 和 R_i 的比值称为初、次级阻抗比。在阻抗匹配的情况下，变压器工作在最佳状态，传输效率最高。

3. 变压器的型号命名方法

变压器的型号共由三部分组成，其具体格式如下：

$$×× — ×× — ××$$

主称　　额定功率　　序号

（1）主称用大写字母表示变压器的种类。如表 1-19 所示，是主称字母的具体含义。

表 1-19　变压器主称字母的具体含义

字　母	意　义
DB	电源变压器
CB	音频输出变压器
RB	音频输入变压器
GB	高频变压器
SB 或 ZB	音频（定阻式）输出变压器
SB 或 EB	音频（定压式）输出变压器

（2）额定功率直接用数字表示，单位为 VA，但是音频输入变压器除外。

（3）序号用数字表示。

上述变压器的型号表示方法中不包含中频变压器、行输出变压器等特种变压器。

4．变压器的标示方法

变压器的参数表示方法通常用直标法，各种用途变压器标注的具体内容不同，无统一的格式，下面举例加以说明。

> **实例 1-19**　某音频输出变压器次级线圈引脚处标注 8Ω，说明这一变压器的次级线圈负载阻抗应为 8Ω，只能接阻抗为 8Ω 的负载。
>
> 某电源变压器上标注 DB-50-2。DB 表示是电源变压器，50 表示额定功率为 50 VA，2 表示产品的序号。

有的电源变压器在外壳上标出变压器的电路符号（各线圈的结构），然后在各线圈符号上标出电压数值，说明各线圈的输出电压。

5．常用变压器

1）低频变压器

低频变压器可分为音频变压器与电源变压器两种，在电路中又可以分为输入变压器、输出变压器、级间耦合变压器、推动变压器及线间变压器等。这类变压器是铁芯变压器，其结构形式多采用 E 形铁芯或环形铁芯，如图 1-111 所示。

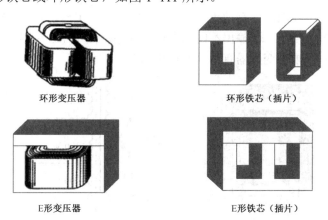

图 1-111　低频变压器及铁芯

2)音频输入、输出变压器

音频变压器在放大电路中的主要作用是耦合、倒相、阻抗匹配等。要求音频变压器频率特性好、漏感小、分布电容小。

输入变压器是接在放大器输入端的音频变压器,其初级多接输入电缆或话筒,次级接放大器的第一级。不过,晶体管放大器的低放与功放之间的耦合变压器习惯上也称输入变压器,而把前者分别叫线路输入变压器及话筒输入变压器。输入变压器的铁芯常用高导磁率的铁氧体或坡莫合金制成,低档的也有用优质硅钢片的。输入变压器的次级往往有三个引出端,以便向晶体管功放推挽输出级提供相位相反的对称推动信号。输入、输出变压器的外形及图形符号如图 1-112 所示。

输出变压器是接在放大器输出端的变压器,其初级接放大器输出端,次级接负载(扬声器等)。它的主要作用是把扬声器较低的阻抗,通过输出变压器变成放大器所需的最佳负载阻抗,使放大器具有最大的不失真输出——达到阻抗匹配的目的。输出变压器还具有隔离放大器与负载的直流电路的功能。输出变压器根据输出功率级电路的不同,有单边式和推挽式两种。输出变压器的标称功率一般比输入变压器大些,外形结构及电路符号与输入变压器相似。

图 1-112 音频变压器

3)电源变压器

家用电器中的收录机、电视机等均采用交流 220 V 供电,但其内部的各部分电路多采用不同电压的直流供电工作。这就需要采用电源变压器,将 220 V(或 110 V)的电源电压变成需要的各种交流电压,再经整流、滤波等,供电路正常工作。电源变压器的外形及内部结构如图 1-113 所示。

电源变压器的初级线圈往往有抽头,以适应不同电网的电压,如 220 V、110 V 等。其次级根据用途可以有多个绕组,以输出不同的电压和功率。图 1-113 中给出了电源变压器各绕组电压。根据用途不同电源变压器有不同的标称功率。

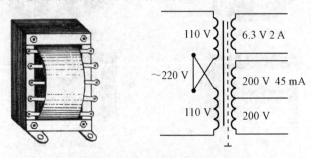

图 1-113 电源变压器的外形及内部结构

4）自耦变压器和调压变压器

一般变压器的特点之一是初、次级之间的直流电路是完全分离的，它们之间的能量传递是靠磁场的耦合。但自耦变压器与调压变压器是另一种形式的变压器，它们只有一个线圈，其输入端和输出端是从同一线圈上用抽头分出来的。这种变压器初、次级之间有一个共用端，故它们的直流电路不再是完全隔离的了。调压变压器的外形与图形符号如图 1-114 所示。

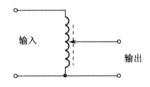

图 1-114　调压变压器的外形与图形符号

自耦变压器的抽头是固定的，即固定从初级分取一部分电压输出；而调压变压器的抽头则通过碳刷作滑动接头，其输出电压随碳刷移动可连续可调地输出。调压变压器的额定功率有 500 W、1 kW、2 kW 等多种。

5）中频变压器

中频变压器（又称中周）的适用范围为几 kHz 至几十 MHz。一般变压器仅仅利用电磁感应原理，而中频变压器除此以外还应用了并联谐振原理。因此，中频变压器不仅具有普通变压器变换电压、电流及阻抗的特性，还具有谐振于某一特定频率的特性。在超外差式收音机中，它起到了选频和耦合的作用，在很大程度上决定了灵敏度、选择性和通频带等指标。其谐振频率在调幅式接收机中为 465 kHz，调频半导体收音机中频变压器的中心频率为 10.7 MHz ± 100 kHz。中频变压器的内部结构如图 1-115 所示。

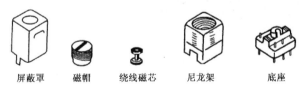

屏蔽罩　　磁帽　　绕线磁芯　　尼龙架　　底座

图 1-115　中频变压器的内部结构

一般采用工帽形成螺纹调杆形结构，并用金属外壳做屏蔽罩。在磁帽顶端涂有色漆，以区别外形相同的中频变压器和振荡线圈。

1.5.2　变压器的检测

1. 中周变压器的检测

（1）将万用表拨至 R×1 挡，按照中周变压器的各绕组的引脚排列规律，逐一检查各绕组的通断情况，进而判断其是否正常。

（2）检测绝缘性能

将万用表置于 R×10 k 挡，做如下几种状态测试：

① 初级绕组与次级绕组之间的电阻值；

② 初级绕组与外壳之间的电阻值；
③ 次级绕组与外壳之间的电阻值。
上述测试结果分为三种情况：
① 阻值为无穷大，正常；
② 阻值为零，有短路性故障；
③ 阻值小于无穷大，但大于零，有漏电性故障。

2. 电源变压器的检测

电源变压器的种类很多，外形各异，但基本结构大体一致，主要由铁芯、线圈、线框、固定零件和屏蔽层构成，其外形及等效电路如图 1-116 所示。该变压器有两个初级绕组、三个次级绕组。

检测电源变压器工作是否正常的具体检测步骤如下。

（1）通过观察变压器的外貌来检查其是否有明显异常的现象。如线圈引线是否断裂、脱焊，绝缘材料是否有烧焦痕迹，铁芯紧固螺杆是否松动，硅钢片有无锈蚀，绕组线圈是否有外露等。

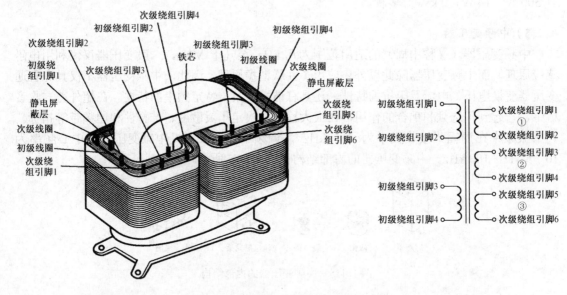

图 1-116 电源变压器的外形及等效电路

（2）绝缘性测试。用万用表 R×10 k 挡分别测量铁芯与初级、初级与各次级、铁芯与各次级、静电屏蔽层与初级、次级各绕组间的电阻值，万用表指针均应指在无穷大的位置不动。否则，说明变压器绝缘性能不良。

（3）线圈通断的检测。将万用表置于 R×1 挡，测试中，若某个绕组的电阻值为无穷大，则说明此绕组有断路性故障。

（4）判别初、次级线圈。电源变压器的初级引脚和次级引脚一般都是分别从两侧引出的，并且初级绕组多标有"220 V"字样，次级绕组则标出额定电压值，如 15 V、24 V、35 V 等。根据这些标记可进行识别。

（5）测试示意图如图 1-117 所示。

项目1 电子元件的识别与检测

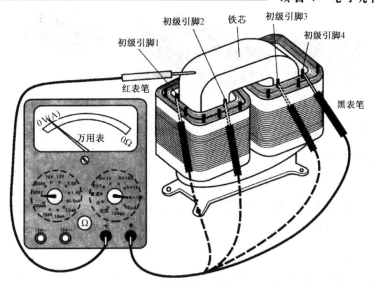

图 1-117 检测铁芯与各初级绕组之间的电阻

1.6 常用接插件

知识分布网络

接插件 —— 插座类
　　　　— 连接器
　　　　— 接线端子

接插件在电子设备中主要起电路连接的作用，品种很多，大致可分为插座类、连接器类、接线板类和接线端子类。常用的一些接插件如图1-118所示。

图 1-118 常用接插件外形图

1. 插座类

在电子设备中，许多电子器件和电路的连接，都是通过插座完成的，如图1-119所示。而且现在集成电路的引脚很多，在电路板上进行拆换很不方便，也可将集成电路的插座焊在

图 1-119 集成电路引脚插座

电路板上,以方便拆换。

2. 连接器

连接器用于连接电缆或安装在电子设备上起连接作用,可重复进行连接和分离。连接器由插头和插座两部分组成。

1)同芯连接器

同芯连接器是小型的插头座式连接器,其体积小,有开关功能,适用于低频电路,多用于耳机、话筒及外界电源的连接,如图 1-120 所示。

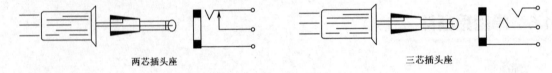

两芯插头座　　　　　　　　　　　三芯插头座

图 1-120 同芯连接器

一般,话筒、耳机用两芯插头座,立体声耳机用三芯插头座。

2)印制板连接器

印制板连接器也叫印制板接插件,主要用于直接连接印制电路板;结构形式有直接型、线绕型、间接型等;型号可分为单排、双排两种;引线数目从 7 到一百多;在计算机的主机板上最容易见到。其外形如图 1-121 所示。

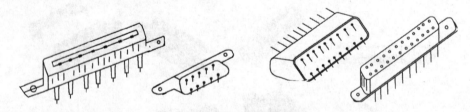

图 1-121 印制板连接器

3)带状电缆连接器

带状电缆是一种扁平电缆,从外观上看像是几十根塑料导线并排黏合而成。带状电缆占用空间小,轻巧柔韧,布线方便,不易混淆。

带状电缆的插头是电缆两端的连接器,它与电缆的连接不用焊接,而是靠压力使连接端内的刀口刺破电缆的绝缘层实现电气连接的,工艺简单可靠,如图 1-122 所示。带状电缆接插件的插座部分直接装配焊接在印制电路板上。

项目1 电子元件的识别与检测

图1-122 带状电缆及插头

4）圆形连接器

圆形连接器也叫航空插头、插座，如图1-123所示。它有一个标准的螺旋锁紧机构，接点多，插拔力较大，连接方便，抗震性极好，容易实现防水密封剂电磁屏蔽的要求，适用于大电流的连通，应用于不需要经常插拔的电路板和设备。

图1-123 圆形连接器的外形

5）矩形连接器

矩形连接器的体积较大，电流容量也较大，而且其矩形排列能充分利用空间。矩形连接器用于电子设备、智能仪器仪表及电子控制设备的电气连接，如图1-124所示。

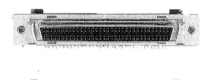

图1-124 矩形连接器的外形

6）射频同轴连接器

射频同轴连接器是一种小型螺纹连接锁紧式连接器，具有体积小、质量轻、使用方便的特点，适用于无线电设备和电子仪器的高频电路中，如图1-125所示。

图1-125 射频同轴连接器的外形

3. 接线端子

接线端子与导线连接后，可直接固定在接线柱或接线板上与电路进行连接，如图1-126所示。

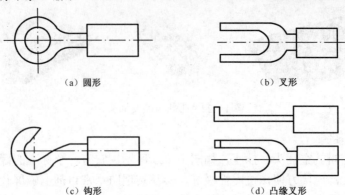

图 1-126 接线端子

(a) 圆形　　(b) 叉形　　(c) 钩形　　(d) 凸缘叉形

知识梳理与总结

技能点与知识点：

1. 能识别电阻器、电容器、电感器、变压器等元件，其知识链接为电阻器、电容器、电感器、变压器等元件的类型、结构特征、标示方法及命名方法。

2. 能正确检测电阻器、电容器、电感器、变压器等元件，其知识链接为电子元件的检测方法及判别方法。

本章主要介绍了电子元件的识别与检测知识，其中主要包括万用表的使用、电阻器、电容器、电感器及其他元件。万用表是进行电子元器件识别的主要工具，大部分元器件都可以用万用表检测，因此熟练掌握万用表（指针式和数字式）的使用是十分必要的。通过本章的学习，读者应掌握识别与检测电子元件的基本技能。

理论自测题 1

1. 判断题

（1）温度系数直接影响电阻器的温度稳定性。（　　）

（2）电位器的最大工作电压与电位器的结构、材料、尺寸和额定功率有关。（　　）

（3）利用万用表欧姆挡测量电容器的原理是电容的充放电特性。（　　）

（4）电感器在使用前不用检测磁芯与线圈之间的绝缘电阻。（　　）

（5）线圈的电感量只取决于线圈的圈数。（　　）

（6）在电子线路中，经常利用变压器的阻抗变换作用进行阻抗匹配。（　　）

（7）测量有极性的电解电容时，应先将电容器放电后再进行测量。（　　）

2. 选择题

（1）下列关于电阻器温度系数的说法正确的是（　　）。

　　A. 电阻器的温度系数越大，其热稳定性越好

　　B. 电阻器的温度系数越大，其热稳定性越差

　　C. 电阻器的温度系数只影响电阻器阻值的大小

D．电阻器都具有正温度系数

（2）金属膜电阻器具有（　　）温度系数。
　　A．较大的负　　B．较小的负　　C．较小的正　　D．较大的正

（3）绕线式电位器与膜式电位器相比，具有（　　）。
　　A．额定功率小、寿命短的特点　　B．额定功率大、寿命短的特点
　　C．额定功率大、寿命长的特点　　D．额定功率小、寿命长的特点

（4）以下属于接触式电位器的是（　　）。
　　A．光电电位器　　B．磁敏电位器　　C．金属膜电位器　　D．数字电位器

（5）光敏电阻器的特性为（　　）。
　　A．无光线照射时，呈高阻状态，有光线照射时电阻迅速减小
　　B．有光线照射时，呈高阻状态，无光线照射时电阻迅速减小
　　C．有光线照射时，电阻减小，无光线照射时与普通电阻器相同
　　D．光敏电阻器只对可见光非常敏感

（6）下列有关可变电容器的说法不正确的是（　　）。
　　A．可变电容器只能用于收录音机的调谐电路
　　B．可变电容器有空气介质和固体介质之分
　　C．双联、单联、多联电容器都属于可变电容器
　　D．双联可变电容器有等容双联和差容双联之分

（7）用万用表检测电容器时，测得数值为（　　）。
　　A．漏电电阻　　B．正向电阻　　C．反向电阻　　D．导通电阻

（8）下列电容器可以用万用表确定极性的是（　　）。
　　A．瓷片电容器　　B．云母电容器　　C．铝电解电容器　　D．空气可变电容器

（9）使用万用表欧姆挡可以检测电容器的好坏，还可以（　　）。
　　A．精确测量电容器的容量值　　B．判断电解电容器的极性
　　C．检测电容器的电压　　　　　D．检测电容器的损耗角

（10）使用万用表可以检测电感器的（　　）。
　　A．电感量　　B．直流电阻　　C．Q 值　　D．阻抗

（11）关于中周的检测说法正确的是（　　）。
　　A．用万用表电阻挡高挡位测量电感器的通断
　　B．正常情况下，中周的初级绕组与次级绕组之间的阻值应为零
　　C．正常情况下，中周的初级绕组、次级绕组、外壳之间应是绝缘的
　　D．中周内磁芯的位置对电感量的影响不大

（12）以下关于电感器的说法正确的是（　　）。
　　A．线圈电感量相同时，其直流电阻越小，Q 值越高
　　B．线圈电感量相同时，其直流电阻越大，Q 值越高
　　C．所用导线越细，其 Q 值越高
　　D．线圈的分布电容和漏磁越小，其 Q 值越小

（13）变压器不能变换的量为（　　）。
　　A．电压　　B．电流　　C．频率　　D．阻抗

(14) 以下变压器为高频变压器的是（　　）。

　　A. 电源变压器　　B. 脉冲变压器　　C. 音频变压器　　D. 视频变压器

技能训练1　电子元件的识别与检测

(1) 要求：会识别和检测各种常用的电子元件（电阻器、电容器、电感器）。

(2) 材料：电阻器、电容器、电感器各10只；万用表一块。

(3) 内容包括以下三方面。

① 电阻器：根据所给电阻器进行识别检测，把结果记录于下表。

参数 名称	标示电阻值	误差	种类	实际测量值	备注
四环电阻器					
五环电阻器					
电位器1					
电位器2					
电位器3					
贴片电阻器					
热敏电阻器					
直标电阻器					

② 电容器：根据所给电容器进行识别检测，把结果记录于下表。

参数 名称	标示电容值	误差	种类	检测结果	备注
电解电容器1					
电解电容器2					
可调电容器3					
无极性电容器1					
无极性电容器2					
无极性电容器3					
贴片电容器1					
贴片电容器2					

③ 电感器：根据所给电感类元件进行识别检测，把结果记录于下表。

参数 名称	标示电感值	误差	种类	检测结果	备注
色环电感器					
直标电感器					
中周电感器					
电源变压器					
贴片电感器					

项目 2

电子器件的识别与检测

教学导航

教	知识重点	1. 正确识别、检测二极管； 2. 正确识别、检测三极管； 3. 正确识别、检测晶闸管和场效应管
	知识难点	1. 各种器件外观的识别； 2. 用万用表检测各种器件的方法
	推荐教学方式	理论教学和实际操作同步进行，在讲清每种器件的识别和检测方法后，立即让学生进行实践，巩固学习效果
	建议学时	10 学时
学	推荐学习方法	多看：根据老师的讲解，多看各种器件的外观，了解其指示含义，知道其特性参数； 多练：在有一定理论的基础上，多采用测量工具（如万用表）对器件进行检测，对每种器件的检测都应达到熟练的程度
	必须掌握的理论知识	1. 常用器件的特性及标示含义； 2. 用万用表进行检测的理论根据
	需要掌握的工作技能	1. 从外观直接识别各种器件； 2. 用万用表对每种器件进行熟练检测

2.1 二极管

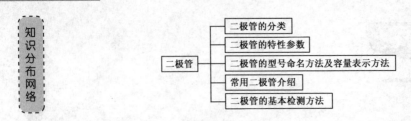

晶体二极管也叫半导体二极管，是半导体器件中最基本的一种器件。它是用半导体单晶材料（锗和硅）制成的，故又称晶体器件。晶体二极管具有两个电极，在电子线路中大量采用。图2-1所示为极为常见的几种二极管。

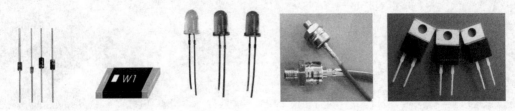

图2-1 常见的几种二极管

2.1.1 二极管基础

1. 二极管的分类

半导体二极管的种类很多。

（1）按材料分：锗二极管、硅二极管和砷化镓二极管等。

（2）按结构分：点接触二极管和面结合二极管等。

（3）按工作原理分：隧道二极管、雪崩二极管、变容二极管等。

（4）按用途分：检波二极管、整流二极管和开关二极管等。

片状二极管主要有整流二极管、快速恢复二极管、肖特基二极管、开关二极管、稳压二极管、瞬态抑制二极管、发光二极管、变容二极管、天线开关二极管等。它们在电子线路中得到了广泛应用。

2. 二极管的主要特性及基本参数

1）二极管的主要特性

二极管最主要的特性是单向导电性，其伏安特性曲线如图2-2所示。

（1）正向特性：当加在二极管两端的正向电压（P为正，N为负）很小时（锗管小于0.1 V，硅管小于 0.5 V），管子不导通，处于"截止"状态；当正向电压超过一定数值后，管子才导通；电压再稍微增大，电流便急剧增加（见曲线Ⅰ段）。不同材料的二极管，起始电压不同，硅管为0.5～0.7 V左右，锗管为0.1～0.3 V左右。

（2）反向特性：在二极管两端加上反向电压时，反向电流很小，当反向电压逐渐增加时，反向电流基本保持不变，这时的电流称为反向饱和电流（见曲线Ⅱ段）。不同材料的二极管，

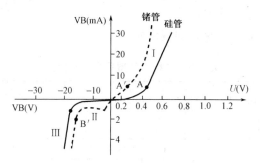

图 2-2 二极管的伏安特性曲线

反向电流的大小不同，硅管约为 1 微安到几十微安，锗管则可高达数百微安。另外，反向电流受温度变化的影响很大，锗管的稳定性比硅管差。

（3）击穿特性：当反向电压增加到某一数值时，反向电流急剧增大，这种现象称为反向击穿（见曲线Ⅲ）。这时的反向电压称为反向击穿电压。不同的结构、工艺和材料制成的管子，其反向击穿电压值差异很大，可由 1 伏到几百伏，甚至高达数千伏。

（4）频率特性：由于结电容的存在，所以当频率高到某一程度时，容抗可小到使 PN 结短路，导致二极管失去单向导电性，不能工作。PN 结面积越大，结电容也越大，越不能在高频情况下工作。

2）二极管的主要参数

（1）正向电流 I_F：在额定功率下，允许通过二极管的电流值。

（2）正向电压降 U_F：二极管通过额定正向电流时，在两极间所产生的电压降。

（3）最大整流电流（平均值）I_{OM}：在半波整流连续工作的情况下，允许的最大半波电流的平均值。

（4）反向击穿电压 U_B：二极管反向电流急剧增大到出现击穿现象时的反向电压值。

（5）正向反向峰值电压 U_{RM}：二极管正常工作时所允许的反向电压峰值。通常，U_{RM} 为 U_P 的三分之二或略小一些。

（6）反向电流 I_R：在规定的反向电压条件下流过二极管的反向电流值。

（7）结电容 C：结电容包括电容和扩散电容。在高频场合下使用时，要求结电容小于某一规定数值。

（8）最高工作频率 f_m：二极管具有单向导电性的最高交流信号的频率。

3．二极管的型号命名方法

1）国家标准规定

根据 GB/T 249—1989《半导体分立器件型号命名方法》，国产二极管的型号命名分为五个部分，各部分的含义见表 2-1。

（1）第一部分用数字"2"表示主称为二极管。

（2）第二部分用字母表示二极管的材料与极性。

（3）第三部分用字母表示二极管的类别。

（4）第四部分用数字表示序号。

（5）第五部分用字母表示二极管的规格号。

表2-1　二极管的型号命名及含义

第一部分：主称		第二部分：材料与极性		第三部分：类别		第四部分：序号	第五部分：规格号
数字	含义	字母	含义	字母	含义		
2	二极管	A	N型锗材料	P	小信号管（普通管）	用数字表示同一类别的产品序号	用字母表示产品规格、档次
				W	电压调整管和电压基准管（稳压管）		
				L	整流堆		
		B	P型锗材料	N	阻尼管		
				Z	整流管		
				U	光电管		
		C	N型硅材料	K	开关管		
				B 或 C	变容管		
				V	混频检波管		
		D	P型硅材料	JD	激光管		
				S	隧道管		
				CM	磁敏管		
		E	化合物材料	H	恒流管		
				Y	体效应管		
				EF	发光二极管		

实例2-1　2AP9表示N型锗材料普通二极管。其中，2表示二极管；A表示N型锗材料；P表示普通型；9表示序号。

2CW56表示N型硅材料稳压二极管。其中，2表示二极管；C表示N型硅材料；W表示稳压管；56表示序号。

2）1N系列

1N系列二极管在各类电子仪器设备中得到了广泛应用，它的突出特点是体积小、价格低、性能优良，如常用的整流二极管1N4001~1N4007。这是遵循美国电子工业协会（EIA）规定的晶体管分立器件的命名法命名的半导体器件。

美国的晶体管或其他半导体器件的型号命名法较混乱。这里介绍的是美国晶体管标准型号命名法，即美国电子工业协会（EIA）规定的晶体管分立器件型号的命名法，如表2-2所示。

实例2-2

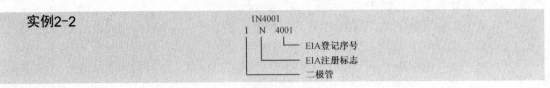

表 2-2 美国电子工业协会半导体器件命名方法

第一部分		第二部分		第三部分		第四部分		第五部分	
用符号表示用途的类型		用数字表示PN结的数目		美国电子工业协会（EIA）注册标志		美国电子工业协会（EIA）注册顺序号		用字母表示器件分档	
符号	意义	符号	意义	符号	意义	符号	意义	符号	意义
JAN或J	军用品	1	二极管	N	该器件已在美国电子工业协会登记注册		多位数字	该器件已在美国电子工业协会登记顺序号	A	同一型号的不同档别
		2	三极管					B	
无	非军用品	3	三个PN结器件					C	
		n	n个PN结器件					D	

3）片状二极管的型号代码

小尺寸片状二极管一般不打印型号，只打印型号代码。这种型号代码由生产工厂自定，并不统一。图 2-3 所示为常见片状二极管的外形。

图 2-3 常见片状二极管的外形

图 2-4 所示是两引线封装二极管，其顶面"SA"表示型号代码，黑线代表负极，"27"为数据码，⊛ 为图标。

还有一部分采用 SOD-80 封装（也叫 MELF 封装）的二极管，其外形是玻璃圆柱状，两端为帽焊接点。MELF 封装二极管的外形如图 2-5 所示，其负极由片状二极管表面的色带表示。

图 2-4 引线封装二极管　　　　图 2-5 MELF 封装二极管

4．常用晶体二极管

1）整流二极管

将交流电流整流成为直流电流的二极管叫做整流二极管，它是面结合型的功率器件，因结电容大，故工作频率低。

通常，I_F 在 1 A 以上的二极管采用金属壳封装，以利于散热；I_F 在 1 A 以下的采用全塑料封装，如图 2-6 所示。近代工艺技术不断提高，国外出现了不少较大功率的管子，也采用塑封的形式。

> **注意**：塑料封装的整流二极管用一条色带表示负极。
> 大功率技术结构的二极管上带螺纹的一端为负极。

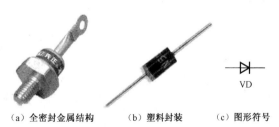

(a) 全密封金属结构　　(b) 塑料封装　　(c) 图形符号

图 2-6 整流二极管的外形及图形符号

2)检波二极管

检波二极管是用于把迭加在高频载波上的低频信号检出来的器件,它具有较高的检波效率和良好的频率特性。其外形及结构如图 2-7 所示。

图 2-7 检波二极管的外形及结构

3)开关二极管

在脉冲数字电路中,用于接通和断开电路的二极管叫开关二极管,其特点是反向恢复时间短,能满足高频和超高频应用的需要。

开关二极管有接触型、平面型和扩散台面型等。一般 $I_F<500\ \text{mA}$ 的硅开关二极管,多采用全密封环氧树脂、陶瓷片状封装,如图 2-8 所示,其引脚较长的一端为正极。

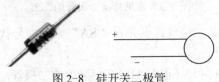

图 2-8 硅开关二极管

4)稳压二极管

稳压二极管是由硅材料制成的面结合型晶体二极管,它利用 PN 结反向击穿时的电压基本上不随电流的变化而变化的特点,来达到稳压的目的。因为它能在电路中起稳压作用,故称为稳压二极管(简称稳压管),其图形符号如图 2-9 所示。

图 2-9 稳压二极管的图形符号

5)变容二极管

变容二极管是利用 PN 结的电容随外加偏压而变化的特性制成的非线性电容性器件,被广泛地用于参量放大器、电子调谐及倍频器等微波电路中。变容二极管主要是通过结构设计及工艺等一系列途径来突出电容与电压的非线性关系的,并提高 Q 值以适合应用。变容二极管的图形符号如图 2-10 所示。

图 2-10 变容二极管的图形符号

6)阶跃恢复二极管

阶跃恢复二极管是一种特殊的变容管,也称作电荷存储二极管,简称阶跃管。它具有高度非线性的电抗,利用其反向恢复电流的快速突变中所包含的丰富谐波,可获得高效率的高次倍频,是微波领域中优良的倍频元器件。阶跃恢复二极管的图形符号如图 2-11 所示,其直流伏安特性与一般的 PN 结构相同。

图 2-11 阶跃恢复二极管的图形符号

阶跃管的特点是:当处于导通状态的二极管突然加上反向电压时,瞬间反向电流立即达到最值 I_R,并维持一定的时间 t_s,然后又立即恢复到零。

7)双向触发二极管

双向触发二极管由硅 NPN 三层结构构成,是一个具有对称性的半导体二极管器件,可等效为基极开路、集电极与发射极堆成的 NPN 型半导体三极管,如图 2-12 所示。

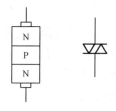

图 2-12 双向触发二极管的结构和等效电路

双向触发二极管不论正向还是反向,当输入电压小于转折电压时,管子不通,电流很小;而一旦输入电压等于转折电压,则管子导通,电流迅速上升,呈现负阻特性。

双向触发二极管结构简单,价格低廉,常用来触发双向晶闸管,还可组成过压保护等电路。

8)发光二极管

半导体发光器件包括半导体发光二极管(简称 LED)、数码管、符号管、米字管及点阵式显示屏(简称矩阵管)等。数码管、符号管、米字管及矩阵管中的每个发光单元都是一个发光二极管。发光二极管的外形和图形符号如图 2-13 和图 2-14 所示。

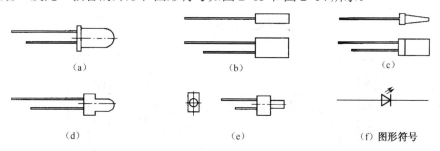

图 2-13 常见普通发光二极管的外形与图形符号

图 2-14 常见片状发光二极管的外形

（1）LED 的工作原理。LED 是由Ⅲ-Ⅳ族化合物，如 GaAs（砷化镓）、GaP（磷化镓）、GaAsP（磷砷化镓）等半导体材料制成的，其核心是 PN 结。因此它具有一般 PN 结的 I-N 特性，即正向导通、反向截止和击穿特性。此外，在一定条件下，它还具有发光特性。光的峰值波长λ与发光区域的半导体材料禁带宽度 E_g 有关，即

$$\lambda \approx 1\,240/E_g（\text{mm}）$$

式中，E_g 的单位为电子伏特（eV）。

若能产生可见光（波长为380 紫光～780 nm（红光）），则半导体材料的 E_g 应为 3.26～1.63 eV。比红光波长长的光为红外光。现在已有红外、红、黄、绿及蓝光发光二极管，但其中蓝光发光二极管的成本、价格很高，使用不普遍。

（2）LED 的特性参数主要有以下一些。

① 极限参数。

允许功耗 P_m：允许加于 LED 两端的正向直流电压与流过它的电流之积的最大值。超过此值，LED 发热、损坏。

最大正向直流电流 I_{Fm}：允许加的最大的正向直流电流。超过此值二极管损坏。

最大反向电压 U_{Fm}：所允许加的最大反向电压。超过此值，发光二极管可能被击穿损坏。

工作环境 t_{opm}：发光二极管可正常工作的环境温度范围。低于或高于此温度范围，发光二极管将不能正常工作，效率大大降低。

② 电参数。

发光强度 I_V：指法线（对圆柱形发光二极管而言是指其轴线）方向上的发光强度。由于一般 LED 的发光强度小，所以发光强度常用坎德拉（mcd）作单位。

正向工作电流 I_F：是指发光二极管正常发光时的正向电流值。在实际使用中应根据需要选择 I_F 在 $0.6 I_{Fm}$ 以下。

正向工作电压 U_F：参数表中给出的工作电压是在给定的正向电流下得到的，一般是在 I_F=20 mA 时测得的。发光二极管的正向工作电压 U_F 为 1.4～3 V。在外界温度升高时，V_F 将下降。

（3）LED 的分类。LED 的分类如图 2-15 所示。

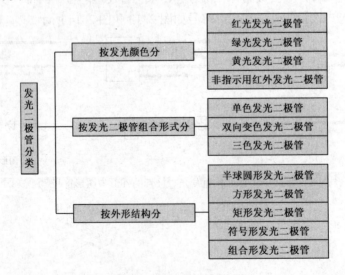

图 2-15 LED 的分类

（4）LED 的应用。由于发光二极管的颜色、尺寸、形状、发光强度及透明情况等不同，所以使用发光二极管时应根据实际需要进行恰当的选择。由于发光二极管具有最大正向电流 I_{Fm}、最大反向电压 U_{RM} 的限制，所以使用时应保证不超过此值。为安全起见，实际电流 I_F 应在 $0.6I_{Fm}$ 以下；应让可能出现的反向电压 $U_R<0.6U_{RM}$。

LED 被广泛用于各种电子仪器和电子设备中，可作为电源指示灯、电平指示或光源之用。红外发光二极管常被用于电视机、录像机等的遥控器中。

① 利用高亮度或超高亮度发光二极管制作的微型手电的电路如图 2-16 所示。图中电阻为限流电阻，其值应保证电源电压最高时应使 LED 的电流小于最大允许电流 I_{FM}。

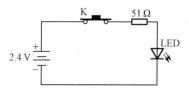

图 2-16 微型手电电路图

② 图 2-17（a）、（b）、（c）分别为直流电源、整流电源及交流电源指示电路。图（a）中的 $R \approx (E-U_F)/I_F$；图（b）中的 $R \approx (1.4U_i-U_F)/I_F$；图（c）中的 $R \approx U_i/I_F$。其中，U_i 为交流电压有效值。

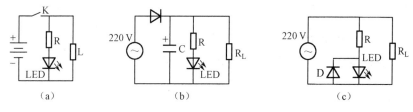

图 2-17 电源指示电路

③ 单 LED 电平指示电路。在放大器、振荡器或脉冲数字电路的输出端，可用 LED 表示输出信号是否正常，如图 2-18 所示。R 为限流电阻。只有当输出电压大于 LED 的阈值电压时，LED 才能发光。

④ 单 LED 用作低压稳压管。LED 正向导通后，电流随电压变化非常快，具有普通稳压管的稳压特性。发光二极管的稳定电压为 1.4～3 V，应根据需要选择 U_F，如图 2-19 所示。

图 2-18 单 LED 电平指示电路　　图 2-19 单 LED 用作低压稳压管

（5）电平表。目前，在音响设备中大量使用 LED 电平表。它是利用多只发光管指示输出信号电平的，即利用发光的 LED 数目的不同来表示输出电平的变化。图 2-20 所示是由 5 只发光二极管构成的电平表。当输入信号电平很低时，都不发光；当输入信号电平增大时，首先 LED_1 亮，其次 LED_2 亮……

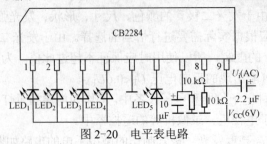

图 2-20 电平表电路

2.1.2 二极管的检测

1. 二极管的简易测试方法

二极管的极性通常在管壳上注有标记,如无标记,则可用万用表电阻挡测量其正反向电阻值来判断(一般用 R×100 或 R×1 k 挡),具体方法见表 2-3。

表 2-3 二极管的检测方法

项目	正向电阻	反向电阻
测试方法	(Ω×1k,红+黑−,正向连接)	(Ω×1k,红+黑−,反向连接)
测试情况	硅管:指针指示位置在中间或中间偏右一点。锗管:指针指示在右端靠近满刻度的地方(如图所示)。以上表明管子正向特性是好的。如果指针指在左端不动,则管子内部已经断路	硅管:指针在左端基本不动,靠近∞位置。锗管:指针从左端起动一点,但不超过满刻度的1/4(如图所示)。以上表明反向特性是好的。如果指针指在 0 位,则管子内部已短路

2. 普通二极管的检测

普通二极管的具体检测步骤如下。

(1) 排除二极管引脚上的污物。

(2) 将万用表设置成欧姆挡。

(3) 选择合适的量程。

(4) 若是机械表,则需要调零校正(即将两表笔短接使指针指在 0 Ω 处)。

(5) 将万用表的红、黑表笔分别接在二极管的两端引脚上,如图 2-21 所示,观察表盘读数并记录结果 R_1。

(6) 将万用表的红、黑表笔对调位置,再次分别接在两端引脚上,如图 2-22 所示,观察表盘读数并记录结果 R_2。

(7) 判断结果:

① 若 R_1 接近无穷大,而 R_2 数值较小,则可以断定二极管良好,R_2 为正向电阻;

② 若 R_1 接近无穷大,而 R_2 数值较小,则在 R_2 检测时,黑表笔所接的一端为正极,红表笔所接的一端为负极;

③ 若 R_1 和 R_2 都接近于无穷大,则可以断定该二极管有断路故障;

项目2 电子器件的识别与检测

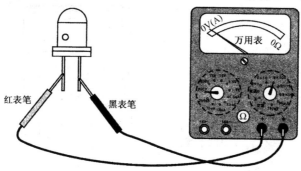

图 2-21 二极管的反向检测

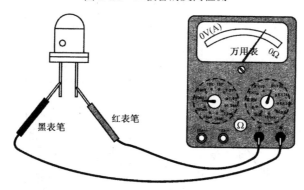

图 2-22 二极管的正向检测

④ 若 R_1 和 R_2 均较小,则可以断定该二极管已被击穿;

⑤ 若 R_1 等于 R_2 或接近 R_2,则可以断定该二极管失去单向导电作用或单向导电性不良。

整流二极管、稳压二极管、检波二极管的检测方法同上。

3.发光二极管的检测

1)方法一

发光二极管的具体检测步骤如下。

(1)排除发光二极管引脚上的脏物。

(2)将万用表设置成欧姆挡。

(3)选择合适的量程"R×10 k"挡。

(4)若是机械表,则需要调零校正(即将两表笔短接使指针指在 0 Ω处)。

(5)将万用表的红、黑表笔分别接在二极管的两端引脚上,如图 2-23 所示,观察表盘读数并记录结果 R_1。

(6)将万用表的红、黑表笔对调位置,再次分别接在两端引脚上,如图 2-24 所示,观察表盘读数并记录结果 R_2。

(7)判断结果:

① 若 R_1 接近无穷大,而 R_2 数值较小,则首先断定 R_2 为正向电阻,R_1 为反向电阻。在 R_2 检测时,黑表笔所接的一端为正极,红表笔所接的一端为负极;

② 若 R_2 正向电阻一般小于 50 kΩ,R_1 反向电阻接近几百 kΩ,则可以断定该发光二极管良好;

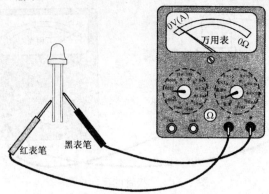

图 2-23　发光二极管反向电阻的测量

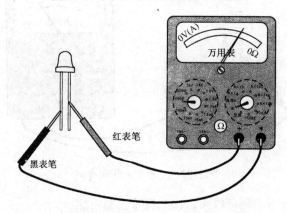

图 2-24　发光二极管正向电阻的测量

③ 若 R_1 和 R_2 都接近于无穷大，则可以断定该二极管有断路故障；

④ 若 R_1 和 R_2 均较小，则可以断定该二极管已被击穿；

⑤ 若 R_1 等于 R_2 或接近 R_2，则可以断定该二极管失去单向导电作用或单向导电性不良。

2）方法二

发光二极管的具体检测步骤如下。

（1）给万用表串联一只 1.5 V 的干电池。

（2）将万用表设置成欧姆挡。

（3）选择合适的量程。

（4）若是机械表，则需要调零校正（即将两表笔短接使指针指在 0 Ω 处）。

（5）将万用表的红、黑表笔分别接在二极管的两端引脚上，如图 2-25 所示。然后对调表笔位置，多次轮换测量，观察发光二极管的反应。

（6）判断结果：

① 若发光二极管有一次正常发光，则可以断定该二极管良好；

② 若发光二极管无任何反应，则可以断定该二极管有故障。

4．双向触发二极管的检测

双向触发二极管的具体检测步骤如下。

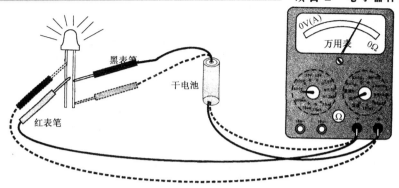

图 2-25 发光二极管的测量

（1）排除双向触发二极管引脚上的脏物。
（2）将万用表设置成欧姆挡。
（3）选择合适的量程"R×10 k"挡。
（4）若是机械表，则需要调零校正（即将两表笔短接使指针指在 0 Ω处）。
（5）将万用表的红、黑表笔分别接在二极管的两端引脚上，如图 2-26 所示，观察表盘读数并记录结果 R_1。

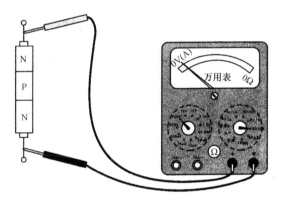

图 2-26 双向触发二极管反向电阻的测量

（6）将万用表的红、黑表笔对调位置，再次分别接在两端引脚上，如图 2-27 所示，观察表盘读数并记录结果 R_2。

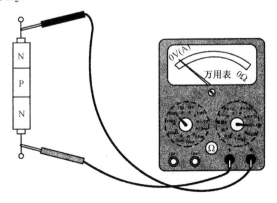

图 2-27 双向触发二极管正向电阻的测量

(7) 判断结果：

① 若 R_1 和 R_2 均很大，接近于无穷大，则可以断定该双向触发二极管正常；

② 若 R_1 和 R_2 均很小或为 0，则可以断定该双向触发二极管已损坏。

2.2 三极管

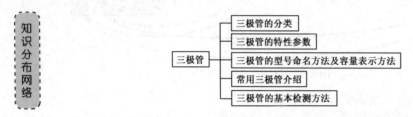

半导体三极管又叫晶体三极管，简称晶体管或三极管，由两个 PN 结（发射结和集电结）、三根电极引线（基极、发射极和集电极）及外壳封装构成。晶体管除具有放大作用外，还起电子开关、控制等作用，是电子电路与电子设备中广泛使用的基本元件。

常用三极管的外形封装如图 2-28 所示。

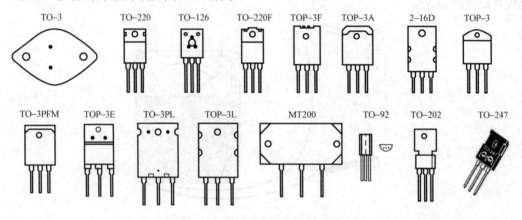

图 2-28　常用三极管的外形封装

2.2.1　三极管基础

1. 三极管的分类

（1）按材料分有锗三极管、硅三极管。

（2）按 PN 结组合分，有 NPN 三极管、PNP 三极管，如图 2-29 所示。

（3）从结构上分，有点接触型和面结合型。

（4）按工作频率分，有高频管（f_T>3 MHz）、低频管（f_T<3 MHz）。

（5）按功率分，有大功率管（P_C>1 W）、中功率管（P_C 在 0.7～1 W）和小功率管（P_C<0.7 W）。

2. 三极管的特性参数

三极管的参数反映了三极管各种性能的指标，是分析三极管电路和选用三极管的依据。

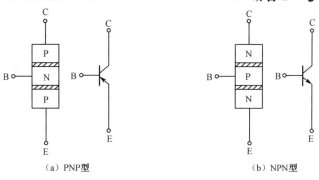

(a) PNP型　　　　　　　　　　(b) NPN型

图 2-29　三极管的内部结构图

1）共发射极电流放大系数

（1）共发射极直流电流放大系数，表示三极管在共射极连接时，某工作点处直流电流 I_C 与 I_B 的比值，用 $\overline{\beta}$ 表示。

（2）共发射极交流电流放大系数 β，表示三极管在共射极连接且 U_{CE} 恒定时，集电极电流变化量 ΔI_C 与基极电流变化量 ΔI_B 之比，即：

$$\beta = \frac{\Delta I_C}{\Delta I_B}$$

管子的 β 值太小时，放大作用差；β 值太大时，工作性能不稳定。因此，一般选用 β 为 30～80 的管子。

β 值的标志方法有两种：色标法和字母法。色标法使用得较早，通常将颜色涂在三极管的顶部，用不同的颜色来表示管子 β 值的大小。国产小功率管色标颜色与 β 值的对应关系见表 2-4。

表 2-4　国产小功率管色标颜色与 β 值的对应关系表

色标	棕	红	橙	黄	绿	蓝
β	5～15	15～25	25～40	40～55	55～80	80～120
色标	紫	灰	白	黑	黑橙	
β	120～180	180～270	270～400	400～600	600～1 000	

2）共基极交流电流放大系数

共基极交流电流放大系数 α，表示三极管作共基极连接时，在 U_{CB} 恒定的情况下，I_C 和 I_E 的变化量之比，即：

$$\alpha = \frac{\Delta I_C}{\Delta I_E}\bigg|_{U_{CB}}$$

3）极间反向电流

（1）集-基反向饱和电流 I_{CBO}：I_{CBO} 是指发射极开路，在集电极与基极之间加上一定的反向电压时，所对应的反向电流。它是少子的漂移电流。在一定温度下，I_{CBO} 是一个常量。随着温度的升高，I_{CBO} 将增大，它是三极管工作不稳定的主要因素。在相同环境温度下，硅管的 I_{CBO} 比锗管的 I_{CBO} 小得多。

（2）穿透电流 I_{CEO}：I_{CEO} 是指基极开路，集电极与发射极之间加一定反向电压时的集电极电流。该电流好像从集电极直通发射极一样，故称为穿透电流。I_{CEO} 和 I_{CBO} 一样，也是衡量三极管热稳定性的重要参数。

4）频率参数

频率参数是反映三极管的电流放大能力与工作频率关系的参数，表征三极管的频率适用范围。

（1）共射极截止频率 f_β：三极管的 β 值是频率的函数，中频段 $\beta=\beta_0$ 几乎与频率无关，但是随着频率的增高，β 值下降。当 β 值下降到中频段 β_0 的 $1/\sqrt{2}$ 时，所对应的频率称为共射极截止频率，用 f_β 表示。

（2）特征频率 f_T：当三极管的 β 值下降到 $\beta=1$ 时所对应的频率，称为特征频率。在 $f_\beta \sim f_T$ 的范围内，β 值与 f 几乎成线性关系，f 越高，β 越小。当工作频率 $f>f_T$ 时，三极管便失去了放大能力。

5）极限参数

（1）最大允许集电极耗散功率 P_{CM}：P_{CM} 是指三极管集电结受热而引起晶体管参数的变化不超过所规定的允许值时，集电极耗散的最大功率。当实际功耗 P_C 大于 P_{CM} 时，不仅管子的参数发生了变化，甚至还会烧坏管子。

（2）最大允许集电极电流 I_{CM}：当 I_C 很大时，β 值逐渐下降。一般规定在 β 值下降到额定值的 2/3（或 1/2）时所对应的集电极电流为 I_{CM}。当 $I_C>I_{CM}$ 时，β 值已减小到不实用的程度，且有烧毁管子的可能。

（3）反向击穿电压 BV_{CEO} 与 BV_{CBO}：BV_{CEO} 是指基极开路时，集电极与发射极间的反向击穿电压；BV_{CBO} 是指发射极开路时，集电极与基极间的反向击穿电压。

3．三极管的型号命名方法

1）普通三极管的型号命名

根据 GB/T 249—1989，国产普通三极管的型号命名由五部分组成，各部分的含义见表 2-5。

表 2-5　国产普通三极管的型号命名

第一部分：主称		第二部分：三极管的材料和特性		第三部分：类别		第四部分：序号	第五部分：规格号
数字	含义	字母	含义	字母	含义		
3	三极管	A	锗材料、PNP 型	G	高频小功率管	用数字表示同一类型产品的序号	用字母 A 或 B、C、D…等表示同一型号的器件的档次等
				X	低频小功率管		
		B	锗材料、NPN 型	A	高频大功率管		
				D	低频大功率管		
		C	硅材料、NPN 型	T	闸流管		
				K	开关管		
		D	硅材料、NPN 型	V	微波管		
				B	雪崩管		
		E	化合物材料	J	阶跃恢复管		
				U	光敏管（光电管）		
				J	结型场效应晶体管		

(1) 第一部分用数字"3"表示主称为三极管。
(2) 第二部分用字母表示三极管的材料和特性。
(3) 第三部分用字母表示三极管的类别。
(4) 第四部分用数字表示同一类型产品的序号。
(5) 第五部分用字母表示规格号。

实例2-3 3AX 为 PNP 型低频小功率管，3BX 为 NPN 型低频小功率管；3CG 为 PNP 型高频小功率管，3DG 为 NPN 型高频小功率管；3AD 为 PNP 型低频大功率管，3DD 为 NPN 型低频大功率管；3CA 为 PNP 型高频大功率管，3DA 为 NPN 型高频大功率管。

此外，还有国际流行的 9011～9018 系列高频小功率管，除 9012 和 9015 为 PNP 型外，其余均为 NPN 型。

2）片状三极管的型号识别

我国的三极管型号以"3A～3E"开头，美国的以"2N"开头，日本的以"2S"开头，目前市场上以 2S 开头的三极管占多数。

欧洲常采用国际电子联合会制定的标准，对三极管的命名方法是：

(1) 第一部分用 A 或 B 开头（A 表示锗管，B 表示硅管）；
(2) 第二部分用 C 表示低频小功率管，用 F 表示高频小功率管，用 D 表示低频大功率管，用 L 表示高频大功率管，用 S 和 U 分别表示小功率开关管和大功率开关管；
(3) 第三部分用三位数表示登记序号。

实例2-4 BC87 表示硅低频小功率三极管。

4．常用三极管

1）塑料封装大功率三极管

塑料封装大功率三极管的输出功率较大，用来对信号进行功率放大。在通常情况下，三极管输出的功率越大，体积越大。其外形如图 2-30 所示，它有三个引脚，在顶部有一个开孔的小散热片（因为功率大，容易发热，所以要放置散热片）。

2）金属封装大功率三极管

金属封装大功率三极管的体积较大，结构为帽子形状，顶部用来安装散热片，其金属外壳本身也是一个散热部件；两个孔用来将三极管固定在电路板上。这种封装的三极管只有基极和发射极两根引脚，集电极就是三极管的金属外壳，如图 2-31 所示。

图 2-30　塑料封装大功率三极管

图 2-31　金属封装大功率三极管

3）塑料封装小功率三极管

塑料封装小功率三极管是塑料封装的小功率三极管，也是电子电路中用得最多的三极管，其具体封装有很多种，三根引脚的分布规律也有多种。小功率三极管在电子电路中主要用来发挥除放大信号功率之外的作用，例如，用来放大信号电压以作为各种控制电路中的控制器件等。其外形如图 2-32 所示。

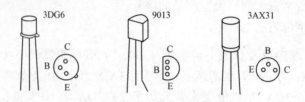

图 2-32　塑料封装小功率三极管

4）达林顿三极管

达林顿三极管又称达林顿结构的复合管，简称复合管。这种复合管内部由两只输出功率不等的三极管按一定接线规律复合而成。根据内部两只三极管复合的不同有四种具体的达林顿管，同时管内还会有电阻器。达林顿三极管主要作为功率放大管和电源调整管，其图形符号如图 2-33 所示。

5）带阻尼三极管

带阻尼三极管主要用于电视机的行输出级路中作为行输出三极管，它将阻尼二极管和电阻器（25Ω，接于基极和发射极之间）封装在管壳内。将阻尼二极管设在行输出的内部，减小了引线电阻，有利于改善行扫描线性、减小行频干扰。基极和发射极之间接入电阻器是为了适应行输出管工作在高反向耐压状态。其电路符号如图 2-34 所示。

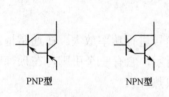 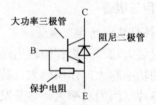

图 2-33　达林顿三极管的图形符号　　　图 2-34　带阻尼三极管电路符号

6）普通片状三极管

普通片状三极管有三个电极的，也有四个电极的，其外形及管脚排列如图 2-35 所示。

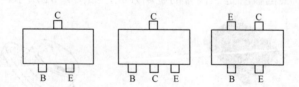

图 2-35　普通片状三极管的外形及管脚排列图

复合三极管为近年开发的新型片状三极管，它在一个封装内有两个三极管，其外形及内部连接方式如图 2-36 及图 2-37 所示。

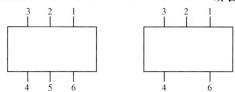

图 2-36 复合三极管的外形

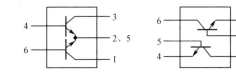

图 2-37 复合三极管的内部连接方式

除以上三极管以外,还有光敏三极管、磁敏三极管等,这里不再详细介绍。

2.2.2 三极管的检测

1. 三极管极性及管脚的检测

如果不知道三极管的型号及管子的引脚排列,则可用万用表(以指针式万用表为例)进行检测判断。

1)判定基极

判定基极的测试电路如图 2-38 所示。

(1)将万用表设置成欧姆挡。
(2)选择万用表量程,一般为 R×100 或 R×1 k 挡。
(3)对万用表进行调零。
(4)轮流检测三极管的三个电极中任意两个极之间的正、反向电阻值,依次记下阻值并进行分析。

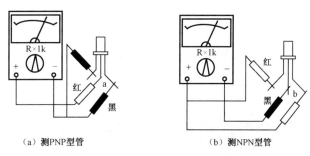

(a)测PNP型管　　　　　　　　　(b)测NPN型管

图 2-38 判定三极管的基极

如果用第一根表笔接某一电极,而第二根表笔先后接触另外两个电极均测得低阻值时,则第一根表笔所接的那个电极即为基极 B。

> **注意**:这时,要注意万用表表笔的极性。
> (1)用指针式万用表测量时,若红表笔接的是基极 B,黑表笔分别接在其他两电极时,测得的阻值都较小,则可判定被测三极管为 PNP 型管。

（2）如果黑表笔接的是基极 B，红表笔分别接触其他两电极时，测得的阻值都较小，则被测三极管为 NPN 型管。

用数字式万用表测试时表笔的接法与指针式的相反。

2）判定集电极 C 和发射极 E

判定集电极 C 和发射极 E 的测试方法如图 2-39 所示。现以测 NPN 型三极管，采用指针式万用表为例加以说明。

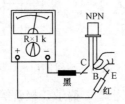

图 2-39 判定三极管 C、E

（1）将万用表设置成欧姆挡。

（2）选择万用表量程，一般为 R×1k 挡。

（3）对万用表进行调零。

（4）使被测三极管的基极悬空，万用表的红、黑表笔分别任接其余两管脚，此时指针应指在无穷大的位置。

（5）用手指同时捏住基极与右边的管脚，这时会出现以下现象：

① 如果万用表指针向右偏转较明显，则表明右边管脚为集电极 C，左边管脚为发射极 E；

② 如果万用表指针基本不摆动，则可改用手指同时捏住基极与左边的管脚，若指针向右偏转较明显，则左边管脚为集电极 C，右边管脚为发射极 E；

③ 如果在以上两次测量过程中万用表指针均不向右摆动或摆动的幅度不明显，则说明万用表给被测三极管提供的测试电压的极性接反了，应将红、黑表笔对调位置后按上述步骤重新测试，直到将管子的 C、E 极区分开为止。

3）判别锗管和硅管

判别锗管和硅管的测试电路如图 2-40 所示。E 为一节 1.7 V 的干电池，R_P 为 50～100 kΩ 的电阻。

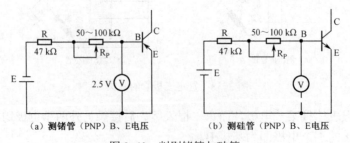

（a）测锗管（PNP）B、E 电压　　　　（b）测硅管（PNP）B、E 电压

图 2-40 判别锗管与硅管

（1）将万用表置于直流 2.5 V 挡。

（2）电路接通以后，万用表表笔接被测管子的发射结，测其正向压降。

若是锗管，该电压值应为 0.2~0.3 V；若是硅管，该电压值应为 0.6~0.8 V。

顺便指出，目前绝大多数硅管为 NPN 型管，锗管为 PNP 型管。

4）判别高频管与低频管

高频管的截止频率大于 3 MHz，而低频管的截止频率则小于 3 MHz。一般情况下，两者是不能互换使用的。由于高、低频管的型号不同，所以当它们的标志型号清楚时，可以查出有关手册较容易地直接加以区分。当它们的标志型号不清楚时，可利用其 BV_{EBO} 的不同用万用表测量发射结的反向电阻，将高、低频管区分开。这里，以 NPN 型管为例。

（1）将万用表置于欧姆挡。

（2）量程选择为 R×1 k 挡。

（3）对万用表进行调零。

（4）将黑表笔接管子的发射极 E，红表笔接管子的基极 B。此时，电阻值一般均在几百千欧以上。

（5）将万用表拨至 R×10 k 高阻挡，红、黑表笔接法不变，重新测量一次 E、B 间的电阻值。若所测阻值与第一次测得的阻值变化不大，则可基本判定被测管为低频管。

若阻值变化较大，超过万用表满刻度的三分之一，则可基本判定被测管为高频管。

2．中、小功率三极管的检测

1）独立三极管的检测

已知型号和管脚排列的三极管，可按下述方法来判断其性能好坏。

（1）测量极间电阻。将指针式万用表置于 R×100 或 R×1 k 挡，按照红、黑表笔的六种不同接法进行测试，如图 2-41、图 2-42、图 2-43、图 2-44 所示。

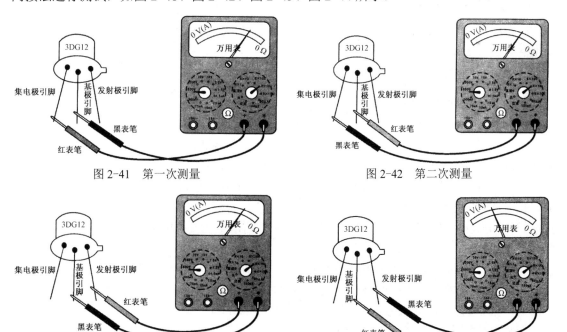

图 2-41 第一次测量　　　　　　图 2-42 第二次测量

图 2-43 第三次测量　　　　　　图 2-44 第四次测量

其中，发射结和集电结的正向电阻值比较低，其他四种接法测得的电阻值都很高，约为几百千欧至无穷大。但不管低阻值还是高阻值，硅材料三极管的极间电阻要比锗材料三极管的极间电阻大得多。

（2）测量放大能力（β）。目前，有些型号的万用表具有测量三极管的刻度线及测试插座，可以很方便地测量三极管的放大倍数。

① 将万用表的量程开关拨到 ADJ 位置。

② 把红、黑表笔短接，调整调零旋钮，使万用表指针指示为零。

③ 将量程开关拨到 h_{FE} 位置，并使两短接的表笔分开，把被测三极管插入测试插座，即可从 h_{FE} 刻度线上读出管子的放大倍数。

2）在路电压检测判断法

在实际应用中，小功率三极管多直接焊接在印制电路板上，由于元件的安装密度大，拆卸比较麻烦，所以在检测时常常通过万用表的直流电压挡，测量被测三极管各引脚的电压值，来推断其工作是否正常，进而判断其好坏。

3．大功率晶体三极管的检测

利用万用表检测中、小功率三极管的极性、管型及性能的各种方法，对检测大功率三极管来说基本适用。但是，由于大功率三极管的工作电流比较大，因而其 PN 结的面积也较大。PN 结较大，其反向饱和电流也必然增大。所以，若像测量中、小功率三极管极间电阻那样，使用万用表的 R×1k 挡测量，测得的电阻值必然很小，好像极间短路一样，所以通常使用 R×10 或 R×1 挡来检测大功率三极管。

4．普通达林顿管的检测

用万用表对普通达林顿管的检测包括识别电极、区分 PNP 和 NPN 型、估测放大能力等项内容。因为达林顿管的 E-B 极之间包含多个发射结，所以应该使用万用表能提供较高电压的 R×10 k 挡进行测量。

5．大功率达林顿管的检测

检测大功率达林顿管的方法与检测普通达林顿管基本相同。但由于大功率达林顿管内部设置了 V3、R1、R2 等保护和泄放漏电流元件，所以在检测时应将这些元件对测量数据的影响加以区分，以免造成误判。具体可按下述几个步骤进行。

（1）用万用表的 R×10 k 挡测量 B、C 之间 PN 结的电阻值，应明显测出具有单向导电性能，正、反向电阻值应有较大差异。

（2）在大功率达林顿管的 B-E 之间有两个 PN 结，并且接有电阻 R_1 和 R_2。用万用表的电阻挡检测时：

① 当正向测量时，测到的阻值是 B-E 结正向电阻与 R_1、R_2 并联的结果；

② 当反向测量时，发射结截止，测出的则是 R_1、R_2 的电阻之和，大约为几百欧，且阻值固定，不随电阻挡位的变换而改变。

但需要注意的是，有些大功率达林顿管在 R_1、R_2 上还并有二极管，此时所测得的则不是 R_1、R_2 的电阻之和，而是 R_1、R_2 与两只二极管正向电阻之和的并联电阻值。

6. 带阻尼行输出三极管的检测

将万用表置于 R×1 挡，通过单独测量带阻尼行输出三极管各电极之间的电阻值，即可判断其是否正常。其具体测试原理、方法及步骤如下。

（1）将红表笔接 E、黑表笔接 B，此时相当于测量大功率管 B-E 结的等效二极管与保护电阻 R 并联后的阻值。由于等效二极管的正向电阻较小，而保护电阻 R 的阻值一般也仅有 20～50 Ω，所以，二者并联后的阻值也较小；反之，将表笔对调，即红表笔接 B、黑表笔接 E，则测得的是大功率管 B-E 结的等效二极管的反向电阻值与保护电阻 R 的并联阻值，由于等效二极管反向电阻值较大，所以此时测得的阻值即是保护电阻 R 的值，此值仍然较小。

（2）将红表笔接 C、黑表笔接 B，此时相当于测量管内大功率管 B-C 结等效二极管的正向电阻，一般测得的阻值较小；将红、黑表笔对调，即将红表笔接 B、黑表笔接 C，则相当于测量管内大功率管 B-C 结等效二极管的反向电阻，测得的阻值通常为无穷大。

（3）将红表笔接 E、黑表笔接 C，相当于测量管内阻尼二极管的反向电阻，测得的阻值一般都较大，约 300 Ω～∞；将红、黑表笔对调，即红表笔接 C、黑表笔接 E，则相当于测量管内阻尼二极管的正向电阻，测得的阻值一般都较小，约几欧至几十欧。

2.3 场效应管

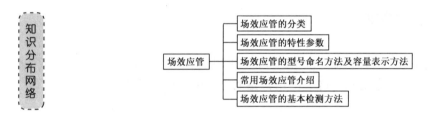

场效应管是一种带有 PN 结的新型半导体器件，与半导体三极管的控制机理不同，它是一种电压控制器件，即利用电场效应来控制管子的电流，故命名为场效应管（用 FET 表示）。与半导体三极管相比，场效应管具有输入阻抗高、制造工艺简单、噪声系数小、热稳定性好及动态范围大等优点，特别适合于做成大规模集成电路，广泛应用于高频、中频、低频、直流、开关及阻抗变换等电路。

常见的场效应管如图 2-45 所示。

图 2-45 常见的场效应管

2.3.1 场效应管基础

1. 场效应管的分类

场效应管分结型、绝缘栅型（MOS）两大类。

（1）按沟道材料：结型和绝缘栅型各分为 N 沟道和 P 沟道两种。

（2）按导电方式：有耗尽型与增强型两种。结型场效应管均为耗尽型，绝缘栅型场效应管既有耗尽型的，也有增强型的。

场效应管的分类及电路符号见表 2-6。

表 2-6 场效应管的分类及电路符号

	N沟道结构	P沟道结构
结型场效应管	栅极 G—[D 漏极 / S 源极	栅极 G—[D 漏极 / S 源极
绝缘栅型场效应管	N沟道耗尽型 G—[D 衬底 / S	P沟道耗尽型 G—[D 衬底 / S
	N沟道增强型 G—[D 衬底 / S	P沟道增强型 G—[D 衬底 / S

2．场效应管的特性参数

1）夹断电压 U_P

U_P 一般是对结型管而言，当栅、源极之间的反向电压增加到一定数值以后，不管漏、源极电压为多大都不存在漏电流 I_D。这个使 I_D 开始为零的电压叫做场效应管的夹断电压。

2）开启电压 U_T

U_T 一般是对绝缘栅型管而言，表示开始出现 I_D 时的栅、源极电压值。对 N 沟道增强型、P 沟道耗尽型 U_T 为正值，对 N 沟道耗尽型、P 沟道增强型 U_T 为负值。

3）饱和漏电流

当 $U_{GS}=0$ 而 U_{DS} 足够大时，漏电流的饱和值就是场效应管的饱和漏电流，常用符号 I_{DSS} 表示。

4）通导电阻

当 U_{GS} 足够小时，漏极电压 U_{DS} 和漏电流 I_D 的比值，称为场效应管的通导电阻，常用符号 R_{on} 表示。

5）跨导

跨导是场效应管的交流参数，它是表征栅、源极电压控制漏电流本领的参数。跨导等于栅、源极电压的微小变化除相应漏电流的变化的商，单位是西门子，用符号 gm 表示。

除上述主要技术参数外，还有噪声参数、最高工作频率等其他参数。

3．场效应管的型号命名方法

1）第一种命名方法

第一种命名方法与双极型三极管相同。

第一位代表电极个数，用数字 3 表示。

第二位代表材料，D 是 P 型硅 N 沟道，C 是 N 型硅 P 沟道。

第三位，字母 J 代表结型场效应管，O 代表绝缘栅型场效应管。

实例 2-5　3DJ6D 是结型 N 沟道场效应三极管，3DO6C 是绝缘栅型 N 沟道场效应三极管。

2）第二种命名方法

第二种命名方法是 CS××#：CS 代表场效应管，××以数字代表型号的序号，#用字母代表同一型号中的不同规格。例如 CS14A、CS45G 等。

4．常用场效应管

1）小功率场效应管

小功率场效应管具有输入阻抗极高、驱动电流小、噪声低等特点，适用于前置电压放大、阻抗变换电路、振荡电路及高速开关电路。常见的小功率场效应管如图 2-46 所示。

2）双栅场效应管

双栅场效应管有一个源极、一个漏极和两个栅极，其中两个栅极是相互独立的，这使得它可以用来做高频放大器、混频器、解调器及增益控制放大器等，如图 2-47 所示。

图 2-46　3DJ 系列 N 沟道结型场效应管　　图 2-47　4D 系列绝缘栅型场效应管

3）片状场效应管

与片状三极管相比，片状场效应管具有输入阻抗高、噪声低动态范围大、交叉调制失真小等特点。片状场效应管分结型场效应管（JFET）和绝缘栅型场效应管（MOSFET）两种。JFET 主要用于小信号场合，MOSFET 既可用于小信号场合，也可用于功率放大或驱动的场合。

片状场效应管的外形及管脚排列如图 2-48 所示（两种不同的排列）。

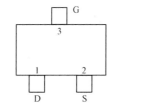 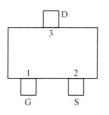

图 2-48　片状场效应管的外形及管脚排列

由图 2-48 可见，片状场效应管的外形结构与三极管十分相似，应注意区分。片状场效应管的 G、S、D 极分别相当于三极管的 B、E、C 极。

（1）片状 JFET。片状 JFET 在 VHF/UHF 射频放大器中应用的有 MMBFJ309IJ1（N 沟道，型号代码为 6U），用于通用的小信号放大的有 MMBF54、S7LT1（N 沟道，型号代码为 M6E）

等。它们常用作阻抗变换或前置放大器等。

（2）片状 MOSFET。片状 MOSFET 的最大特点是具有优良的开关特性，其导通电阻很低，一般为零点几欧姆到几欧姆，小的仅为几毫欧到几十毫欧，所以自身管耗较小，小尺寸的片状器件却有较大的功率输出。目前应用较广的是功率 MOSFET，常用作驱动器、DC/DC 变换器、伺服/步进马达控制、功率负载开关、固态继电器、充电器控制等。

2.3.2　场效应管的检测

这里，用指针式万用表对场效应管进行判别。

1. 用测电阻法判别结型场效应管的电极

根据场效应管的 PN 结正、反向电阻值不一样的现象，可以判别出结型场效应管的三个电极。

1）方法一

（1）选择万用表的欧姆挡。

（2）万用表的量程一般选用 R×1 k 挡。

（3）对万用表进行调零。

（4）任选两个电极，分别测出其正、反向电阻值。

当某两个电极的正、反向电阻值相等，且为几千欧姆时，则该两个电极分别是漏极 D 和源极 S。因为对结型场效应管而言，漏极和源极可互换，所以剩下的电极肯定是栅极 G。

2）方法二

（1）选择万用表的欧姆挡。

（2）万用表的量程一般选用 R×1 k 挡。

（3）对万用表进行调零。

（4）将万用表的黑表笔（红表笔也行）任意接触一个电极，另一只表笔依次去接触其余的两个电极，测其电阻值。

当出现两次测得的电阻值近似相等时，则黑表笔所接触的电极为栅极，其余两电极分别为漏极和源极。

> 注意：若两次测出的电阻值均很大，说明是 PN 结的反向，即都是反向电阻，可以判定是 N 沟道场效应管，且黑表笔接的是栅极；若两次测出的电阻值均很小，说明是正向 PN 结，即是正向电阻，判定为 P 沟道场效应管，黑表笔接的也是栅极。

若不出现上述情况，则可以调换黑、红表笔，按上述方法重新进行测试，直到判别出栅极为止。

2. 用测电阻法判别场效应管的好坏

测电阻法是用万用表测量场效应管的源极与漏极、栅极与源极、栅极与漏极、栅极 G1 与栅极 G2 之间的电阻值；将其与场效应管手册标明的电阻值进行比较去判别场效应管好坏的方法。具体步骤如下。

（1）选择万用表的欧姆挡。

（2）万用表的量程一般选用 R×10 或 R×100 挡。

（3）对万用表进行调零。

（4）将万用表的两支表笔接触源极和漏极，测量源极与漏极之间的电阻。

测出阻值通常在几十欧到几千欧范围内（在手册中可知，各种不同型号的场效应管，其电阻值是各不相同的）。

① 如果测得阻值大于正常值，则可能是内部接触不良。

② 如果测得阻值是无穷大，则可能是内部断极。

（5）然后把万用表置于 R×10 k 挡，再测栅极 G_1 与 G_2、栅极与源极、栅极与漏极之间的电阻值。

① 若测得其各项电阻值均为无穷大，则说明管子是正常的。

② 若测得上述各阻值太小或为通路，则说明管子是坏的。

注意：若两个栅极在管内断极，则可用元件代换法进行检测，如图 2-49 所示。

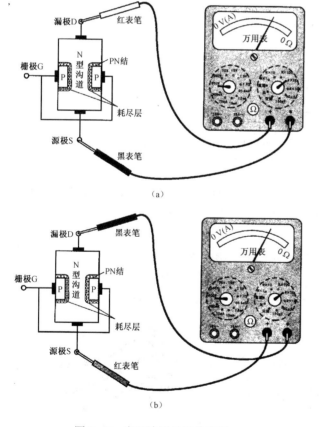

图 2-49 电阻法测量场效应管

说明：① 在测试场效应管中用手捏住栅极时，万用表指针可能向右摆动（电阻值减小），也可能向左摆动（电阻值增加）。这是由于人体感应的交流电压较高，而不同的场效应管用电阻挡测量时的工作点可能不同（或者工作在饱和区或者工作在不饱和区）所致。试验表明，多数管的 R_{DS} 增大，即指针向左摆动；少数管的 R_{DS} 减小，使指针向右摆动。但无论指针摆动方向如何，只要指针摆动幅度较大，就说明该管有较大的放大能力。

② 此方法对 MOS（绝缘栅型）场效应管也适用。但要注意，MOS 场效应管的输入电阻高，栅极 G 允许的感应电压不应过高，所以不要直接用手去捏栅极，而必须用手握螺丝刀的绝缘柄，用金属杆去碰触栅极，以防止人体感应电荷直接加到栅极，引起栅极击穿。

③ 每次测量完毕，应将 G-S 极间短路一下。这是因为 G-S 结电容上会充有少量电荷，建立起 U_{GS} 电压，造成再测量时指针可能不动，只有将 G-S 极间的电荷短路放掉才行。

3. 用感应信号输入法估测场效应管的放大能力

具体步骤如下。

（1）选择万用表的欧姆挡。

（2）万用表的量程一般选用 R×100 挡。

（3）对万用表进行调零。

（4）将万用表的红表笔接源极 S，黑表笔接漏极 D，给场效应管加上 1.5 V 的电源电压，此时指针指示出漏、源极间的电阻值。

（5）然后用手捏住结型场效应管的栅极 G，将人体的感应电压信号加到栅极上。

这样，由于管子的放大作用，漏、源极电压 U_{DS} 和漏极电流 I_D 都要发生变化，也就是漏、源极间电阻发生了变化，由此可以观察到指针有较大幅度的摆动。

① 如果用手捏栅极时指针摆动较小，说明管子的放大能力较差。

② 如果用手捏栅极时指针摆动较大，表明管子的放大能力大。

③ 如果用手捏栅极时指针不动，说明管子是坏的。

根据上述方法，用万用表的 R×100 挡，测结型场效应管 3DJ2F。先将 G 极开路，测得漏源电阻 R_{DS} 为 600 Ω；用手捏住 G 极后，指针向左摆动，指示的漏源极电阻 R_{DS} 为 12 kΩ，指针摆动的幅度较大，说明该管是好的，并有较大的放大能力。

2.4 晶闸管

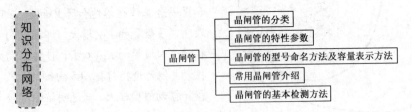

晶闸管是一种以硅单晶为基本材料的 P1N1P2N2 四层三端器件。由于晶闸管最初应用于可控整流方面，所以又称为硅可控整流元件，简称为可控硅 SCR。其外形如图 2-50 所示。

晶闸管的优点很多，例如，以小功率控制大功率，功率放大倍数高达几十万倍；反应极快，可在微秒级内开通、关断；无触点运行，无火花、无噪声；效率高，成本低等。

晶闸管的缺点有静态及动态的过载能力较差、容易受干扰而误导通。

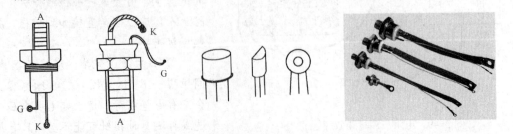

图 2-50　常见晶闸管的外形

2.4.1 晶闸管基础

1．晶闸管的分类

（1）按关断、导通及控制方式分类：普通晶闸管、双向晶闸管、逆导晶闸管、门极关断晶闸管（GTO）、BTG 晶闸管、温控晶闸管和光控晶闸管等多种。

（2）按引脚和极性分类：二极晶闸管、三极晶闸管和四极晶闸管。

（3）按封装形式分类：金属封装晶闸管、塑料封装晶闸管和陶瓷封装晶闸管。其中，金属封装晶闸管又分为螺栓形、平板形、圆壳形等多种，塑料封装晶闸管又分为带散热片型和不带散热片型两种。

（4）按电流容量分类：大功率晶闸管、中功率晶闸管和小功率晶闸管。通常，大功率晶闸管多采用金属壳封装，而中、小功率晶闸管则多采用塑封或陶瓷封装。

（5）按关断速度分类：普通晶闸管和高频（快速）晶闸管。

2．晶闸管的特性参数

（1）正向阻断峰值电压，是指在控制极开路及正向阻断条件下，可以重复加在器件上的正向电压的峰值。此电压规定为正向转折电压值的 80%。

（2）反向阻断峰值电压，是指在控制极断路及额定结温度下，可以重复加在器件上的反向电压的峰值。此电压规定为最高反向测试电压值的 80%。

（3）额定正向平均电流，是指当环境温度为+40 ℃时，器件导通（标准散热条件）可连续通过工频正弦半波电流的平均值。

（4）正向平均压降，是指在规定的条件下，器件通以额定正向平均电流时，阳极与阴极之间电压降的平均值。

（5）维持电流，是指在控制极断开时，器件保持导通状态所必需的最小正向电流。

（6）控制极触发电流，是指阳极与阴极之间加直流 6 V 电压时，使晶闸管完全导通所必需的最小控制极直流电流。

（7）控制极触发电压，是指控制极触发电压从阻断转变为导通状态时控制极上所加的最小直流电压。

3．国产晶闸管的型号命名方法

国产晶闸管的型号命名（JB 1144—75 部颁发标准）主要由四部分组成，各部分的含义见表 2-7。

（1）第一部分用字母"K"表示主称为晶闸管。

（2）第二部分用字母表示晶闸管的类别。

（3）第三部分用数字表示晶闸管的额定通态电流。

（4）第四部分用数字表示重复峰值电压级数。

实例 2-6 KP1-2 表示 1 A 200 V 普通反向阻断型晶闸管。其中，K 表示晶闸管；P 表示普通反向阻断型；1 表示通态电流 1 A；2 表示重复峰值电压 200 V。KS5-4 表示 5 A 400 V 双向晶闸管。其中，K 表示晶闸管；S 表示双向型；5 表示通态电流 5 A；4 表示重复峰值电压 400 V。

表2-7　国产晶闸管的型号命名表

第一部分：主称		第二部分：类别		第三部分：额定通态电流		第四部分：重复峰值电压级数	
字母	含义	字母	含义	数字	含义	数字	含义
K	晶闸管（可控硅）	P	普通反向阻断型	1	1 A	1	100 V
				5	5 A	2	200 V
				10	10 A	3	300 V
				20	20 A	4	400 V
		K	快速反向阻断型	30	30 A	5	500 V
				50	50 A	6	600 V
				100	100 A	7	700 V
				200	200 A	8	800 V
				300	300 A	9	900 V
		S	双向型	400	400 A	10	1 000 V
						12	1 200 V
				500	500 A	14	1 400 V

4．常用晶闸管

1）单向晶闸管

单向晶闸管是由三个 PN 结四层结构硅芯片和三个电极组成的半导体器件，如图 2-51 所示。

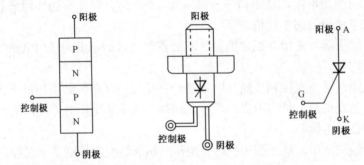

图 2-51　单向晶闸管的结构、外形和图形符号

晶闸管的三个电极分别为阳极（A）、阴极（K）和控制极（G）。当器件的阳极接负电位（相对阴极而言）时，PN 结处于反向，具有类似二极管的反向特性。当器件的阳极上加正电位时（若控制极不接任何电位），在一定的电压范围内，器件仍处于阻抗很高的关闭状态。但当正电压大于转折电压时，器件迅速转变到低阻导通状态。导通后撤去阳极电压，晶闸管仍导通，只有使器件中的电流减到低于某个数值或阴极与阳极之间的电压减小到零或负值时，器件才可恢复为关闭。

单向晶闸管的特点：只要控制极通过毫安级的电流就可以触发器件导通，器件中可以通过较大的电流。利用这种特性，单向晶闸管可用于整流、开关、变频、调速、调温等自动控制电路中。

2）双向晶闸管

双向晶闸管是由 N-P-N-P-N 五层半导体材料制成的，对外也有三个电极，如图 2-52 所示。

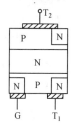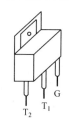

图 2-52 双向晶闸管的结构、外形和电路符号

双向晶闸管与单向晶闸管一样,也具有触发控制特性。不过,它的触发控制特性与单向晶闸管有很大的不同,即无论在阳极和阴极间接入何种极性的电压,只要在其控制极上加一个触发脉冲,也不管这个脉冲是什么极性的,都可以使双向晶闸管导通。

由于双向晶闸管在阳、阴极间接任何极性的工作电压都可以实现触发控制,因此双向晶闸管的主电极也就没有阳极、阴极之分,通常把这两个主电极称为 T_1 电极和 T_2 电极,将接在 P 型半导体材料上的主电极称为 T_1 电极,将接在 N 型半导体材料上的电极称为 T_2 电极。

3)可关断晶闸管

可关断晶闸管也属于 PNP 四层三端结构,其等效电路与普通晶闸管相同,如图 2-53 所示。

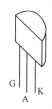

图 2-53 可关断晶闸管的结构、外形和电路符号

可关断晶闸管又称门控晶闸管,简称 VS 管。一般晶闸管在触发信号下一旦导通,去掉触发信号后,晶闸管仍会维持导通状态。而可关断晶闸管的特点是:当门极加负触发信号时,晶闸管能自动关断。它不仅保持了晶闸管控制大电流的闸流能力,而且具有可控关断的能力,为其应用提供了更为方便、更宽的范围。目前,在电力控制柜上采用的大功率可关断晶闸管的电流容量已达 3 000 A/4 500 V 以上。

2.4.2 晶闸管的检测

1. 单向晶闸管的检测

(1)将万用表挡位开关置于电阻 R×1 挡。

(2)若是机械表,则需要调零校正(即将两表笔短接使指针指在 0 Ω 处)。

(3)用红、黑两表笔分别测任意两引脚间的正反向电阻,如图 2-54、图 2-55、图 2-56、图 2-57、图 2-58 所示,找出读数为数十欧姆的一对引脚,此时黑表笔所接为控制极 G,红表笔所接为阴极 K,另一空脚为阳极 A。

(4)将黑表笔接阳极 A,红表笔仍接阴极 K,此时万用表指针应不动。用短线瞬间短接阳极 A 和控制极 G，此时万用表电阻挡指针应向右偏转，读数为 10 Ω 左右。若当阳极 A 接黑表笔、阴极 K 接红表笔时，万用表指针发生偏转，则说明该单向晶闸管已击穿损坏。

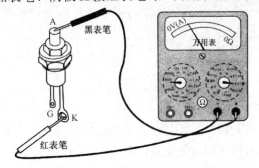 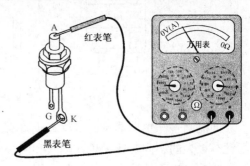

图 2-54　单向晶闸管的第一次检测　　　　图 2-55　单向晶闸管的第二次检测

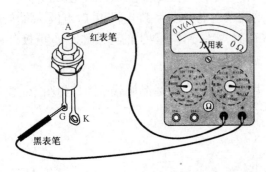 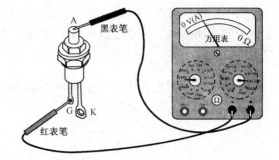

图 2-56　单向晶闸管的第三、四次检测

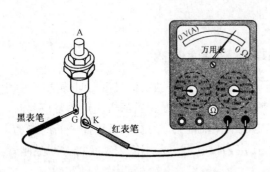 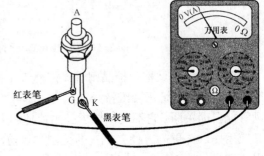

图 2-57　单向晶闸管的第五次检测　　　　图 2-58　单向晶闸管的第六次检测

2．双向晶闸管的检测

（1）将万用表挡位开关置于电阻 R×1 挡。

（2）若是机械表，则需要调零校正（即将两表笔短接使指针指在 0 Ω 处）。

（3）用红、黑两表笔分别测任意两引脚间的正反向电阻，其中两组读数为无穷大。若一组读数为数十欧姆，则该组红、黑表笔所接的两引脚为第一阳极 T_1 和控制极 G，另一空脚即为第二阳极 T_2。如图 2-59、图 2-60 所示。

（4）测量 T_1、G 极间的正反向电阻，读数相对较小的那次测量的黑表笔所接引脚为第一阳极 T_1，红表笔所接引脚为控制极 G。

项目 2　电子器件的识别与检测

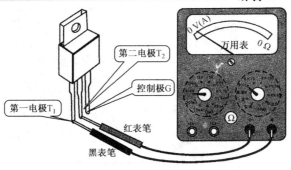

图 2-59　双向晶闸管的第一次测量

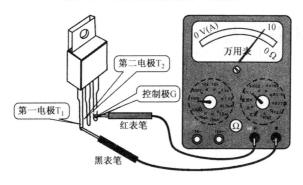

图 2-60　双向晶闸管的第二次测量

(5) 将黑表笔接第二阳极 T_2,红表笔接第一阳极 T_1,此时万用表指针不应发生偏转,阻值为无穷大。再用短接线将 T_2、G 极间瞬间短接,给 G 极加上正向触发电压,T_2、T_1 间阻值约 10 Ω 左右,随后断开 T_2、G 极间的短接线,万用表读数应保持为 10 Ω 左右,如图 2-61 所示。

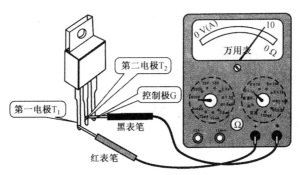

图 2-61　双向晶闸管的第三次测量

(6) 互换红、黑表笔接线,红表笔接第二阳极 T_2,黑表笔接第一阳极 T_1,同样万用表指针不应发生偏转,阻值为无穷大。用短接线将 T_2、G 极间再次瞬间短接,给 G 极加上负的触发电压,T_1、T_2 间的阻值也是 10 Ω 左右。随后断开 T_2、G 极间的短接线,万用表读数应保持在 10 Ω 左右,如图 2-62 所示。

若符合以上规律,则说明被测双向晶闸管未损坏且三个引脚极性判断正确。

电子产品工艺实训(第2版)

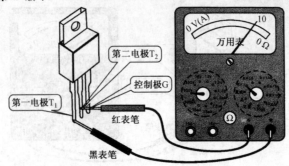

图 2-62 双向晶闸管的第四次测量

2.5 其他器件的识别与检测

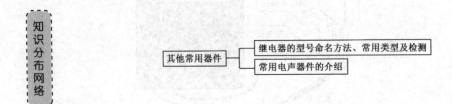

2.5.1 继电器

继电器是一种电子控制器件,具有控制系统(又称输入回路)和被控制系统(又称输出回路),通常应用于自动控制电路中。继电器实际上是用较小的电流去控制较大电流的一种"自动开关",故在电路中起着自动调节、安全保护、转换电路等作用。常用继电器如图 2-63 所示。

图 2-63 常用继电器

1. 继电器的分类

一般把继电器分为直流电磁继电器、交流电磁继电器、舌簧继电器、时间继电器和固态继电器五种。

(1)按照用途来分:启动继电器、中间继电器、步进继电器、过载继电器、限时继电器和温度继电器等。

(2)按照功率来分:将功率在 25 W 以下的继电器称为小功率继电器,把功率在 25～100 W 之间的继电器称为中功率继电器,把功率在 100 W 以上的继电器称为大功率继电器。

（3）按继电器动作的时间来分：把动作时间小于 50 ms 的继电器称为快速继电器，把动作时间在 50 ms～1 s 之间的继电器称为标准继电器，把动作时间大于 1 s 的继电器称为延时继电器。

2．继电器的型号命名方法

一般情况下，国产继电器的型号命名由四部分组成。

（1）第一部分用字母表示继电器的主称类型。

    JR——小功率继电器；

    JZ——中功率继电器；

    JQ——大功率继电器；

    JC——磁电式继电器；

    JU——热继电器或温度继电器；

    JT——特种继电器；

    JM——脉冲继电器；

    JS——时间继电器；

    JAG——干簧式继电器。

（2）第二部分用字母表示继电器的形状特征。

    W——微型；

    X——小型；

    C——超小型。

（3）第三部分用数字表示产品序号。

用数字表示产品序号。

（4）第四部分用字母表示防护特征。

    F——封闭式；

    M——密封式。

例如：JRX-13F 表示封闭式小功率小型继电器。其中，JR 表示小功率继电器；X 表示小型；13 表示序号。

3．常用继电器

1）电磁式继电器

电磁式继电器一般由铁芯、线圈、衔铁、触点簧片等组成的，如图 2-64 所示。

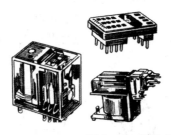 

图 2-64 电磁式继电器的外形

只要在线圈两端加上一定的电压，线圈中就会流过一定的电流，从而产生电磁效应，衔铁就会在电磁力吸引的作用下克服返回弹簧的拉力而吸向铁芯,从而带动衔铁的动触点与静触点(常开触点)吸合。当线圈断电后,电磁的吸力也随之消失,衔铁就会在弹簧的反作用力下返回原来的位置,使动触点与原来的静触点(常闭触点)吸合,从而达到了在电路中的导通、切断的目的。继电器的常开触点与常闭触点的区别是:继电器线圈未通电时处于断开状态的静触点称为"常开触点",处于接通状态的静触点称为"常闭触点",如图2-65所示。

(a) 线圈　　　　　(b) 常开触点D　　　　　(c) 常闭触点H

图2-65　继电器触点的图形符号

2) 舌簧继电器

舌簧继电器是一种结构新颖而简单的小型继电器。常见的有干簧继电器和湿簧继电器两类。它们具有动作速度快、工作稳定、机电寿命长及体积小等优点。

(1) 干簧继电器。干簧继电器由一个或多个干式舌簧开关(又称干簧管)和励磁线圈(或永久磁铁)组成,如图2-66所示。

 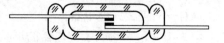

图2-66　干簧继电器的结构图

在干簧管内有一组导磁簧片,封装在充有惰性气体的玻璃管内,导磁簧片又兼做接触簧片,起着电路开关和导磁的双重作用。当给线圈通以电流或将磁铁接近干簧管时,两个簧片的端部形成极性相反的磁极而相互吸引。当吸引力大于簧片的反力时,两者接触,使常开触点闭合;当线圈中的电流减小或磁铁远离时,簧片间的吸引力小于簧片的反力,则动簧片又返回到初始位置,触点断开。

(2) 湿簧继电器。湿簧继电器是在干簧继电器的基础上发展起来的。它是在干簧管内充入水银和高压氢气,使触点被水银浸润而成为汞润触点,而氢气又不断地净化触点上的水银,使触点上一直有一层纯净的汞膜保护着。这种充入水银的簧管就成了湿簧管。用湿簧管制成的舌簧继电器称为湿簧继电器。

3) 固态继电器

固态继电器(简称SSR)是现代微电子技术与电力电子技术发展起来的一种新型无触点开关器件,也是一种能将电子控制电路和电气执行电路进行良好电隔离的功率开关器件。固态继电器一般为四端有源器件,其中有两个输入控制端、两个输出端,输入与输出间有一个隔离器件,只要在输入端加上直流或脉冲信号,输出端就能进行开关的通断转换,实现了相当于电磁继电器的功能。其外形如图2-67所示。

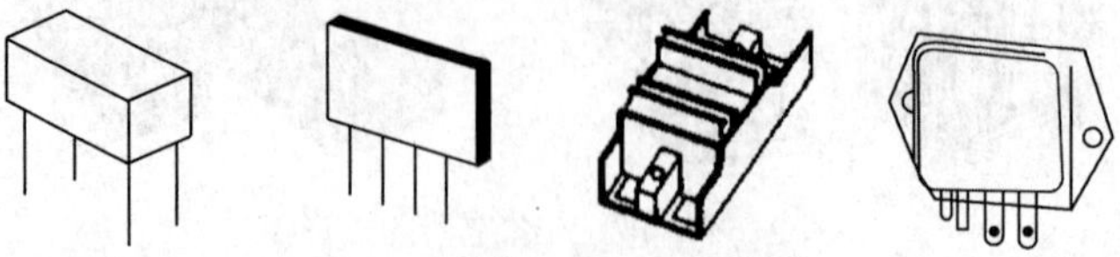

图2-67　固态继电器的外形

固态继电器无触点,无火花,工作可靠,开关速度快,无噪声,无电磁干扰,抗干扰能力强,且寿命长,体积小,耐振动,防爆,防潮,防腐蚀,能与TTL、DTL、HTL等逻辑电路兼容,以微小的控制信号直接驱动大电流负载。

固态继电器目前已广泛应用于计算机外围接口装置、电炉加热、恒温系统、数控机械、遥控系统、工业自动化装置、信号灯光控制、仪器仪表、医疗器械等领域。

4. 继电器检测

1)测量触点电阻

用万用表的电阻挡,测量常闭触点与动点电阻,其阻值应为0;而常开触点与动点的阻值就为无穷大。由此可以区别出哪组是常闭触点,哪组是常开触点。

2)测量线圈电阻

可用万用表的R×10挡测量继电器线圈的阻值,从而判断该线圈是否存在开路现象。

3)测量吸合电压和吸合电流

用可调稳压电源和电流表,给继电器输入一组电压,且在供电回路中串入电流表进行监测。慢慢调高电源电压,听到继电器的吸合声时,记下该吸合电压和吸合电流。为了准确,可以多试几次而求平均值。

4)测量释放电压和释放电流

像上述测量吸合电压和吸合电流那样连接测试,当继电器发生吸合后,再逐渐降低供电电压,当听到继电器再次发生释放声音时,记下此时的电压和电流,即释放电压和释放电流,亦可多做几次而取得平均的释放电压和释放电流。一般情况下,继电器的释放电压约为吸合电压的10%~50%。如果释放电压太小(小于1/10吸合电压),则继电器不能正常使用。

2.5.2 电声器件

电声器件是指电和声相互转换的器件,它是利用电磁感应、静电感应或压电效应等来完成电声转换的,包括扬声器、耳机、传声器、唱头等。

1. 扬声器

扬声器是把音频电流转换成声音的电声器件,俗称喇叭,其种类很多,如图2-68所示。

图2-68 常见扬声器的外形

1)扬声器的分类

(1)按能量方式分类:电动(动圈)扬声器、电磁扬声器、静电(电容)扬声器、压电(晶体)扬声器、放电(离子)扬声器。

（2）按辐射方式分类：纸盆（直接辐射式）扬声器、号筒（间接辐射式）扬声器。

（3）按振膜形式分类：纸盆扬声器、球顶扬声器、带式扬声器、平板驱动式扬声器。

（4）按组成方式分类：单纸盆扬声器、组合纸盆扬声器、组合号筒扬声器、同轴复合扬声器。

（5）按用途分类：高保真（家庭用）扬声器、监听扬声器、扩音用扬声器、乐器用扬声器、接收机用小型扬声器、水中用扬声器。

（6）按外形分类：圆形扬声器、椭圆形扬声器、圆筒形扬声器、矩形扬声器。

2）常见扬声器

（1）号筒扬声器：号筒扬声器的外形和结构如图 2-69 所示。从图中不难看出，其发声的驱动单元（俗称高音头）的工作原理和电动式扬声器的发音原理相似，但其声波传播不是通过纸盆直接传播，而是通过一个号筒发送出去的。其主要优点是效率高，可以达到 10%～40%；缺点是重放频带较窄（且低频响应差）。号筒扬声器是一种间接辐射式扬声器。

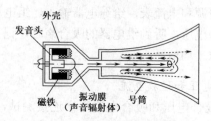

图 2-69　号筒扬声器的外形和结构

（2）球顶扬声器：球顶扬声器与号筒扬声器结构相似，只是没有号筒。球顶扬声器的结构如图 2-70 所示。其振动膜近似半球形面，它与电动纸盆扬声器一样是直接辐射式扬声器。

球顶扬声器的主要优点是重放频带较宽、失真小、音质好、瞬态特性也好；缺点是效率低。球顶扬声器的振动膜的尺寸一般不宜过大，但由于指向性良好，故一般在多频道扬声器系统中作为中频或高频扬声器使用。近年来高保真扬声系统中的高频及中频扬声器广泛采用球顶扬声器。

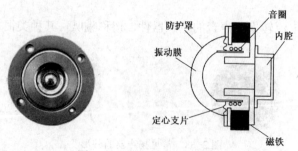

图 2-70　球顶扬声器的结构

（3）平板扬声器：平板扬声器是近年发展起来的一种新型扬声器，它的最大优点是具有宽而平坦的频响特性，谐振失真很小，是一种高音质扬声器。平板扬声器的外形和结构如

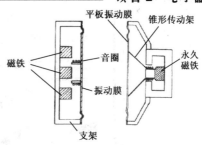

图 2-71 平板扬声器的外形和结构

图 2-71 所示。

平板扬声器是一种平面驱动振动板扬声器，其辐射振动在使用频带内完全是活塞式振动。平板振动膜可采用既轻又厚、刚性大的蜂窝式振动板，也可以采用刚性较强的金属锥盆，其中填充有泡沫树脂。

2. 耳机

耳机、耳塞是一种小型的电声器件，它可以把音频电信号转换成声音信号。耳机、耳塞主要用于袖珍式收音机、单放机中，以代替扬声器作放音用。耳机的种类较多，但常用的耳机或耳塞按结构来分有两类，一类是电磁式，另一类是动圈式，它们的外形如图 2-72 所示。除上述两类耳机外，还有压电式耳机和红外线耳机。

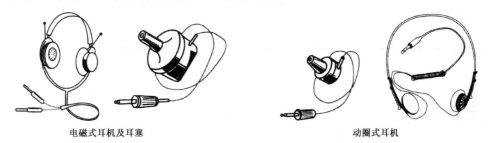

图 2-72 常见耳机外形

压电式耳机是利用具有压电效应的材料制成的，如压电晶体、压电陶瓷、压电高聚化合物等。压电式耳机结构简单，主要由压电片、振动膜和壳体组成。当音频信号加到压电片上时，压电片产生逆压电效应发生形变，于是带动振动膜振动，从而发出声音。压电式耳机具有结构简单、体积小、耐潮湿性好的特点，主要用于语言系统的重放。

红外线耳机利用红外线传声，不需要导线和放大电路连接，它具有频率范围宽、灵敏度高、失真度小等特点。

3. 传声器

传声器是把声音变成电信号的一种电声器件。传声器又叫话筒或微音器，俗称麦克风。传声器的功能是把声能变成电信号。传声器按工作原理分有动圈式、铝带式、电容式、驻极体式和晶体式等多种，各种传声器的外形如图 2-73 所示。动圈式、铝带式和电容式的体积较大，多用于会场或剧场扩音。驻极体式的体积可以做得很小，广泛用于便携式录音机中。

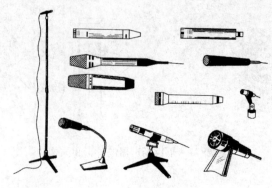

图 2-73　传声器的外形

技能点与知识点：

1. 能识别二极管、三极管、场效应管、晶闸管等器件，其知识链接为二极管、三极管、场效应管、晶闸管等器件的类型、结构特征、标示方法及命名方法。

2. 能正确检测二极管、三极管、场效应管、晶闸管等器件，其知识链接为电子器件的检测方法及判别方法。

本章主要介绍了电子器件的识别与检测知识，其中主要包括二极管、三极管、场效应管、晶闸管及其他器件，通过万用表的灵活使用，实现对常用器件的各项参数、功能的检测。通过本章的学习，读者应掌握识别与检测电子器件的基本技能。

理论自测题 2

1. 判断题

（1）在选用二极管时，应根据具体电路选择不同类型、不同特性的二极管。（　　）

（2）三极管在进行交流放大时，电流放大系数与工作频率无关。（　　）

（3）用万用表判定管脚的同时，也可以确定其质量的好坏。（　　）

（4）场效应管具有电流放大作用。（　　）

2. 选择题

（1）关于二极管极性判定正确的是（　　）。

　　A．二极管较粗的一端为其负极

　　B．二极管外壳上标有色环的一端为其负极

　　C．发光二极管都可以用目测法确定其正负极

　　D．透明状红外发光二极管，管壳内电极较宽、较大的为正极，较小的为负极

（2）在低压整流电路中，应选用的二极管为（　　）。

　　A．正向电压偏大的二极管　　　　　　B．开关二极管

　　C．正向电压尽量小的二极管　　　　　D．热载流子二极管

（3）关于稳压二极管的说法正确的是（　　）。
　　A．稳压二极管的稳压原理主要利用了二极管的单向导电性
　　B．稳压二极管正常工作状态为反向击穿状态
　　C．稳压二极管在电子电路中主要起整流作用
　　D．开关二极管可以代替稳压二极管
（4）关于发光二极管叙述不正确的是（　　）。
　　A．发光二极管有可见光二极管和不可见光二极管两类
　　B．发光波长决定发光的颜色
　　C．发光二极管具有二极管的单向导电性
　　D．红外发光二极管的结构、原理与普通发光二极管不同
（5）使用指针式万用表判断发光二极管的极性时，应使用的挡位为（　　）。
　　A．×10 k 挡　　　B．×100 挡　　　C．×1 k 挡　　　D．×1 挡
（6）电子开关电路应使用的三极管为（　　）。
　　A．低频三极管　　B．开关三极管　　C．光电三极管　　D．复合三极管
（7）三极管具有开关特性的区域为（　　）。
　　A．饱和区和截止区　　　　　　B．放大区和截止区
　　C．放大区　　　　　　　　　　D．饱和区和放大区
（8）在判定 NPN 型三极管的管脚时，首先确定的管脚是（　　）。
　　A．发射极　　　B．集电极　　　C．基极　　　D．任意脚
（9）用万用表判定三极管基极的同时，还可以确定（　　）。
　　A．管子频率的高低　　　　　　B．管子的类型
　　C．管子的β值　　　　　　　　D．三极管的导通电压
（10）放大电路的实质是（　　）。
　　A．阻抗变换　　B．电压变换　　C．能量转换器　　D．信号匹配

技能训练2　电子器件的识别与检测

（1）要求：会识别和检测各种常用的电子器件，如二极管、三极管、场效应管等。
（2）材料：各种器件各5只，万用表一块。
（3）内容包括以下三方面。
① 二极管：根据所给二极管进行识别检测，将结果记录于下表。

参数名称	型号	正负极	种类	检测结果	备注
二极管1					
二极管2					
二极管3					
二极管4					
二极管5					

② 三极管：根据所给三极管进行识别检测，将结果记录于下表。

参数 名称	型号	管脚识别	种类	β值	备注
三极管1					
三极管2					
三极管3					
三极管4					
三极管5					

③ 场效应管：根据所给场效应管进行识别检测，将结果记录于下表。

参数 名称	型号	管脚识别	种类	β值	备注
场效应管1					
场效应管2					
场效应管3					
场效应管4					
场效应管5					

项目 3 集成电路的识别与检测

教学导航

教	知识重点	1. 集成电路分类、型号命名方法的基本知识; 2. 集成电路识别、检测的基本方法; 3. 集成电路使用时的注意事项; 4. 集成电路基本封装的知识与含义
	知识难点	1. 集成电路的识别; 2. 集成电路识别的检测方法
	推荐教学方式	以实际操作为主,教师进行演示性讲解。充分发挥教师的指导作用,鼓励学生多动手、多体会,通过训练,使学习者真正掌握集成电路的识别检测方法
	建议学时	8 学时
学	推荐学习方法	以自己的实际操作为主。紧密结合本章内容,通过自我训练、互相指导、总结,掌握集成电路的识别检测方法
	必须掌握的理论知识	1. 集成电路的分类、型号命名方法; 2. 集成电路使用时的注意事项
	需要掌握的工作技能	1. 掌握常用模拟、数字集成电路的检测方法; 2. 熟知集成电路的识别; 3. 掌握集成电路的基本应用

3.1 集成电路的分类及型号命名

集成电路的英文名称为 Integreted Circuites，缩写为 IC。集成电路实现了元件、电路和系统的三结合。在一块极小的硅单晶片上，利用半导体工艺将由许多二极管、三极管、电阻器、电容器等元件连接并完成特定电子技术功能的电子电路封装在一起的电子电路称为集成电路。集成电路的应用非常广泛，每年都有许许多多通用或专用的集成电路被研发与生产出来。如图 3-1 所示，为多种集成电路的外形。

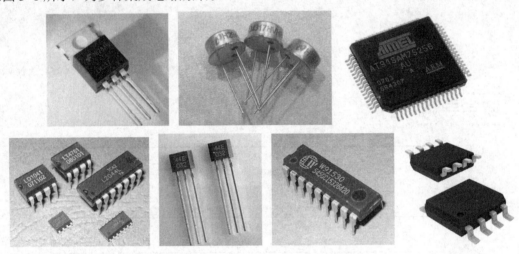

图 3-1 多种集成电路的外形

3.1.1 集成电路的分类

1. 按功能不同分类

可分为模拟集成电路和数字集成电路两大类。

前者用来产生、放大和处理各种模拟电信号；后者则用来产生、放大和处理各种数字电信号。所谓模拟信号，是指幅度随时间连续变化的信号。例如，人对着话筒讲话，话筒输出的音频电信号就是模拟信号，收音机、收录机、音响设备及电视机中接收、放大的音频信号、电视信号，也是模拟信号。所谓数字信号，是指在时间上和幅度上离散取值的信号。例如，电报电码信号，按一下电键，产生一个电信号，而产生的电信号是不连续的。这种不连续的电信号，一般叫做电脉冲或脉冲信号。计算机中运行的信号是脉冲信号，但这些脉冲信号均代表着确切的数字，因而又叫做数字信号。在电子技术中，通常又把模拟信号以外的非连续变化的信号，统称为数字信号。目前，在家电维修中或一般性电子制作中，所遇到的主要是

模拟信号，接触最多的也是模拟集成电路。

2．按制作工艺不同分类

可分为半导体集成电路、膜集成电路和混合集成电路三类。

半导体集成电路是采用半导体工艺技术，在硅基片上制作包括电阻、电容、三极管、二极管等元器件并具有某种电路功能的集成电路。膜集成电路是在玻璃或陶瓷片等绝缘物体上，以"膜"的形式制作电阻、电容等无源器件。无源器件的数值范围可以作得很宽，精度可以作得很高。但目前的技术水平尚无法用"膜"的形式制作晶体二极管、三极管等有源器件，因而使膜集成电路的应用范围受到了很大的限制。在实际应用中，多半是在无源膜电路上外加半导体集成电路或分立元件的二极管、三极管等有源器件，使之构成一个整体，这便是混合集成电路。

根据膜的厚薄不同，膜集成电路又分为厚膜集成电路（膜厚为 1～10 μm）和薄膜集成电路（膜厚为 1 μm 以下）两种。在家电维修和一般性电子制作过程中，遇到的主要是半导体集成电路、厚膜电路及少量的混合集成电路。

3．按集成度高低不同分类

可分为小规模、中规模、大规模及超大规模集成电路四类。

对模拟集成电路，由于工艺要求较高、电路又较复杂，所以一般认为集成 50 个以下元器件的为小规模集成电路，集成 50～100 个元器件的为中规模集成电路，集成 100 个以上元器件的为大规模集成电路；对数字集成电路，一般认为集成 1～10 个等效门/片或 10～100 个元件/片的为小规模集成电路，集成 10～100 个等效门/片或 100～1 000 元件/片的为中规模集成电路，集成 100～10 000 个等效门/片或 1 000～100 000 个元件/片的为大规模集成电路，集成 10 000 个以上等效门/片或 100 000 个以上元件/片的为超大规模集成电路。

4．按导电类型不同分类

分为双极型集成电路和单极型集成电路两类。

前者频率特性好，但功耗较大，而且制作工艺复杂，绝大多数模拟集成电路及数字集成电路中的 TTL、ECL、HTL、LSTTL、STTL 型属于这一类。后者工作速度低，但输入阻抗高、功耗小、制作工艺简单、易于大规模集成，其主要产品为 MOS 型集成电路。MOS 型集成电路又分为 NMOS、PMOS、CMOS 型。

NMOS 型集成电路是在半导体硅片上，以 N 型沟道 MOS 器件构成的集成电路，参加导电的是电子。PMOS 型集成电路是在半导体硅片上，以 P 型沟道 MOS 器件构成的集成电路，参加导电的是空穴。CMOS 型集成电路是由 NMOS 晶体管和 PMOS 晶体管互补构成的集成电路，称为互补型 MOS 集成电路，简写为 CMOS 集成电路。

除上面介绍的各类集成电路之外，现在又有许多专门用途的集成电路，称为专用集成电路。

3.1.2 国产半导体集成电路的命名方法

1．原国标命名方法

器件的型号由五个部分组成，其五个组成部分的符号及意义见表 3-1。

表 3-1 原国标集成电路的命名方法

第一部分		第二部分		第三部分	第四部分		第五部分	
用字母表示器件符合国家标准		用字母表示器件的类型		用阿拉伯数字表示器件的序号	用字母表示器件的工作温度范围		用字母表示器件的封装形式	
符号	意义	符号	意义		符号	意义	符号	意义
C	中国制造	T	TTL	器件系列和品种代号，一般用阿拉伯数字表示	C	0～70 ℃	W	陶瓷扁平
		H	HTL				B	塑料扁平
		E	ECL		E	−40～85 ℃	F	全密封扁平
		C	CMOS				D	陶瓷双列直插
		F	线性放大器		R	−55～85 ℃	P	塑料双列直插
		D	音响电视电路				J	黑瓷双列直插
		W	稳压器				K	金属菱形
		J	接口电路		M	−55～125 ℃	T	金属圆壳
		B	非线性电路					
		M	存储器					
		μ	微机电路					

例如，CT4020ED 为低功耗肖特基 TTL 双 4 输入与非门。其中，C 表示符合国家标准，T 表示 TTL 电路（第一部分），4020 表示低功耗肖特基系列双 4 输入与非门（第二部分），E 表示–40～85 ℃（第三部分），D 表示陶瓷双列直插封装（第四部分）。

2．现行国标命名方法

按现行国标（GB 3430—1989），器件的型号也有五部分组成，其每部分的含义见表 3-2。

3.2 TTL 数字集成电路

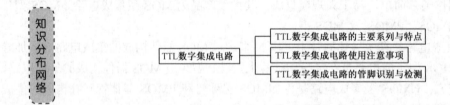

TTL 电路是晶体管-晶体管逻辑电路的英文缩写（Transister-Transister-Logic ），是数字集成电路的一大门类。它采用双极型工艺制造，具有高速度、低功耗和品种多等特点。

3.2.1 TTL 数字集成电路的主要系列与特点

这类集成电路的内部输入级和输出级都是晶体管结构，属于双极型数字集成电路。其主要系列如下。

表 3-2 现行国标集成电路命名方法

第一部分		第二部分		第三部分		第四部分		第五部分	
用字母表示器件符合国家标准		用字母表示器件的类型		用阿拉伯数字表示器件的系列和品种代号		用字母表示器件的工作温度范围		用字母表示器件的封装类型	
符号	意义	符号	意义	符号	意义	符号	意义	符号	意义
C	中国制造	T	TTL 电路	（TTL 器件）		C	0~70 ℃	F	多层陶瓷扁平
		H	HTL 电路	54/74***	国际通用系列	G	−20~70 ℃	B	塑料扁平
		E	ECL 电路	54/74H***	高速系列	L	−25~85 ℃	H	黑瓷扁平
		C	CMOS 电路	54/74L***	低功耗系列	E	−40~85 ℃	D	多层陶瓷双列直插
		M	存储器	54/74S***	肖特基系列	R	−55~85 ℃	J	黑瓷双列直插
		μ	微机电路	54/74LS***	低功耗肖特基系列	M	−55~125 ℃	P	塑料双列直插
		F	线性放大电路	54/74AS***	先进肖特基系列			S	塑料单列直插
		W	稳压器	54/74ALS***	先进肖特基低功耗系列			T	金属圆壳
		D	音响电视电路	54/74F***	高速系列			K	金属菱形
		B	非线性电路	（CMOS 器件）				C	陶瓷芯片载体（CCC）
		J	接口电路	54/74HC***	高速 CMOS，输入输出 CMOS 电平			E	塑料芯片载体（PLCC）
		AD	A/D 转换	54/74HCT***	高速 CMOS，输入 TTL 电平，输出 CMOS 电平			G	网格针栅阵列
		DA	D/A 转换	54/74HCU***	高速 CMOS，不带输出缓冲级			SOIC	小引线封装
		SC	通信专用电路	54/74AC***	改进型高速 CMOS			PCC	塑料芯片载体封装
		SS	敏感电路	54/74ACT***	改进型高速 CMOS，输入 TTL 电平，输出 CMOS 电平			LCC	陶瓷芯片载体封装
		SW	钟表电路						
		SJ	机电仪表电路						
		SF	复印机电路						

1. 74 系列

74 系列是早期的产品，现仍在使用，但正逐渐被淘汰。

2. 74H 系列

74H 系列是 74 系列的改进型，属于高速产品。其"与非门"的平均传输时间达 10 ns 左右，但电路的静态功耗较大，目前该系列产品使用得越来越少，逐渐被淘汰。

3．74S 系列

74S 系列是 TTL 的高速型肖特基系列。在该系列中，采用了抗饱和肖特基二极管，速度较高，但品种较少。

4．74LS 系列

74LS 系列是当前 TTL 类型中的主要产品系列，其品种和生产厂家都非常多，性价比高，目前在中小规模电路中的应用非常普遍。

5．74ALS 系列

74ALS 系列是"先进的低功耗肖特基"系列，属于 74LS 系列的后继产品，在速度（典型值为 4 ns）、功耗（典型值为 1 mW）等方面都有较大的改进，但价格比较高。

6．74AS 系列

74AS 系列是 74S 系列的后继产品，其速度（典型值为 1.5 ns）有显著的提高，又称"先进超高速肖特基"系列。

总之，TTL 系列产品向着低功耗、高速度方向发展。其主要特点如下。

（1）不同系列、同型号器件的管脚排列完全兼容。
（2）参数稳定，使用可靠。
（3）噪声容限高达数百毫伏。
（4）输入端一般有钳位二极管，减少了反射干扰的影响；输出电阻低，带容性负载能力强。
（5）采用+5 V 电源供电。

3.2.2 TTL 数字集成电路使用注意事项

1．正确选择电源电压

TTL 数字集成电路的电源电压允许变化范围比较窄，一般为 4.5～5.5 V。在使用时更不能将电源与地颠倒接错，否则会因为电流过大而造成元器件损坏。

2．对输入端的处理

TTL 数字集成电路的各个输入端不能直接与高于+5.5 V 和低于−0.5 V 的低内阻电源连接。对多余的输入端最好不要悬空。虽然悬空相当于高电平，并不影响"与门、与非门"的逻辑关系，但悬空容易受到干扰，有时会造成电路的误动作。因此，多余输入端要根据实际需要作适当处理。例如，"与门、与非门"的多余输入端可直接接到电源 V_{CC} 上，也可将不同的输入端共用一个电阻连接到 V_{CC} 上，或将多余的输入端并联使用。对于"或门、或非门"的多余输入端，应直接接地。

对于触发器等中规模集成电路来说，不使用的输入端不能悬空，应根据逻辑功能接入适当的电平。

3．对于输出端的处理

除"三态门、集电极开路门"外，TTL 数字集成电路的输出端不允许并联使用。如果将几个"集电极开路门"电路的输出端并联，实现线与功能时，则应在输出端与电源之间接入一个合适的上拉电阻。

集成门电路的输出更不允许与电源或地短路，否则可能造成元器件损坏。

3.2.3 TTL数字集成电路的管脚识别与检测

1．电源端和接地端的识别

国产TTL74系列"与"、"或"、"与非"门等集成电路电源端和接地端的位置有两种，一种的左上角为电源端，右下角为接地端，如图3-2所示。

另一种的上边中间一脚为电源端，下边中间一脚为接地端。这种为老式产品，市场上已不多见，如图3-3所示。

图3-2 二输入端四与门

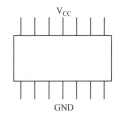
图3-3 管脚图

所以当遇到TTL74系列集成电路时，可先根据上述规律初步判断。然后用指针式万用表的R×1k挡测量其电源—地之间的电阻值，当红表笔接电源端、黑表笔接地端时，测出的电阻值为几千欧姆，把黑、红表笔颠倒过来再测，测出的电阻值为十几千欧姆，则说明上述判断正确。若测量结果与上述不符，则应重新进行判断。

2．输入端和输出端的识别

国产TTL74系列"与"、"或"、"与非"门等集成电路的输入短路电流值不大于2.2 mA，输出低电平值小于0.35 V，由此便可判别出其输入端和输出端。将"与"门的电源接+5 V电压，接地端按要求接地，如图3-4所示。然后依次测量各管脚与地之间的短路电流，若其值在1～2.5 mA之间，则说明该脚为输入端，否则便是输出端。

3．判别同一个"与非"门的输入、输出端

将"与非"门的电源接+5 V电压，接地端按要求正确接地。指针式万用表拨在直流10 V挡，黑表笔接地，红表笔接任一输出端，如图3-5所示。用一根导线，依次将输入端对地短路，观察输出端的电压变化，所有能使该输出端由低电平变为高电平（大于2.7 V）的输入端，便是同一个"与非"门的输入端。

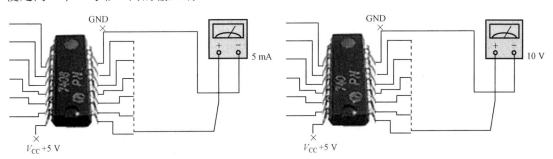
图3-4 识别TTL"与"门输入、输出端的电路图　　图3-5 识别同一个"与非"门输入、输出端的电路图

3.3 CMOS 数字集成电路

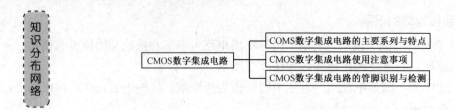

CMOS（Complementary Metal Oxide Semiconductor）指由互补金属氧化物（PMOS 管和 NMOS 管）共同构成的互补型 MOS 集成电路制造工艺，其特点是低功耗。由于 CMOS 中一对 MOS 组成的门电路在瞬间看，要么 PMOS 导通，要么 NMOS 导通，要么都截止，比线性三极管（BJT）的效率高得多，因此其功耗很低。

3.3.1 CMOS 数字集成电路的主要系列与特点

1. 标准型 4000B/4500B 系列

该系列是以美国 RCA 公司的 CD4000B 系列和 CD4500B 系列制定的，与美国 Motorola 公司的 MC14000B 系列和 MC14500B 系列产品完全兼容。该系列产品的最大特点是工作电源电压范围宽（3～18 V）、功耗最小、速度较低、品种多、价格低廉，是目前 CMOS 集成电路的主要应用产品。

2. 74HC 系列

54/74HC 系列是高速 CMOS 标准逻辑电路系列，具有与 74LS 系列同等的工作速度、CMOS 集成电路固有的低功耗及电源电压范围宽等特点。74HC×××是 74LS×××同序号的翻版，型号的最后几位数字相同，表示电路的逻辑功能、管脚排列完全兼容，故同序号的 74HC 和 74LS 可以相互替代。

3. 74AC 系列

该系列又称"先进的 CMOS 集成电路"，54/74AC 系列具有与 74AS 系列等同的工作速度、CMOS 集成电路固有的低功耗及电源电压范围宽等特点。

综上所述，CMOS 集成电路的主要特点如下。

（1）具有非常低的静态功耗。在电源电压 V_{CC}=5 V 时，中规模集成电路的静态功耗小于 100 μW。

（2）具有非常高的输入阻抗。正常工作的 CMOS 集成电路，其输入保护二极管处于反偏状态，直流输入阻抗大于 100 MΩ。

（3）宽的电源电压范围。CMOS 集成电路标准 4000B/4500B 系列产品的电源电压为 3～18 V。

（4）扇出能力强。扇出能力是用电路输出端所能带动的输入端数来表示的。由于 CMOS 集成电路的输入阻抗极高，因此电路的输出能力受输入电容的限制，但是，当 CMOS 集成电路用来驱动同类型器件时，如不考虑速度，一般可以驱动 50 个以上的输入端。

(5) 抗干扰能力强。CMOS 集成电路的噪声容限电压可达电源电压的 45%，保证值为电源电压的 30%。随着电源电压的增加，噪声容限电压的绝对值将成比例增加。对于 V_{CC}=15 V 的供电电压（当 V_{SS}=0 V 时），电路将有 7 V 左右的噪声容限电压。

(6) 逻辑摆幅大。CMOS 集成电路的逻辑高电平"1"、逻辑低电平"0"分别接近于电源高电位 V_{CC} 及电源低电位 V_{SS}。当 V_{CC}=15 V、V_{SS}=0 V 时，输出逻辑摆幅近似 15 V。因此，CMOS 集成电路的电压利用系数在各类集成电路中的指标是较高的。

3.3.2 CMOS 数字集成电路使用注意事项

1. 防止静电

CMOS 电路的栅极与基极之间有一层绝缘的二氧化硅薄层，厚度仅为 0.1～0.2 μm。由于 CMOS 电路的输入阻抗很高，而输入电容又很小，所以当不太强的静电加在栅极上时，其电场强度将超过 10^5 V/cm。这样强的电场极易造成栅极击穿，导致永久损坏。所以在使用时需注意以下几点。

(1) 人体能感应出几十伏的交流电压，人衣服的摩擦也会产生上千伏的静电（尤其在冬天），故尽量不要用手接触 CMOS 电路的引脚。

(2) 焊接时宜使用 20 W 的内热式电烙铁，电烙铁外壳应接地。为安全起见，也可先拔下电烙铁插头，利用电烙铁的余热进行焊接。焊接时间不要超过 5 s。操作时，应避免穿戴尼龙、纯涤纶等易生静电的衣裤及手套等。

(3) 长期不使用的 CMOS 集成电路，应用锡纸将全部引脚短路后包装存放，待使用时再拆除包装。

(4) 更换集成电路时应先切断电源。

(5) 在存储、携带或运输 CMOS 器件和焊装有 MOS 器件的半成品印制板的过程中，应将集成电路和印制板放置于金属容器内，也可用铝箔将器件包封后放入普通容器内，但不要用易产生静电的尼龙及塑料盒等容器，采用抗静电的塑料盒当然也可以。

(6) 装配工作台上不宜铺设塑料或有机玻璃板，最好铺上一块平整铝板或铁板，如没有则什么都不要铺。

(7) 在进行装配或实验时，电烙铁、示波器、稳压源等工具及仪器仪表都应良好接地，并要经常检查，发现问题应及时处理。一种简易检查接地是否良好的方法是，在电烙铁及仪器通电时，用电笔测试其外壳，若电笔发亮，说明接地不好；反之则说明接地良好。

2. 正确选择电源

由于 CMOS 集成电路的工作电源电压范围比较宽（CD4000B/4500B：3～18 V），故选择电源电压时首先考虑要避免超过极限电源电压。其次要注意电源电压的高低将影响电路的工作频率，降低电源电压会引起电路工作频率下降或增加传输延迟时间。例如，CMOS 触发器，当 V_{CC} 由+15 V 下降到+3 V 时，其最高频率将从 10 MHz 下降到几十 kHz。

此外，提高电源电压可以提高 CMOS 门电路的噪声容限，从而提高电路系统的抗干扰能力。但电源电压选得越高，电路的功耗越大。不过由于 CMOS 电路的功耗较小，故功耗问题不是主要考虑的设计指标。

3．防止 CMOS 电路出现可控硅效应的措施

当 CMOS 电路输入端施加的电压过高（大于电源电压）或过低（小于 0 V），或者电源电压突然变化时，电源电流可能会迅速增大，烧坏器件，这种现象称为可控硅效应。预防可控硅效应的措施如下。

（1）输入端信号幅度不能大于 V_{CC} 和小于 0 V。

（2）要消除电源上的干扰。

（3）在条件允许的情况下，尽可能降低电源电压。如果电路工作频率比较低，则用+5V电源供电最好。

（4）对使用的电源加限流措施，使电源电流被限制在 30 mA 以内。

4．对输入端的处理

在使用 CMOS 电路器件时，对输入端的一般要求如下。

（1）应保证输入信号幅值不超过 CMOS 电路的电源电压，即满足 $V_{SS} \leqslant V_1 \leqslant V_{CC}$，一般 V_{SS}=0 V。

（2）输入脉冲信号的上升和下降时间一般应小于数μs，否则电路工作不稳定或损坏器件。

（3）所有不用的输入端不能悬空，应根据实际要求接入适当的电压（V_{CC} 或 0 V）。由于 CMOS 集成电路输入阻抗极高，所以一旦输入端悬空，极易受外界噪声影响，从而破坏了电路的正常逻辑关系，也可能感应静电，造成栅极被击穿。

5．对输出端的处理

（1）CMOS 电路的输出端不能直接连到一起，否则导通的 P 沟道 MOS 场效应管和导通的 N 沟道 MOS 场效应管形成低阻通路，造成电源短路。

（2）在 CMOS 逻辑系统设计中，应尽量减少电容负载。因为电容负载会降低 CMOS 集成电路的工作速度和增加功耗。

（3）CMOS 电路在特定条件下可以并联使用。当两个以上的同型号芯片并联使用（如各种门电路）时，可增大输出灌电流和拉电流的负载能力，同样也提高了电路的速度。但器件的输出端并联时，输入端也必须并联。

（4）从 CMOS 器件输出驱动电流的大小来看，CMOS 电路的驱动能力比 TTL 电路要差很多，一般 CMOS 器件的输出只能驱动一个 LS-TTL 负载。但从驱动和它本身相同的负载来看，CMOS 的扇出系数比 TTL 电路大得多（CMOS 的扇出系数>500）。CMOS 电路驱动其他负载时，一般要外加一级驱动器接口电路。不能将电源与地颠倒接错，否则将会因为电流过大而造成器件损坏。

3.3.3 CMOS 数字集成电路的管脚识别与检测

1．电源端和接地端的识别

CMOS 数字集成电路电源端和接地端位置的一般规律为：左上角第一脚为电源端，右下角最边上的管脚为接地端，如图 3-6 所示。

项目 3　集成电路的识别与检测

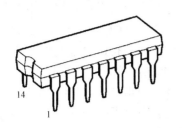
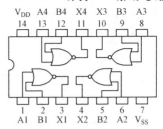

图 3-6　TC4001B 2 输入四与非门集成电路

2．输入端和输出端的识别

使用 CMOS 脉冲笔测试"与非门"输入端和输出端时，首先将"与非门"的电源接+5 V 电压，接地端按要求正确接地。然后将 CMOS 脉冲笔的黑色鱼夹接地，红色鱼夹接被测"与非门"的+5 V 电源端，然后将探头接触被测点后，观察 CMOS 脉冲笔三灯的显示情况，如图 3-7 所示。绿灯"0"为低电平，红灯"1"为高电平，黄灯为脉冲灯。若三灯都不亮，则表示 CMOS 集成电路接触不良、元件输入端悬空或元件损坏。

3．其他检测方法

使用示波器检测，观察输入、输出波形的变化，可以检测 CMOS 集成电路的好坏。此外还可以使用数字集成电路测试仪检测 CMOS 集成电路的好坏，如图 3-8 所示。

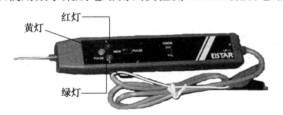
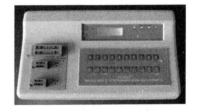

图 3-7　输入端和输出端的识别　　　　图 3-8　数字集成电路测试仪

3.4　常用集成逻辑门电路

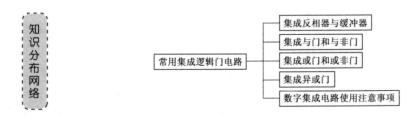

3.4.1　集成反相器与缓冲器

在数字电路中，反相器就是"非门"电路。其中 74LS04 是通用型六反相器，其管脚排列如图 3-9（a）所示。与该器件具有相同的逻辑功能且管脚排列兼容的器件有 74HC04（CMOS 器件）、CD4069（CMOS 器件）等。74LS05 也是六反相器，该器件的封装、引脚排列、逻辑功能均与 74LS04 相同，不同的是 74LS05 是集电极开路输出（简称 OC 门）。在实际使用时，必须在输出端与电源正极之间接一个 1～3 kΩ的上拉电阻。

缓冲器的输出与输入信号同相位，用于改变输入、输出电平及提高电路的驱动能力。图 3-9（b）所示是集电极开路输出同相驱动器 74LS07 的管脚排列图。该器件的输出管耐压为 30 V，吸收电流可达 40 mA 左右。与之兼容的器件有 74HC07（CMOS）、74LSl7。

若需要更强驱动能力的门电路，则可采用 ULN2000A 系列。该系列包括 ULN2001A～ULN2005A，其管脚排列如图 3-9（c）所示，内部有 7 个相同的驱动门。ULN2000A 系列的吸收电流可达 500 mA，输出管耐压为 50 V 左右，故它们有很强的低电平驱动能力，用于小型继电器、微型步进电机的相绕组驱动。图 3-10 所示电路为 ULN2000A 驱动直流继电器的典型接法。

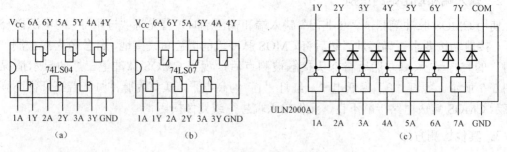

图 3-9 常见反相器、驱动器管脚排列图

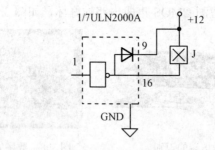

图 3-10 ULN2000A 驱动直流继电器的典型接法

3.4.2 集成与门和与非门

常见的与门有 2 输入、3 输入和 4 输入等几种，与非门有 2 输入、3 输入、8 输入及 13 输入等几种。图 3-11 所示为常见 74LS 系列（74HC 系列）与门及与非门管脚排列图，图 3-12 所示为 CD40XXB/MC14000B 系列管脚排列图。

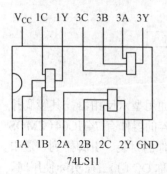 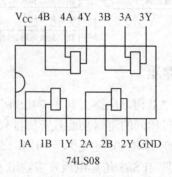 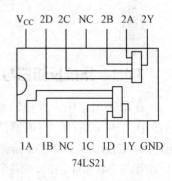

图 3-11 常见 74LS 系列（74HC 系列）与门及与非门管脚排列图

项目 3　集成电路的识别与检测

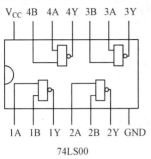
74LS00

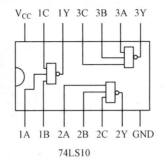
74LS10

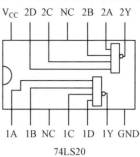
74LS20

图 3-11　常见 74LS 系列（74HC 系列）与门及与非门管脚排列图（续）

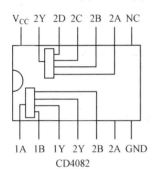
CD4082

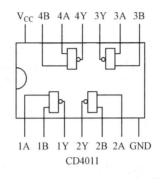
CD4011

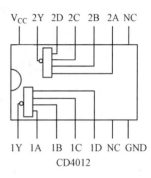
CD4012

图 3-12　CD40XXB/MC14000B 系列管脚排列图

3.4.3　集成或门和或非门

各种或门和或非门的管脚排列如图 3-13、图 3-14 所示。图 3-13 属于 74LS 和 74HC 系列，图 3-14 为 CD4000B/MC14000B 系列。

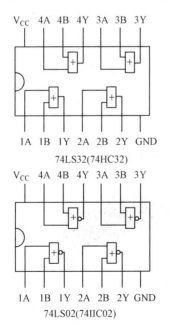

74LS32(74HC32)

74LS02(74HC02)

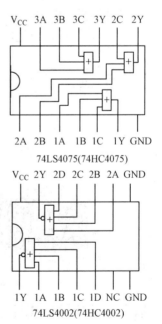

74LS4075(74HC4075)

74LS4002(74HC4002)

图 3-13　常见 74LS 系列（74HC 系列）或门及或非门管脚排列图

131

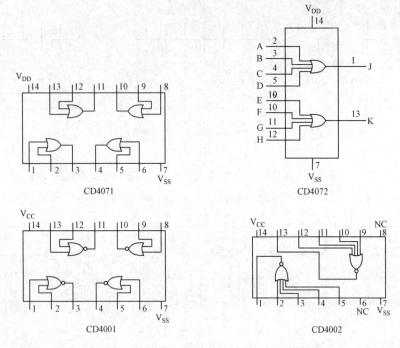

图 3-14 常用 CMOS 或门及或非门管脚排列图

3.4.4 集成异或门

异或门是数码实现时比较常用的一种集成电路。常用的异或门集成电路的管脚排列如图 3-15 所示，实际集成电路块如图 3-16 所示。

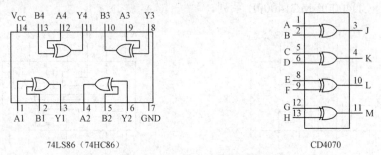

图 3-15 常用异或门管脚排列图

图 3-16 实际集成电路块

3.4.5 数字集成电路使用注意事项

在使用集成电路时，为了不损坏器件，充分发挥集成电路的应有性能，应注意以下问题。

1. 认真查阅所用器件资料（一般都是英文资料"Datasheet"）

对于要使用的集成电路，首先要根据手册查出该型号器件的资料，注意器件的管脚排列图，按参数表给出的参数规范使用。在使用中，不得超过最大额定值（如电源电压、环境温度、输出电流等），否则将损坏器件。

2. 注意电源电压的稳定性

为了保证电路的稳定性，供电电源的质量一定要好，电压要稳定。在电源的引线端并联大的滤波电容，以避免电源通断的瞬间产生冲击电压。注意，不要将电源的极性接反，否则将会损坏器件。

3. 采用合适的方法焊接集成电路

在需要弯曲管脚引线时，不要靠近根部弯曲。焊接前不允许用刀刮去引线上的镀金层，焊接所用的烙铁功率不应超过 25 W，焊接时间不应过长。焊接时最好选用中性焊剂。焊接后严禁将器件连同印制电路板放入有机溶液中浸泡。

4. 注意设计工艺，增强抗干扰措施

在设计印制电路板时，应避免引线过长，以防止串扰和产生信号传输延迟。此外，要把电源线设计得宽些，地线要进行大面积接地，这样可减少接地噪声干扰。

另外，电路在转换工作的瞬间会产生很大的尖峰电流，此电流峰值超过功耗电流几倍到几十倍，会导致电源电压不稳定，产生干扰而造成电路误动作。为了减小这类干扰，可以在集成电路的电源端与地端之间，并接高频特性好的去耦电容（一般在每片集成电路上并接一个，电容的取值为 30 pF～0.01 μF）。在电源的进线处，还应对地并接一个低频去耦电容，最好用 10～50 μF 的钽电容。

3.5 模拟集成电路

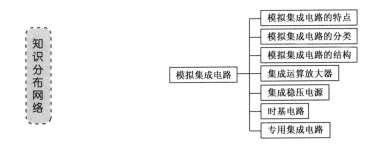

在二进制数字计算系统中，可分别用一个确定的低电平和一个确定的高电平代表"0"和"1"，因此对数字量的运算和处理就归结为对电量——低电平和高电平的运算和处理。而对非电量，则可用电压的高低或电流的大小相应模拟它们的大小，因此把这种用来代表非电量的电量称为模拟量。有了模拟量，各种电子仪表就可对各种非电量进行测量、计算和处理。模拟集成电路是以电压或电流为模拟量进行放大、运算和变换的集成电路。它包括数字集成电路以外的所有半导体集成电路。

3.5.1 模拟集成电路的特点

从模拟集成电路的工作原理和功能要求考虑，与数字集成电路相比，概括起来它有以下特点。

（1）电路所要处理的是连续变化的模拟信号。

（2）除了需要功率输出的输出级电路外，电路中信号的电平值是比较小的。

（3）信号频率往往从直流延伸到高频。

（4）模拟集成电路具有多种多样的电路功能。以收音机用模拟集成电路为例，就包括高频放大、混频、中放、检波、前置放大和功率放大等功能。电路功能的多样化，使模拟集成电路的封装形式也是多种多样的。

（5）与数字集成电路相比，模拟集成电路一般总是要求在较高的电源电压下工作。

3.5.2 模拟集成电路的分类

按制造工艺的不同，可以分为双极型模拟集成电路、MOS 模拟集成电路和混合模拟集成电路。

按电路功能，可以分为线性模拟集成电路、非线性模拟集成电路、功率集成电路和微波集成电路。

按照用途，可以分为运算放大器、电视机集成电路、音响集成电路、钟表集成电路、集成稳压器等。

3.5.3 模拟集成电路的结构

常用的模拟集成电路多为半导体结构方式，其外形主要有金属外壳、陶瓷外壳和塑料外壳三种，目前使用最多的是后两种。从结构形式来看，有扁平形和圆形两种。

圆形结构的集成电路，采用金属外壳封装，形状类似普通半导体三极管，但其管脚有 3 脚、5 脚、8 脚、10 脚和 12 脚等多种。

扁平形直插式结构的集成电路，采用塑料或陶瓷封装。

集成电路的管脚引出线虽然数目很多，而且数量不等，但其排列次序有一定的规律。一般，从外壳顶部向下看，按逆时针方向读数，其中第 1 脚附近有参考标记。

3.5.4 集成运算放大器

集成运算放大器（Operational Amplifier）简称集成运放，是由多级直接耦合放大电路组成的高增益模拟集成电路。它的增益高（可达 60～180 dB），输入电阻大（几十千欧至百万兆欧），输出电阻低（几十欧），共模抑制比高（60～170 dB），失调与漂移小，而且还具有输入电压为零时输出电压亦为零的特点，适用于正、负两种极性信号的输入和输出。

集成运算放大器是模拟集成电路的主要代表性电路。集成运算放大器也叫非线性放大器，我国以 F000 系列命名。它的种类很多，可分为通用运算放大器（F003、F007、F030）、高速运算放大器（F051B）、高精度运算放大器（F714）、高阻抗运算放大器（CF072）、低功耗运算放大器（F010）、双运算放大器（CF358）及四运算放大器（CF324）等。其中最典型、最普及的为 F007（国外型号有μA741、μPC741）和四运放 CF324（国外型号为 LM324）。

1. 各系列集成运算放大器的性能特点和运算范围

1)通用型

按其增益高低,通用型分为通用Ⅰ型、通用Ⅱ型和通用Ⅲ型三种。

通用Ⅰ型的特点是增益和输入阻抗较低,共模信号范围小,正、负电源电压不对称,是集成运算放大器的早期产品,可用做高频放大器、窄带放大器、积分器、微分器、加法器和减法器等。

通用Ⅱ型的特点是增益较高,输入阻抗适中,输入幅度较大等,可做交直流放大器、电压比较器、滤波器等。

通用Ⅲ型的特点是增益高,共模和差模电压范围宽,无阻塞,工作稳定等,可做测量放大器、伺服放大器、变换电路、各种模拟运算电路等。

2)低功耗型

低功耗型的特点是功耗低,电源电压低,增益高,工作稳定,共模范围宽,无阻塞等,可用在要求功耗低、耗电量小的航天、遥控、计算机和仪器仪表中。

3)高精度型

高精度型的特点是增益高,共模抑制能力强,温漂小,噪声小,可用做测量放大器、传感器、交直流放大器和仪表中的积分器等。

4)高速型

高速型的特点是转换速率高、频带较宽、建立时间快、输出能力强,可用做脉冲放大器、高频放大器、A/D 或 D/A 转换器等。

5)宽带型

宽带型的特点是增益高、频带宽、转换速率快等,可用做直流放大器、低频放大器、中频放大器、高频放大器、方波发生器、高频有源滤波器等。

6)高阻型

高阻型的特点是输入阻抗高、偏置电流小、转换速率高等,可用做采样—保持电路、A/D 或 D/A 转换、长时间积分器、微电流放大、阻抗变换等。

7)高压型

高压型的特点是有高的工作电压、高的输出电压和高的共模电压等,可用做宽负载恒流源、高压音频放大器、随动供电装置、高压稳压电源等。

8)其他类型

主要指跨导集成运算放大器、程控运算放大器、电流型运算放大器及集成电压跟随器。

(1)跨导集成运算放大器的功能是将输入电压转换为电流输出,并通过外加偏压控制运算放大器的工作电流,从而使其输出电流可在较大的范围内变化。该电路结构简单,便于使用,具有多种用途。

(2)程控集成运算放大器的恒流源电路可由外部进行控制,以决定其工作状态。该类电路按电路封装分类,有单运放、双运放、四运放等。该类电路使用灵活,可用于测量电路、

汽车电子电路和有源滤波器等。

（3）电流型集成运算放大器是对电流进行放大，这类电路可在低压、单电源条件下工作，广泛用于放大级、缓冲级、波形发生器、逻辑转换电路等。

（4）集成电压跟随器是一种深度负反馈的单位增益放大器，专门用做电压跟随器。其性能比用运放做电压跟随器好得多，其输入阻抗高，转换速率快，在阻抗变换器/缓冲器、取样/保持电路、有源滤波电路等方面有广泛用途。

2. 集成运算放大器的型号命名方法

（1）国家统一型号命名法：运算放大器各个品种的型号由字母和阿拉伯数字两部分组成，字母在首部，统一采用 CF 两个字母，C 表示符合国际，F 表示线性放大器。其后部的阿拉伯数字表示类型。

（2）国内各生产厂的企标型号：国内各生产厂的企标型号也是由字母和阿拉伯数字组成的，不同生产厂家的字母部分不同，数字部分也无统一原则。不过近两年来，各生产厂生产的产品凡是能与国外同类产品直接互换使用的，则阿拉伯数字序号大多采用国外同类产品型号中的数字序号，以便于使用。

3. 集成运算放大器的使用注意事项

（1）集成运算放大器的类别、品种很多，使用者必须根据实际使用要求合理选用，使性价比最高。

（2）使用前要了解集成运算放大器产品的类别及电参数，弄清楚封装形式、外引线排列法、管脚接线、供电电压范围等。

（3）消振网络应按要求接好，在能消振的前提下兼顾带宽。

（4）集成运算放大器是电子电路的核心，为了减少损坏，最好采取适当的保护措施。

3.5.5 集成稳压电源

稳压集成电路又称集成稳压电源或集成稳压器，其电路形式大多采用串联稳压方式。集成稳压器与分立元件稳压器相比，具有体积小、性能高、使用简便可靠等优点。集成稳压器有多端可调式、三端可调式、三端固定式及单片开关式等多种。

（1）多端可调式集成稳压器精度高、价格低，但输出功率小，引出端多，给使用带来了不便。

多端可调式集成稳压器可根据需要加上相应的外接元件，组成限流和功率保护器。国内外同类产品的基本电路形式有区别，但基本原理相似。国产的有 W2 系列、WB7 系列、WA7 系列、BG11 等。

（2）三端可调式输出集成稳压器精度高，输出电压纹波小，一般输出电压为 1.25～35 V 或 1.25～35 V 连续可调。其型号有 W117、W138、LM317、LM138、LM196 等。

（3）三端固定式输出集成稳压器是一种串联调整式稳压器，其电路只有输入、输出和公共 3 个引出端，使用方便。其型号有 W78 正电压系列、W79 负电压系列。

（4）开关式集成稳压器是一种新的稳压电源，其工作原理不同上述三种类型，它是由直流变交流再变直流的变换器，输出电压可调，效率很高。其型号有 AN5900、HA17524 等，广泛用于电视机、电子仪器等设备中。

集成稳压电源是把稳压电路中的各种元器件（三极管、二极管、电阻、电容等）集成化，做在一个硅片上，或者把不同芯片组装在一个管壳内而成的。它是模拟集成电路的一个重要分支。其品种很多，除了专用集成稳压电源外，按电压调整方式分为可调式和固定式两种；按输出电压极性可分为正电源和负电源两种；按引脚可分为三端式和多端式两种。

1．集成稳压电源的型号命名方法

（1）国标命名法：集成稳压电源的型号由两部分组成，一部分是字母，另一部分是阿拉伯数字。字母部分用"CW"表示，数字部分与国外同类产品的数字一样。

（2）国内各生产厂的企标命名法，也是由字母和数字两部分组成的。不同厂家规定了自己的字母部分，凡与国外某产品型号可互换的，则后续数字部分采用国外产品型号的数字。凡无国外同类产品的由生产厂自行规定。

2．集成稳压电源的选型及使用注意事项

（1）集成稳压电源品种很多，每类产品都有其自身的特点和使用范围。因此在选用集成稳压电源时，要考虑设计的需要、可实施性及性能价格比，只有这样才能做到物尽其用，性能最佳。

（2）在集成稳压电源的使用中，为了适应各种负载的要求，要设计各种保护电路。目前，一些型号的集成稳压电源已设置了短路保护、调整管安全工作区保护及过热保护电路，使用时可不另加保护电路，但在特殊使用时仍要加必要的保护。

（3）在使用中，注意各种封装的引线排列，防止接错烧毁。同时保证不要超出给定的极限参数值。

（4）集成稳压电源在使用时，要接一定的滤波电容器，这些电容器要按要求的规格连接，引线要短，最好接在集成电路块的引线部分。

3.5.6 555时基电路

集成时基电路是非线性电路，又称为集成定时器或555时基电路，是一种数字、模拟混合型的中规模集成电路，它的应用十分广泛，能产生时间延迟和多种脉冲信号。由于其内部电压标准使用了三个5 kΩ电阻，故常称为555定时器、555电路。

其电路类型有双极型和CMOS型两大类，二者的结构与工作原理类似。几乎所有的双极型产品型号最后的三位数码都是555或556；所有的CMOS产品型号最后四位数码都是7555或7556，二者的逻辑功能和引脚排列完全相同，易于互换。555和7555是单定时器。556和7556是双定时器。双极型的电源电压V_{CC}=+5～+15 V，输出的最大电流可达200 mA，CMOS型电路的电源电压为+3～18 V。

1．555电路的工作原理

555电路的内部电路原理方框图如图3-17（a）所示。它含有两个电压比较器，一个基本RS触发器，一个放电开关管T，比较器的参考电压由三只5 kΩ电阻器构成的分压器提供。它们分别使高电平比较器A_1的同相输入端和低电平比较器A_2的反相输入端的参考电平为$\frac{2}{3}V_{CC}$和$\frac{1}{3}V_{CC}$。A_1与A_2的输出端控制RS触发器的工作状态和放电管的开关状态。当输入信

号自 6 脚，即高电平触发输入并超过参考电平 $\frac{2}{3}V_{CC}$ 时，触发器复位，555 电路的输出端 3 脚输出低电平，同时放电开关管导通；当输入信号自 2 脚输入并低于 $\frac{1}{3}V_{CC}$ 时，触发器置位，555 电路的 3 脚输出高电平，同时放电开关管截止。

$\overline{R}_D$ 是复位端（4 脚），当 $\overline{R}_D=0$ 时，555 电路输出低电平。平时 $\overline{R}_D$ 端开路或接 V_{CC}。

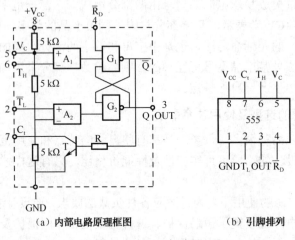

(a) 内部电路原理框图　　　　(b) 引脚排列

图 3-17　555 定时器

V_C 是控制电压端（5 脚），平时输出 $\frac{2}{3}V_{CC}$ 作为比较器 A_1 的参考电平，当 5 脚外接一个输入电压，即改变了比较器的参考电平，从而实现对输出的另一种控制，在不接外加电压时，通常接一个 0.01 μF 的电容器到地，起滤波作用，以消除外来的干扰，以确保参考电平的稳定性。T 为放电管，当 T 导通时，将给接于脚 7 的电容器提供低阻放电通路。

555 定时器的主要用途是与电阻、电容构成充放电电路，并由两个比较器来检测电容器上的电压，以确定输出电平的高低和放电开关管的通断。这就很方便地构成从微秒到数十分钟的延时电路，可方便地构成单稳态触发器、多谐振荡器、施密特触发器等脉冲产生或波形变换电路。

2. 构成单稳态触发器

图 3-18（a）为由 555 定时器和外接定时元件 R、C 构成的单稳态触发器。触发电路由 C_1、R_1、D 构成，其中 D 为钳位二极管，稳态时 555 电路输入端处于电源电平，内部放电开关管 T 导通，输出端 F 输出低电平，当有一个外部负脉冲触发信号经 C_1 加到 2 端，并使 2 端的电位瞬时低于 $\frac{1}{3}V_{CC}$ 时，低电平比较器动作，单稳态电路即开始一个暂态过程，电容 C 开始充电，V_C 按指数规律增长。当 V_C 充电到 $\frac{2}{3}V_{CC}$ 时，高电平比较器动作，比较器 A_1 翻转，输出 V_o 从高电平返回低电平，放电开关管 T 重新导通，电容 C 上的电荷很快经放电开关管放电，暂态结束，恢复稳态，为下一个触发脉冲的来到作好准备。波形图如图 3-18（b）所示。

暂稳态的持续时间 t_W（即为延时时间）决定于外接元件 R、C 的值大小：

项目3 集成电路的识别与检测

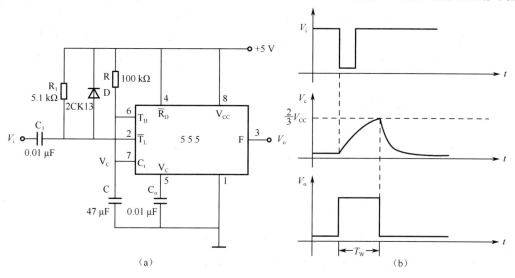

图 3-18 单稳态触发器

$$t_w = 1.1RC$$

通过改变 R、C 的值，可使延时时间在几个微秒到几十分钟之间变化。当这种单稳态电路作为计时器时，可直接驱动小型继电器，并可以使用复位端（4 脚）接地的方法来中止暂态，重新计时。此外尚须用一个续流二极管与继电器线圈并接，以防继电器线圈反电势损坏内部功率管。

3．构成多谐振荡器

如图 3-19（a）为由 555 定时器和外接元件 R_1、R_2、C 构成多谐振荡器，脚 2 与脚 6 直接相连。电路没有稳态，仅存在两个暂稳态，电路亦不需要外加触发信号，利用电源通过 R_1、R_2 向 C 充电，以及 C 通过 R_2 向放电端 C_t 放电，使电路产生振荡。电容 C 的电压在 $\frac{1}{3}V_{CC}$ 和 $\frac{2}{3}V_{CC}$ 之间时进行充电和放电，其波形如图 3-19（b）所示。输出信号的时间参数是：

$$T = t_{w1} + t_{w2}, \quad t_{w1} = 0.7(R_1+R_2)C, \quad t_{w2} = 0.7R_2C$$

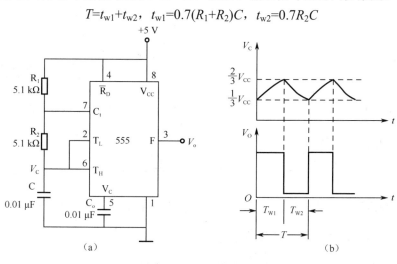

图 3-19 多谐振荡器

555 电路要求 R_1 与 R_2 的值均应大于或等于 1 kΩ，但 R_1+R_2 应小于或等于 3.3 MΩ。

外部元件的稳定性决定了多谐振荡器的稳定性，555 定时器配以少量的元件即可获得较高精度的振荡频率，同时具有较强的功率输出能力，因此这种形式的多谐振荡器应用很广。

4. 组成占空比可调的多谐振荡器

如图 3-20 所示电路，它比图 3-19 所示电路增加了一个电位器和两个导引二极管。D_1、D_2 用来决定电容充、放电电流流经电阻的途径（充电时 D_1 导通、D_2 截止，放电时 D_2 导通、D_1 截止）。

占空比 $P = \dfrac{t_{w1}}{t_{w1}+t_{w2}} \approx \dfrac{0.7R_AC}{0.7C(R_A+R_B)} = \dfrac{R_A}{R_A+R_B}$

可见，若取 $R_A=R_B$ 时，电路可输出占空比为 50% 的方波信号。

5. 组成占空比连续可调并能调节振荡频率的多谐振荡器

如图 3-21 所示电路，对 C_1 充电时，充电电流通过 R_1、D_1、R_{W2} 和 R_{W1}；放电时电流通过 R_{W1}、R_{W2}、D_2、R_2。当 $R_1=R_2$、R_{W2} 调至中心点时，因充、放电时间基本相等，其占空比约为 50%，此时调节 R_{W1} 仅改变频率，占空比不变。如 R_{W2} 调至偏离中心点，再调节 R_{W1}，不仅振荡频率改变，而且对占空比也有影响。R_{W1} 不变时，调节 R_{W2}，仅改变占空比，对频率无影响。因此，当接通电源后，应首先调节 R_{W1} 使频率至规定值，再调节 R_{W2}，以获得需要的占空比。若频率调节的范围比较大，还可以用波段开关改变 C_1 的值。

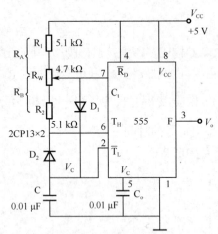

图 3-20 占空比可调的多谐振荡器

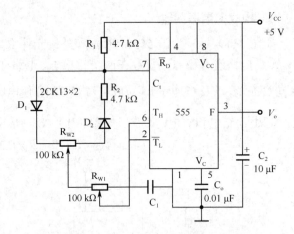

图 3-21 占空比与频率均可调的多谐振荡器

6. 组成施密特触发器

如图 3-22 所示电路，将脚 2、6 连在一起作为信号输入端，即得到施密特触发器。图 3-23 示出了 V_s、V_i 和 V_o 的波形图。

设被整形变换的电压为正弦波 V_s，其正半波通过二极管 D 同时加到 555 定时器的 2 脚和 6 脚，得 V_i 为半波整流波形。当 V_i 上升到 $\dfrac{2}{3}V_{CC}$ 时，V_o 从高电平翻转为低电平；当 V_i 下降到 $\dfrac{1}{3}V_{CC}$ 时，V_o 又从低电平翻转为高电平。电路的电压传输特性曲线如图 3-24 所示。

回差电压 $\Delta V = \dfrac{2}{3}V_{CC} - \dfrac{1}{3}V_{CC} = \dfrac{1}{3}V_{CC}$

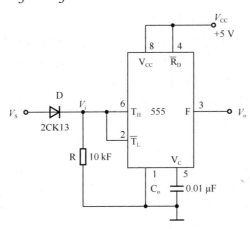

图 3-22　施密特触发器

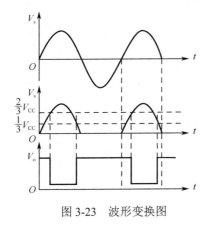

图 3-23　波形变换图　　　　图 3-24　电压传输特性

3.5.7　专用集成电路

专用集成电路（ASIC）是指面向某一特定应用或某一用户特殊要求而定制的集成电路。按照设计风格的不同，可分为全定制和半定制两大类。

1）全定制

全定制是基于晶体管级的芯片设计，从管子的尺寸、安放位置及管子间互连着手设计。因此可实现最佳性能，即密度量高、速度最快、功耗最小，但开发周期最长，适合于大批量生产的集成电路芯片的设计，如微处理器芯片的设计。对于一些具有特殊要求的芯片也应考虑采用全定制设计方法。

2）半定制

半定制主要是门阵列和标准单元。

（1）门阵列用许多重复单元（这些单元可以是单管也可以是一些门电路或触发器）排列成阵列的形式，各子阵列之间留有布线通道，四周排列输入/输出电路和某些备用电路，电源和地线则呈网状或枝状遍布整个芯片。当用户提出制作新电路时，根据用户对功能的要求在

CAD 系统的辅助下进行布线设计，制作出布线掩模板，并将库存半成品加工成符合要求的电路。门阵列法又分为块单元法、行单元法和无隙单元法（即门海）。门阵列具有开发周期短、功能性较好、成本低等优点，适合于大批量生产。

（2）标准单元方式使用预先设计好的具有一定逻辑功能的单元电路（可以是小规模电路，如各种门或寄存器；也可以是中/大规模电路，如 RAM、ROM 和 PLA），进行布局、布线，以实现用户所需电路。这种设计方法是利用已有的单元库，设计出芯片的全套掩模层板图。与门阵列相比，标准单元法开发周期长、成本高，但设计灵活性大，自动化程度较高，功能性好。

ASIC 应用领域广泛，品种繁多，型号复杂，表 3-3 列出了部分专用电路产品。

表 3-3 部分 ASIC 品种一览表

型　号	名　称	用　途
TBZ001	测光电路	照相机、曝光表
TB7650 TB7651	指针式钟、表步进电动机驱动器	指针式电子钟、表电路
CH250	步进电动机脉冲分配器	驱动步进电动机
CH279	时间控制器	转速表、频率计
CL002（CH283L） CL102（CH284L）	CMOS-LED 组合电路	数字显示装置
CC7555 CC7556	定时器电路	信息产生、延迟
TB531	助听器电路	助听器
CC4051B CC4052B	多路选择开关	数据采集系统中的通道选择；巡回检测、遥测、遥控、数字滤波、程控放大、振荡等
CH259	4 1/2 位双积分 A/D 转换逻辑单元	双积分数字电压表
CC7106 CC7107 CC14433	3 1/2 位双积分 A/D 转换器	数字电压表 数字万用表 各种数字仪表

1. 音响集成电路

音响集成电路随着收音机、收录机、组合音响设备的发展而不断开发出来。对音响集成电路，要求其多功能、大功率和高保真度。例如，一块单片收音机、录音机电路，就必须具有变频、检波、中放、低放、AGC、功放和稳压等电路。音响集成电路的工艺技术不断发展，采用数字传输和处理，使音响系统的各项电声指标也不断提高。例如，脉冲码调制录音机、CD 唱机，能使信噪比和立体声分离度变好，失真度减到最小。

音响集成电路按本身的电路功能分，有高/中频放大集成电路、功放集成电路、低噪前置放大集成电路、立体声解码集成电路、单片收音机/收录机集成电路、驱动集成电路及特殊功能集成电路。

高、中频放大器集成电路体积小而紧凑，自动增益高，控制特性好，失真小，在收音机、收录机中得到了广泛应用。其中调幅集成电路的型号有 FD304、SL1018、SL1018AM、TB1018 等，调频集成电路的型号有 TA7303、TDA1576、LA1165、LA1210、TDA1062 等。调幅、调频共用集成电路内设 AM 变频功能、AM 检波功能、FM 鉴频限幅功能。后期（20 世纪 70 年代以后）产品有 LA3350、LA3361、HA11227、AN7140、BA1350、TA7343P 等。

单片集成电路已成为世界流行的一种单片音响集成电路。用单片收音机集成电路装配收音机，其成本低，调试方便。其中 ULN2204 型 AM 收音机集成电路，功能齐全，能在 3～12V 电压范围内工作，类似型号有 HA12402、TA7613、ULN2204A 等。

特殊功能集成电路有显示驱动电路、电动机稳速电路、自动选曲电路及降噪电路等。其中，双列 5 点 LED 电平显示驱动集成电路可同时驱动 10 只发光二极管，它是高中档收录机、收音机、CD 唱机等音响设备中，用做音量指示、交直流电平指示、交直流电源电压指示的常用集成电路，如我国生产的 SL322、SL325 等型号，国外的 LB1405、TA7666P 等型号。6、7、9 点 LED 电平显示驱动集成电路的型号有 SL326、SL327、LB1407、LB1409 等。

特殊功能集成电路除上述外，还有自动选曲集成电路、降噪集成电路等。例如，有 NE464、LM1101、LA2730、μPC1180、HA12045、HA12028 等型号，有的电路型号具有一定的兼容性。

2．电视集成电路

电视机采用的集成电路种类繁多，型号也不统一，但趋向单片机和两片机的高集成化发展。用于电视机的集成电路列举如下。

1）伴音系统集成电路

电视伴音系统目前的新动向，就是采用电视多重伴音系统，使用各种单片式或多块式电视双伴音信号处理集成电路。例如，用于彩色电视机伴音电路的 BL5250、BJ5250、DG5250 型伴音中放、音频功放集成电路。该电路采用 16 引脚双列直插式，并附有散热片。D7176P、μPC1353C 型伴音中放、限幅放大集成电路，具有高增益、直流工作点稳定、检波失真小、频响性能好、输出功率大等特点。μPC1353C 型与 AN1353 型的功能完全相同，其直流音量控制范围达 80 dB，输出级电压范围为 9～18 V，失真度小于 0.6%，最大音频输出功率为 1.2～2.4 W。

用于伴音中放、功放的集成电路还有 D7176、TA7678AD、IX0052CE、IX0065CE、AN241P、CA3065、KA2101、LA1365、TA7176、KC583 等。

2）行场扫描集成电路

行场扫描集成电路的性能优于分立元件电路，并且有的集成扫描电路系统采用了数字自动同步电路，可得到稳定的场频信号，保证了隔行扫描的稳定性，可省掉"场同步"电位器的调整，提高了稳定度。

例如，D7609P、LA1460、TA7609P、TB7609 等型号，电路功能有同步分离、场输出、场振荡、AFT、行振荡保护等；D002（国产）、HA11669（国外）型电路，电路功能有行振荡、行激励；D004（国产）、KC581C（国外）型电路，主要功能是场振荡、场输出；D7242、TA7242P、KA2131、μPC1031Hz、LA1358、μPC1378h 等型号，主要功能是场振荡、场输出、场激励；D103lHz、BG103lHz、LD1031Hz、μPC1031Hz 型电路的主要功能有场振荡、场输出。

3）图像中放、视放集成电路

早期的中频通道集成电路，是用三块集成电路分别完成中放、视频检波及 AFT 等功能。目前已出现把图像中放、视频，伴音中放，行场扫描三大系统压缩在一块芯片中的集成电路，使电路简化，给装配、调试带来了很大的方便。

该类集成电路有 D1366C、SF1366、µPC1366、CD003、HA1167、D7607AP、TA7607、AN5132、CD7680CD、HA1126D、HA11215A、TB7607、TA7611AP、LA1357N、AN5150、M51353P 等。

4）彩色解码集成电路

彩色解码集成电路的功能是恢复彩色信号，使图像的颜色正常。早期的彩色解码集成电路由几块电路完成，如国产的 5G3108、5G314、7CD1、7CD2、7CD3 等；后来采用单片式 PAL 制彩色解码集成电路，如 TA7193AP/P、TA7644AP/P、IX02lCE、µPC1400C、M51338SP、M51393AP、IX0719CE、AN5625 等。其中的 AN5625、µPC1400C 等集成电路应用了数字滤波延时网络，有的把全部小信号处理集成到一块电路中，使电路体积更小，功能更全。

5）电源集成电路

目前，多数电视机的电源控制采用了集成电路，电路类型有开关型和串联型。

开关稳压电源控制的集成电路有 W2019、IR9494、NJM2048、AN5900 等；属于串联型直流稳压集成电路的有 STR455、STR451、LA5110、LA5112、STR5404 等型号。

6）遥控集成电路

遥控集成电路分为遥控发射集成电路和遥控接收集成电路，如用于日立 CEP－323D 型彩电、福日 HFC－323 型彩电的集成电路为 µPD1943G 和 LA7234 型遥控集成电路。µPD1934G 为遥控发射集成电路，发射红外光信号；LA7224 为遥控接收集成电路。

µPD1943G 为 20 引脚双引直插封装（也有 22 列扁平封装的），其主要参数与特点如下：

（1）CMOS 电路，特点与 M50119 相似；

（2）电源电压为 3 V，电源电流为 0.1～1 mA；

（3）输出电流为 13 mA，功耗为 0.25 W；

（4）配接 4×8 键，共 32 个控制功能。

M50142P 和 µPC1373H 为一对遥控集成电路。

µPC1373H 的主要参数与特点如下：

（1）源电压为 6～14.4 V；

（2）电流变化范围为 1.3～3.5 mA；

（3）允许耗散功率为 0.27 W；

（4）主要特点、结构、引脚排列与 LA7224 相同；

（5）常在第 4 脚对地接一个 150 kΩ 电阻。

3.5.8　系统级芯片（SoC）

SoC 是 System-on-chip 的缩略形式，缩写为 SoC 或 SOC，中文名称为系统级芯片，其他译名有芯片系统、片上系统等。SoC 是 ASIC（Application Specific Integrated Circuits）设计方法学中的新技术，是指以嵌入式系统为核心，以 IP 复用技术为基础，集软、硬件于一体，并追求产品系统最大包容的集成芯片，狭意上可以将它翻译为"系统集成芯片"，指在一个芯片上实现信号采集、转换、存储、处理和 I/O 等功能，包含嵌入软件及整个系统的全部内容；广义上可以将它翻译为"系统芯片集成"，指一种芯片设计技术，可以实现从确定系统功能开始，到软硬件划分，并完成设计的整个过程。

它的最大特点就是集成度高，随着 VLSI 工艺技术的发展，器件的特征尺寸越来越小，芯片的规模越来越大，数百万门级的电路可以集成在一个芯片上。多种兼容工艺技术的开发，可以将差别很大的不同种器件在同一个芯片上集成。

真正的系统级芯片集成，不只是把功能复杂的若干个数字逻辑电路放在同一个芯片上，做成一个完整的单片数字系统，而且在芯片上还应包括其他类型的电子功能器件，如模拟器件和专用存储器，在某些应用中可能还会扩大一些，包括射频器件甚至 MEMS 等。通常系统级芯片起码应在单片上包括数字系统和模拟电子器件。

由于单片系统级芯片设计在速度、功耗、成本上与多芯片系统相比占有较大的优势，另外电子系统的专用性对不同的应用，要求有专用的系统，因此发展 SoC 设计在未来的集成电路设计业中将有举足轻重的地位。

1. SoC 技术的发展

SoC 最早出现在 20 世纪 90 年代中期，1994 年 MOTOROLA 公司发布的 Flex CoreTM 系统，用来制作基于 68000TM 和 Power PCTM 的定制微处理器。1995 年，LSILogic 公司为 SONY 公司设计的 SoC，可能是基于 IP（Intellectual Property）核进行 SoC 设计的最早报道。由于 SoC 可以利用已有的设计，显著地提高设计效率，因此发展非常迅速。SoC 是市场和技术共同推动的结果。从市场层面上看，人们对集成系统的需求也在提高，计算机、通信、消费类电子产品及军事等领域都需要集成电路。例如，在军舰、战车、飞机、导弹和航天器中集成电路的成本分别占到总成本的 22%、24%、33%、45%和 66%。

从技术层面上看，以下几个方面推动了 SoC 技术的发展：

（1）微电子技术的不断创新和发展，大规模集成电路的集成度和工艺水平不断提高，已从亚微米（0.5 到 1 微米）进入到深亚微米（小于 0.5 微米），和超深亚微米（小于 0.25 微米）。其特点为：工艺特征尺寸越来越小、芯片尺寸越来越大、单片上的晶体管数越来越多、时钟速度越来越快、电源电压越来越低、布线层数越来越多、I/O 引线越来越多。这使得将包括的微处理器、存储器、DSP 和各种接口集成到一块芯片中成为可能。

（2）计算机性能的大幅度提高，使很多复杂算法得以实现，为嵌入式系统辅助设计提供了物理基础。

（3）EDA（Electronic Design Automation，采用 CAD 技术进行电子系统和专用集成电路设计）综合开发工具的自动化和智能化程度不断提高，为嵌入式系统设计提供了不同用途和不同级别的一体化开发集成环境。

（4）硬件描述语言 HDL（Hardware Description Language）的发展为电子系统设计提供了建立各种硬件模型的工作媒介。目前，比较流行的 HDL 语言包括已成为 IEEE STD1076 标准的 VHDL、IEEE STD 1364 标准的 Verilog HDL 和 Altera 公司企业标准的 AHDL 等。

2. SoC 技术的分类

SoC 产品和技术不断发展，SoC 按实现技术可分为 CSoC、SOPC 和 ASIC SoC 三类；SoC 按指令集分为 X86 系列、ARM 系列、MIPS 系列和类指令系列等。SoC 设计方法学主要研究总线架构技术、IP 核可复用技术、可靠性设计技术、软硬件协同设计技术、SoC 设计验证技术、芯片综合/时序分析技术、可测性/可调试性设计技术、低功耗设计技术、新型电路实现技术等。SoC 产品有：Philips 公司的 Smart XA 芯片、Siemens 公司的 TriCore 芯片、Motorola 公司的 M-Core 芯片、Neuron 芯片等。

3. SoC 技术的特点

1）SoC 优点

（1）降低耗电量：随电子产品向小型化、便携化发展，对其省电需求将大幅提升，由于 SoC 产品多采用内部讯号的传输，可以大幅降低功耗。

（2）减少体积：数颗 IC 整合为一颗 SoC 后，可有效地缩小电路板上占用的面积，达到重量轻、体积小的特色。

（3）丰富系统功能：随微电子技术的发展，在相同的内部空间内，SoC 可整合更多的功能元件和组件，丰富系统功能。

（4）提高速度：随着芯片内部信号传递距离的缩短，信号的传输效率将提升，而使产品性能有所提高。

（5）节省成本：理论上，IP 模块的出现可以减少研发成本，降低研发时间，可适度节省成本。

2）SoC 缺点

在实际应用中，由于芯片结构的复杂性增强，也有可能导致测试成本增加，及生产成品率下降。虽然，使用基于 IP 模块的设计方法可以简化系统设计，缩短设计时间，但随着 SoC 复杂性的提高和设计周期的进一步缩短，也为 IP 模块的复用带来了许多问题：

（1）要将 IP 模块集成到 SoC 中，要求设计者完全理解复杂 IP 模块的功能、接口和电气特性，如微处理器、存储器控制器、总线仲裁器等。

（2）随着系统的复杂性的提高，要得到完全吻合的时序也越来越困难。即使每个 IP 模块的布局是预先定义的，但把它们集成在一起仍会产生一些不可预见的问题（如噪声），这些对系统的性能有很大的影响。IP 模块的标准化可以在一定程度上解决上述问题。

3.6 集成电路应用电路识图知识

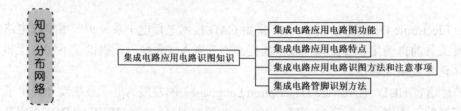

在无线电设备中，集成电路的应用愈来愈广泛，对集成电路应用电路的识图是电路分析中的一个重点，也是难点之一。

3.6.1 集成电路应用电路图功能

（1）它表达了集成电路各引脚外电路结构、元器件参数等，从而表示了某一集成电路的完整工作情况。

（2）有些集成电路应用电路图，画出了集成电路的内电路方框图，这对分析集成电路应用电路是相当方便的，但这种表示方式不多。

（3）集成电路应用电路有典型应用电路和实用电路两种，前者在集成电路手册中可以查到，后者出现在实用电路中。这两种应用电路相差不大，根据这一特点，在没有实际应用电路图时可以用典型应用电路图作参考，这一方法在维修中常常采用。

（4）一般情况下，集成电路应用电路表达了一个完整的单元电路，或一个电路系统，但有些情况下一个完整的电路系统要用到两个或更多的集成电路。

3.6.2 集成电路应用电路图特点

（1）大部分应用电路图不画出内电路方框图，这对识图不利，尤其对初学者进行电路工作分析更为不利。

（2）对初学者而言，分析集成电路的应用电路比分析分立元器件的电路更为困难，这是对集成电路内部电路不了解的缘由。实际上，识图也好、维修也好，集成电路比分立元器件电路更为方便。

（3）对集成电路应用电路而言，在大致了解集成电路内部电路和详细了解各引脚作用的情况下，识图是比较方便的。这是因为同类型集成电路具有规律性，在掌握了它们的共性后，可以方便地分析许多同功能、不同型号的集成电路应用电路。

3.6.3 集成电路应用电路图识图方法和注意事项

1．了解各引脚的作用是识图的关键

若想了解各引脚的作用可以查阅有关集成电路应用手册。知道了各引脚作用之后，分析各引脚外电路工作原理和元器件作用就方便了。例如，知道①脚是输入引脚，那么与①脚所串联的电容是输入端耦合电容，与①脚相连的电路是输入电路。

2．了解集成电路各引脚作用的三种方法

了解集成电路各引脚作用有三种方法：一是查阅有关资料；二是根据集成电路的内电路方框图分析；三是根据集成电路的应用电路中各引脚外电路特征进行分析。对第三种方法，要求有比较好的电路分析基础。

3．集成电路应用电路分析步骤

（1）直流电路分析。这一步主要是进行电源和接地引脚外电路的分析。注意，电源引脚有多个时要分清这几个电源之间的关系，如是否是前级、后级电路的电源引脚，或是左、右声道的电源引脚；对多个接地引脚也要这样分清。分清多个电源引脚和接地引脚，对修理是有用的。

（2）信号传输分析。这一步主要分析信号输入引脚和输出引脚外电路。当集成电路有多个输入、输出引脚时，要搞清楚是前级还是后级电路的输出引脚；对于双声道电路还要分清左、右声道的输入和输出引脚。

（3）其他引脚外电路分析。例如，找出负反馈引脚、消振引脚等。这一步的分析是最困

难的,对初学者而言要借助于器件资料或内电路方框图。

(4) 有了一定的识图能力后,要学会总结各种功能集成电路的引脚外电路规律,并要掌握这种规律,这对提高识图速度是有益的。例如,输入引脚外电路的规律是,通过一个耦合电容或一个耦合电路与前级电路的输出端相连;输出引脚外电路的规律是,通过一个耦合电路与后级电路的输入端相连。

(5) 分析集成电路的内电路对信号的放大、处理过程时,最好查阅该集成电路的内电路方框图。分析内电路方框图时,可以通过信号传输线路中的箭头指示,知道信号经过了哪些电路的放大或处理,最后信号是从哪个引脚输出的。

(6) 了解集成电路的一些关键测试点、引脚直流电压值对检修电路是十分有用的。OTL电路输出端的直流电压等于集成电路直流工作电压的一半;OCL 电路输出端的直流电压等于 0V;BTL 电路两个输出端的直流电压是相等的,单电源供电时等于直流工作电压的一半,双电源供电时等于 0V。当集成电路两个引脚之间接有电阻时,该电阻将影响这两个引脚上的直流电压;当两个引脚之间接有线圈时,这两个引脚的直流电压是相等的,不等时必是线圈开路了;当两个引脚之间接有电容或接 RC 串联电路时,这两个引脚的直流电压肯定不相等,若相等说明该电容已经击穿。

(7) 一般情况下,不要去分析集成电路的内电路工作原理,这是相当复杂的。

3.6.4 集成电路管脚识别方法

1. 扁平、双列直插、单列直插识别方法

集成电路通常有扁平、双列直插、单列直插等几种封装形式,不论哪种集成电路,其外壳上都有供识别管脚排序定位(或称第一脚)的标记。对于扁平封装,一般在器件正面的一端标上小圆点(或小圆圈、色点)作标记。塑封双列直插式集成电路的定位标记通常是弧形凹口、圆形凹坑或小圆圈。进口 IC 的标记花样更多,有色线、黑点、方形色环、双色环等。

2. 识别数字 IC 管脚的方法

将 IC 正面的字母、代号对着自己,使定位标记朝左下方,则处于最左下方的管脚是第 1 脚,再按逆时针方向依次数管脚,便是第 2 脚、第 3 脚等。图 3-25(a)所示是模拟 IC 的定位标记及管脚排序,其情况与数字 IC 相似。模拟 IC 有少部分管脚排序较特殊,如图 3-25(b)、(c) 所示。

图 3-26 所示是各种单列直插 IC 的管脚排序。识别管脚时把 IC 的管脚向下,这时定位标记在左面(与双列直插一样),从左向右数,就能得到管脚的排列序号。

3. 进口 IC 电路的管脚识别方法

有些进口 IC 电路的管脚排序是反向的。这类 IC 的型号后面带有后缀字母"R"。型号后面无"R"的是正向型管脚,有"R"的是反向型管脚,如图 3-27 所示。例如,M5115 和 M5115RP、HA1339A 和 HA1339AR、HA1366W 和 HA1366AR 等,前者是正向管脚型,而后者是反向管脚型。

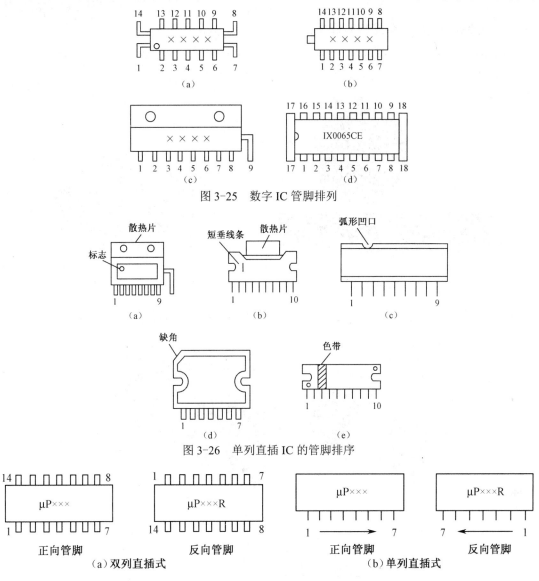

图 3-25 数字 IC 管脚排列

图 3-26 单列直插 IC 的管脚排序

图 3-27 单列、双列直插 IC 正反向管脚排列

四列扁平封装式 IC 电路的管脚很多，常为大规模集成电路所采用，其引脚的标记与排序如图 3-28 所示。

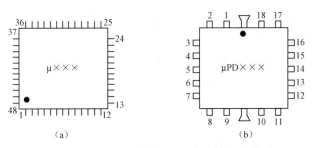

图 3-28 四列扁平封装式 IC 电路的管脚排列

4. 一般集成电路封装缩写字母含义

（1）BGA（Ball Grid Array）：球栅阵列，面阵列封装的一种，如图 3-29 所示。

（2）QFP（Quad Flat PACkage）：方形扁平封装，如图 3-30 所示。

图 3-29　BGA 封装内存

图 3-30　QFP 封装的 80286

（3）PLCC（Plastic Leaded Chip Carrier）：有引线塑料芯片载体，如图 3-31 所示。

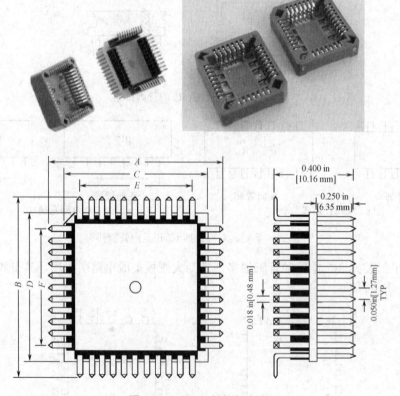

图 3-31　PLCC 封装与底座

（4）DIP（Dual In-line PACkage）：双列直插封装，如图 3-32 所示。

（5）SIP（Single inline PACkage）：单列直插封装，如图 3-33 所示。

项目3 集成电路的识别与检测

 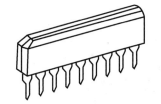 

图 3-32　DIP 封装　　　　　　　　　　　图 3-33　SIP 封装

（6）SOP（Small Out-Line PACkage）：小外形封装，如图 3-34 所示。

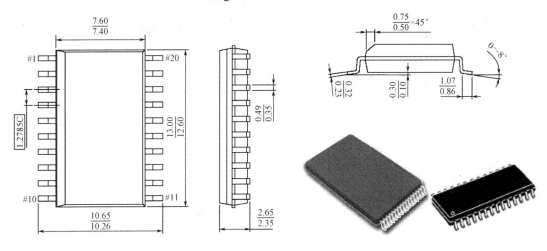

图 3-34　SOP 封装

（7）SOJ（Small Out-Line J-Leaded PACkage）：J 形引线小外形封装，如图 3-35 所示。

（8）COB（Chip on Board）：板上芯片封装，如图 3-36 所示。

 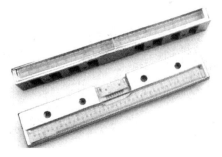

图 3-35　SOJ 封装　　　　　　　　　图 3-36　COB 封装发光二极管模块

（9）Flip-Chip：倒装焊芯片。倒装焊芯片 FC 是将芯片的有源面通过分布于上面的焊球与 PCB 实现直接互连，从而取代金属丝压焊的连接方式。因此其连接长度小，电路时延也小，电性能较好，可提供较多 I/O 数且芯片外形尺寸小。

（10）THT（Through Hole Technology）：通孔插装技术，如图 3-37 所示。

（11）SMT（Surface Mount Technology）：表面安装技术，如图 3-38 所示。

（12）S.E.P.（Single Edge Processor）封装：是单边处理器的缩写。"S.E.P."封装类似于"S.E.C.C."或者"S.E.C.C.2"封装，也是采用单边插入到 Slot 插槽中，以金手指与插槽接触，

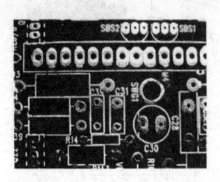

图 3-37　THT 通孔插装技术

图 3-38　SMT 表面安装技术

但是它没有全包装外壳，底板电路从处理器底部看是可见的。"S.E.P."封装应用于早期的 242 根金手指的 Intel Celeron 处理器中，如图 3-39 所示。

（13）S.E.C.C.（Single Edge Contact Cartridge）封装：是单边接触卡盒的缩写。为了与主板连接，处理器被插入一个插槽。它不使用针脚，而是使用"金手指"触点，处理器使用这些触点来传递信号。S.E.C.C. 被一个金属壳覆盖，这个金属壳覆盖了整个卡盒组件的顶端。卡盒的背面是一个热材料镀层，充当了散热器。S.E.C.C. 内部，大多数处理器有一个被称为基体的印制电路板连接起处理器、二级高速缓存和总线终止电路。S.E.C.C.封装用于有 242 个触点的英特尔奔腾 II 处理器和有 330 个触点的奔腾 II 至强和奔腾 III 至强处理器，如图 3-40 所示。

图 3-39　S.E.P.封装

图 3-40　S.E.C.C.封装

3.7　集成电路的检测

检测集成电路一般有不在电路中检测、在电路中检测和代换法三种方法。不在电路中检测有两种方法，一种是使用万用表检测，另一种是使用测量集成电路的专用仪器，这里重点介绍使用万用表检测的方法。

3.7.1 检测方法分类

1. 不在电路中检测

这种方法是在 IC 未焊入电路时进行的，一般情况下可用万用表测量各引脚对应于接地引脚之间的正、反向电阻值，并与完好的 IC 进行比较。

2. 在电路中检测

这是一种通过万用表检测 IC 各引脚在路（IC 在电路中）直流电阻、对地交直流电压及总电流的检测方法。这种方法克服了代换法需要代换 IC 的局限性和拆卸 IC 的麻烦，是检测 IC 最常用的方法。

1）在路直流电阻检测法

在路直流电阻检测法是一种用万用表欧姆挡，直接在线路板上测量 IC 各引脚和外围元件的正反向直流电阻值，并与正常数据相比较，来发现和确定故障的方法。测量时要注意以下三点：

（1）测量前要先断开电源，以免测试时损坏万用表和元件；

（2）万用表电阻挡的内部电压不得大于 6 V，量程最好用 R×100 或 R×1 k 挡；

（3）测量 IC 引脚参数时，要注意测量条件，如被测机型、与 IC 相关的电位器的滑动臂位置等，还要考虑外围电路元件的好坏。

2）直流工作电压测量法

直流工作电压测量法即在通电情况下，用万用表直流电压挡对直流供电电压、外围元件的工作电压进行测量，检测 IC 各引脚对地直流电压值，并与正常值相比较，进而压缩故障范围，找出损坏的元件。测量时要注意以下几点：

（1）万用表要有足够大的内阻，至少要大于被测电路电阻的 10 倍以上，以免造成较大的测量误差。

（2）通常把各电位器旋到中间位置，如果是电视机，则信号源要采用标准彩条信号发生器。

（3）表笔或探头要采取防滑措施，因任何瞬间短路都容易损坏 IC。可采取如下方法防止表笔滑动：取一段自行车用气门芯套在表笔尖上，并长出表笔尖约 0.5 mm 左右，这既能使表笔尖良好地与被测试点接触，又能有效地防止打滑，而且即使碰上邻近点也不会短路。

（4）当测得某一引脚电压与正常值不符时，应根据该引脚电压对 IC 的正常工作有无重要影响及其他引脚电压的相应变化进行分析，以判断 IC 的好坏。

（5）IC 引脚电压会受外围元器件的影响。当外围元器件发生漏电、短路、开路或变值时，或外围电路连接的是一个阻值可变的电位器，则电位器滑动臂所处的位置不同，都会使引脚电压发生变化。

（6）若 IC 各引脚电压正常，则一般认为 IC 正常；若 IC 部分引脚电压异常，则应从偏离正常值的最大处入手，检查外围元件有无故障，若无故障，则 IC 很可能损坏。

（7）对于动态接收装置，如电视机，在有无信号时，IC 各引脚电压是不同的。如发现引脚电压不该变化的反而变化大，该随信号大小和可调元件不同位置而变化的反而不变化，则可确定 IC 损坏。

（8）对于多种工作方式的装置，如录像机，在不同工作方式下，IC 各引脚电压也是不同的。

3）交流工作电压测量法

为了掌握 IC 交流信号的变化情况，可以用带有 dB 插孔的万用表对 IC 的交流工作电压进行近似测量。检测时万用表置于交流电压挡，正表笔插入 dB 插孔；对于无 dB 插孔的万用表，需要在正表笔串接一只 0.1～0.5 μF 的隔直电容。该法适用于工作频率比较低的 IC，如电视机的视频放大级、场扫描电路等。由于这些电路的固有频率不同，波形不同，所以所测的数据是近似值，只供参考。

4）总电流测量法

总电流测量法是通过检测 IC 电源进线的总电流，来判断 IC 好坏的一种方法。由于 IC 内部绝大多数为直接耦合，IC 损坏时（如某一个 PN 结击穿或开路）会引起后级的饱和与截止，使总电流发生变化，所以通过测量总电流的方法可以判断 IC 的好坏。也可测量电源通路中电阻的电压降，用欧姆定律计算出总电流值。

3．代换法

代换法是用已知完好的同型号、同规格的集成电路来代换被测集成电路，以判断该集成电路是否损坏。

3.7.2　检测集成电路的注意事项

（1）检测前要了解集成电路及其相关电路的工作原理。

检测集成电路前首先要熟悉所用集成块的功能、内部电路、主要电参数、各引出脚的作用，以及各引脚的正常电压、波形、与外围元件组成电路的工作原理。如果具备以上条件，那么进行检查分析就容易多了。

（2）测试时不要使引脚间造成短路。

电压测量或用示波器探头测试波形时，表笔或探头不要由于滑动而造成集成电路引脚间短路，最好在与引脚直接连通的外围印制电路上进行测量。任何瞬间的短路都容易损坏集成电路，在测试扁平型封装 CMOS 集成电路时更要加倍小心。

（3）严禁在无隔离变压器的情况下，用已接地的测试设备去接触底板带电的设备。

严禁用外壳已接地的仪器设备直接测试无电源隔离变压器的电视、音响和录像设备。虽然一般的收录机都具有电源变压器，但是当接触到较特殊的尤其是输出功率较大或对采用的电源性质不太了解的电视或音响设备时，首先弄清该机底盘是否带电，否则极易与底盘带电的电视、音响设备造成电源短路，波及集成电路，进而造成故障进一步扩大。

（4）测试前人体先对大地放掉静电，IC 不能放在易带静电的物体上。

（5）不要轻易判定集成电路的损坏。

不要轻易判定集成电路已经损坏。因为集成电路绝大多数为直接耦合，一旦某一电路不正常，可能会导致多处电压变化，而这些变化不一定是集成电路损坏引起的。另外，在有些情况下测得各引脚电压与正常值相符或接近时，也不一定都能说明集成电路是好的，因为有些软故障不会引起引脚直流电压的变化。

（6）测试仪表内阻要大。

测量集成电路各引脚直流电压时，应选用表头内阻大于 20 kΩ/V 的万用表，否则对某些引脚电压会有较大的测量误差。

3.7.3 常用集成电路的检测

1. 微处理器集成电路的检测

微处理器集成电路的关键测试引脚是 V_{CC} 电源端、RESET 复位端、X_{IN} 晶振信号输入端、X_{OUT} 晶振信号输出端及其他各线输入端、输出端。在路测量这些关键脚对地的电阻值和电压值，看是否与正常值（可从产品电路图或有关维修资料中查出）相同。不同型号微处理器的 RESET 复位电压也不相同，有的是低电平复位，即在开机瞬间为低电平，复位后维持高电平；有的是高电平复位，即在开关瞬间为高电平，复位后维持低电平。

2. 开关电源集成电路的检测

开关电源集成电路的关键脚电压是电源端（V_{CC}）、激励脉冲输出端、电压检测输入端、电流检测输入端。测量各引脚对地的电压值和电阻值，若与正常值相差较大，则在其外围元器件正常的情况下，可以确定是该集成电路已损坏。

内置大功率开关管的厚膜集成电路，还可通过测量开关管 C、B、E 极之间的正、反向电阻值，来判断开关管是否正常。

3. 音频功放集成电路的检测

检查音频功放集成电路时，应先检测其电源端（正电源端和负电源端）、音频输入端、音频输出端及反馈端的对地的电压值和电阻值。若测得各引脚的数据值与正常值相差较大，但其外围元件正常，则是该集成电路内部损坏。对引起无声故障的音频功放集成电路，测量其电源电压正常时，可用信号干扰法来检查。测量时，万用表应置于 R×1 挡，将红表笔接地，用黑表笔点触音频输入端，正常时扬声器中应有较强的"咔咔"声。

4. 运算放大器集成电路的检测

用万用表直流电压挡，测量运算放大器输出端与负电源端之间的电压值（在静态时电压值较高）。用手持金属镊子依次点触运算放大器的两个输入端（加入干扰信号），若万用表指针有较大幅度的摆动，则说明该运算放大器完好；若万用表指针不动，则说明该运算放大器已损坏。

5. 时基集成电路的检测

时基集成电路内含数字电路和模拟电路，用万用表很难直接测出其好坏，可以用如图 3-41 所示的测试电路来检测时基集成电路的好坏。测试电路由阻容元件、发光二极管 LED、6 V 直流电源、电源开关 S 和 8 脚 IC 插座组成。将时基集成电路（如 NE555）插入 IC 插座后,按下电源开关 S,若被测时基集成电路正常,则发光二极管 LED 将闪烁发光;若 LED 不亮或一直亮,则说明被测时基集成电路性能不良。

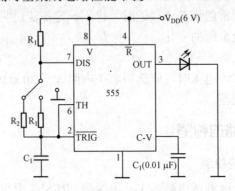

图 3-41 测试电路(其中 555 为管座)

6．三端稳压器管脚判断

在 78**、79** 系列三端稳压器中,最常用的是 TO-220 和 TO-202 两种封装。这两种封装的图形及引脚序号、引脚功能如图 3-42 所示。

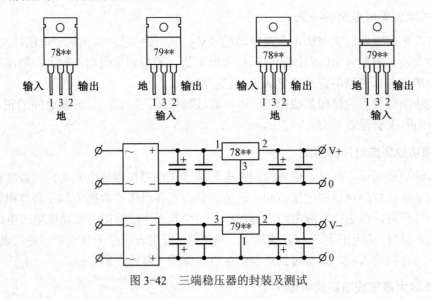

图 3-42 三端稳压器的封装及测试

图中的引脚号的标注方法是按照引脚电位从高到低的顺序标注的,1 脚为最高电位,3 脚为最低电位,2 脚居中。从图中可以看出,不论 78 系列、还是 79 系列,2 脚均为输出端。对于 78 正压系列,输入是最高电位,为 1 脚;地端为最低电位,为 3 脚。对于 79 负压系列,输入为最低电位,自然是 3 脚;而地端为最高电位,为 1 脚;输出为中间电位,为 2 脚。

此外还应注意,散热片总是和最低电位的 3 脚相连,这样在 78 系列中,散热片和地相连接,而在 79 系列中,散热片和输入端相连接。

用万用表判断三端稳压器的方法与三极管的判断方法相同,三端稳压器类似于大功率三极管。

项目3 集成电路的识别与检测

知识梳理与总结

技能点与知识点：

1. 能区分数字与模拟集成电路，其知识链接为集成电路分类及命名方法。
2. 能辨别集成电路管脚，其知识链接为集成电路管脚识别。
3. 能检测集成电路，初步判别其好坏，其知识链接为集成电路的检测方法。

本章主要介绍了集成电路的分类、管脚识别及检测等基本知识，主要是从数字、模拟、专用等几类进行阐述。读者通过本章的学习应该对集成电路的分类、型号命名方法有一个基本的认识，同时应该熟练掌握集成稳压电源电路、数字集成电路的检测方法及应用。集成电路是信息技术的核心技术之一，学会集成电路的应用、选用对从事电子信息技术的人员是十分必要的。本章内容对集成电路基础知识的阐述将为读者引路导航。

理论自测题 3

1. 判断题

（1）OC、TSL、TG 门输出端不能并联使用。（   ）

（2）CMOS 电路的多余输入端不允许悬空。（   ）

（3）集成门电路的输出不允许与电源或地短路，否则可能造成器件损坏。（   ）

（4）CMOS 集成电路电源端和接地端位置的一般规律为：右上角第一脚为电源端，左下角最边上的管脚为接地端。（   ）

（5）检测 IC 各引脚的对地直流电压值，万用表要有足够大的内阻，至少要大于被测电路电阻的 10 倍以上，以免造成较大的测量误差。（   ）

（6）95%以上的集成电路芯片都是基于 TTL 工艺的。（   ）

（7）运算放大器各个品种的型号由字母和阿拉伯数字两部分组成，字母在首部，统一采用"CF"两个字母，C 表示符合国际，F 表示线性放大器。其后部的阿拉伯数字表示类型。（   ）

（8）ASIC 的含义为专用集成电路。（   ）

（9）用万用表检测 IC 各引脚的在路（IC 在电路中）直流电阻，万用表电阻挡的内部电压不得大于 6 V，量程最好用 R×100 或 R×1 k 挡。（   ）

（10）当我们拿到一块新的集成块时，可通过指针万用表测量各引脚的内部直流电压，以判断其好坏。（   ）

2. 选择题

（1）在（   ）年，摩尔提出摩尔定律，预测晶体管集成度将会每 18 个月增加 1 倍。
　　　A．1964　　　　　B．1967　　　　　C．1970　　　　　D．1971

（2）Intel 宣布在 2001 年下半年采用（   ）工艺制造 CPU。
　　　A．0.18 μM　　　B．0.16 μM　　　C．0.13 μM　　　D．0.09 μM

（3）集成电压跟随器是一种（   ）的单位增益放大器，专门设计用做电压跟随器。
　　　A．正反馈　　　　B．深度负反馈　　C．减法　　　　　D．比例

（4）目前，多数电视机的电源控制采用了集成电路，电路类型有（   ）。

A．并联型　　　　B．串并联型　　　C．闭环型　　　　D．开关型和串联型

（5）如果将几个"集电极开路门"电路的输出端并联，实现线与功能时，应在输出端与电源之间接入一个计算好的（　　）。

A．或门　　　　　B．与门　　　　　C．上拉电阻　　　D．与非门

（6）模拟集成电路是以（　　）为模拟量进行放大、运算、变换等的集成电路。

A．电压或电流　　B．信号　　　　　C．波形　　　　　D．脉冲

（7）ASIC 是指面向某一特定应用或某一用户特殊要求而定制的（　　）。

A．电源　　　　　B．集成电路　　　C．元件　　　　　D．放大器

（8）OTL 电路输出端的直流电压等于集成电路直流工作电压的（　　）。

A．二倍　　　　　B．相等　　　　　C．一倍　　　　　D．一半

技能训练 3　常用集成电路的识别与检测

本题为实际操作题，要求会识别和检测各种常用的集成电路，即模拟集成电路、数字集成电路。

1）模拟集成电路

（1）运算放大器（好坏、输入端和输出端）。

（2）三端稳压器管脚的判定。

2）数字集成电路

（1）74LS××系列（好坏，标出电源管脚）。

（2）74AC××系列（好坏，标出电源管脚）。

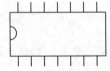

（3）CD4000B 系列（好坏，标出电源管脚）。

3）时基电路（好坏，列出管脚功能）

技能训练4　专用集成电路的检测

本题为实际操作题，由实操考试教师配发不同种类的专用集成电路进行检测，如单片机芯片、存储芯片等，写出标称、用途、功能、好坏、检测方法。

1）音乐集成电路

集成电路如下图所示。

要求确定各管脚功能，并用万用表欧姆挡测量各管脚对地电阻值，将测量值记入下表。

管　　脚	1	2	3	4	5	6	7	8
黑表笔接地								
红表笔接地								

2）行、场扫描集成电路

根据给定的实际集成电路，对各管脚对地电阻值进行测量，将测量值记入下表。

管　　脚	1	2	3	4	5	6	7	8
黑表笔接地								
红表笔接地								

3）单片机芯片（选作）

对于给定集成电路芯片的各管脚对地电阻值进行检测，将测量结果记入下表。

管　　脚	1	2	3	4	5	6	7	…
黑表笔接地								
红表笔接地								

技能训练5　集成电路在路检测

本题为实际操作题，由实操考试教师结合实验室条件，提供可以通电的电路板或组件，用万用表对其中的集成电路进行测试，将测试结果记入下表。

管　　脚	1	2	3	4	5	6	7	…
电压值（V）								

项目 4 手工焊接

教学导航

教	知识重点	1. 正确选用、使用常用工具； 2. 正确选用、使用焊接材料； 3. 手工焊接操作技能
	知识难点	判定焊接质量，并能分析焊接缺陷原因
	推荐教学方式	以实际操作为主，教师进行适当讲解。充分发挥教师的指导作用，鼓励学生多动手，通过训练与项目测试，使学习者真正掌握基本操作技能
	建议学时	18 学时
学	推荐学习方法	以自己实际操作为主。结合本章内容，通过自我检验、互相检验、总结，掌握基本操作技能
	必须掌握的理论知识	1. 常用工具的类型、选用； 2. 焊接材料的分类、选用； 3. 手工焊接的基本操作步骤
	需要掌握的工作技能	1. 学会工具的使用； 2. 掌握手工焊接技能； 3. 学会分析焊接质量

项目 4　手工焊接

4.1　常用工具

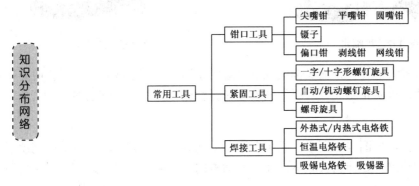

4.1.1　钳口工具

1．尖嘴钳

尖嘴钳如图 4-1 所示。它主要用在焊点上网绕导线和元器件引线，以及元器件引线成形、布线等。尖嘴钳一般都带有塑料套柄，使用方便，且能绝缘。

图 4-1　尖嘴钳

为确保使用者的人身安全，严禁使用塑料套破损、开裂的尖嘴钳带电操作；不允许用尖嘴钳装拆螺母、敲击他物；不宜在 80 ℃以上的温度环境中使用尖嘴钳，以防止塑料套柄熔化或老化；为防止尖嘴钳端头断裂，不宜用它夹持网绕较硬、较粗的金属导线及其他硬物；尖嘴钳的头部是经过淬火处理的，不要在锡锅或高温的地方使用，以保持钳头部分的硬度。

2．平嘴钳

平嘴钳如图 4-2 所示。它主要用于拉直裸导线，将较粗的导线及较粗的元器件引线成形。在焊接晶体管及热敏元件时，可用平嘴钳夹住引线，以便于散热。

3．圆嘴钳

圆嘴钳如图 4-3 所示。由于钳子口呈圆锥形，故可以方便地将导线端头、元器件的引线弯绕成圆环形，安装在螺钉及其他部位上。

4．镊子

镊子有尖头镊子和圆头镊子两种，如图 4-4 所示。其主要作用是用来夹持物体。端部较

图 4-2　平嘴钳　　　　　　　　　图 4-3　圆嘴钳

宽的医用镊子可夹持较大的物体，而头部尖细的普通镊子适合夹细小物体。在焊接时，用镊子夹持导线或元器件，以防止移动。对镊子的要求是弹性强，合拢时尖端要对正吻合。

5. 偏口钳

偏口钳又称斜口钳，如图 4-5 所示。它主要用于剪切导线，尤其适合用来剪除网绕后元器件多余的引线。剪线时，要使钳头朝下，在不变动方向时可用另一只手遮挡，防止剪下的线头飞出而伤眼。

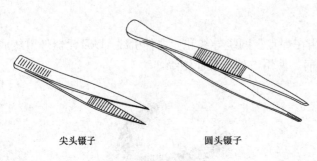

尖头镊子　　　　　圆头镊子

图 4-4　镊子　　　　　　　　　　图 4-5　偏口钳

6. 剥线钳

剥线钳用来剥削直径 3 mm 及以下绝缘导线的塑料或橡胶绝缘层，其外形如图 4-6 所示。它由钳口和手柄两部分组成。剥线钳钳口分 0.5～3 mm 多个直径切口，用于不同规格的线芯线直径相匹配，切口过大则难以剥离绝缘层，切口过小则会切断芯线。剥线钳也装有绝缘套。

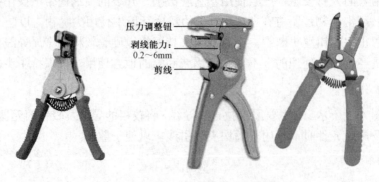

图 4-6　剥线钳

剥线钳的使用方法如图 4-7 所示。

（1）根据缆线的粗细型号，选择相应的剥线刀口。

（2）将准备好的电缆放在剥线工具的刀刃中间，选择好要剥线的长度。

（3）握住剥线工具手柄，将电缆夹住，缓缓用力使电缆外表皮慢慢剥落。

（4）松开工具手柄，取出电缆线，这时电缆金属整齐地露出外面，其余绝缘塑料完好无损。

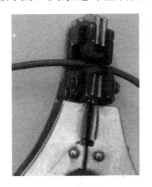
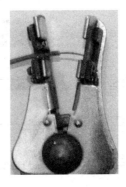

图 4-7　剥线钳的使用方法

剥线钳的刀片规格如图 4-8 所示。

7. 网线钳

网线钳是用来卡住 BNC 连接器外套与基座的，它有一个用于压线的六角缺口，如图 4-9 所示。一般这种压线钳也同时具有剥线、剪线的功能。它可以用来加工网线和电话线，主要用来给网线或者电话线加装水晶头。

图 4-9　网线钳

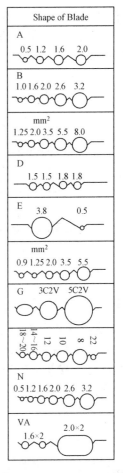

图 4-8　剥线钳的刀片规格

4.1.2　紧固工具

紧固工具用于紧固、拆卸螺钉和螺母。它包括螺钉旋具、螺母旋具和各类扳手等。螺钉旋具也称螺丝刀、改锥或起子，常用的有一字形、十字形两类，并有自动、电动、风动等形式。

1. 一字形螺钉旋具

一字形螺钉旋具用来旋转一字槽螺钉，如图 4-10 所示。选用时，应使旋具头部的长短和宽窄与螺钉槽相适应。若旋具头部宽度超过螺钉槽的长度，则在旋转沉头螺钉时容易损坏安装件的表面；若头部宽度过小，则不但不能将螺钉旋紧，还容易损坏螺钉槽。

头部的厚度比螺钉槽过厚或过薄也不好，通常取旋具刃口的厚度为螺钉槽宽度的 0.75～0.8 倍。此外，使用时旋具不能斜插在螺钉槽内。

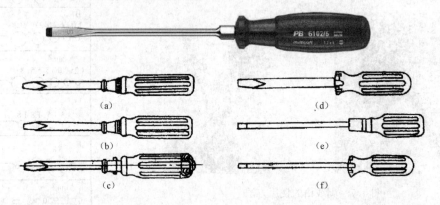

图 4-10 一字形螺钉旋具

2．十字形螺钉旋具

十字形螺钉旋具适用于旋转十字槽螺钉，如图 4-11 所示。选用时应使旋具头部与螺钉槽相吻合，否则易损坏螺钉槽。十字形螺钉旋具的端头分 4 种槽型：1 号槽型适用于 2～2.5 mm 的螺钉，2 号槽型适用于 3～5 mm 的螺钉，3 号槽型适用于 5.5～8 mm 的螺钉，4 号槽型适用于 10～12 mm 的螺钉。使用一字形和十字形螺钉旋具时，用力要平稳，压和拧要同时进行。

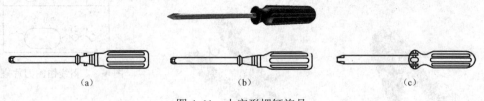

图 4-11 十字形螺钉旋具

3．自动螺钉旋具

自动螺钉旋具适用于紧固头部带槽的各种螺钉，如图 4-12 所示。这种旋具有同旋、顺旋和倒旋 3 种动作。当开关置于同旋位置时，与一般旋具用法相同。当开关置于顺旋或倒旋位置，在旋具刃口顶住螺钉槽时，只要用力顶压手柄，螺旋杆通过来复孔而转动旋具，便可连续顺旋或倒旋。这种旋具用于大批量生产中，效率较高，但使用者劳动强度较大，目前逐渐被机动螺钉旋具所代替。

图 4-12 自动螺钉旋具

4．机动螺钉旋具

机动螺钉旋具有电动和风动两种类型，广泛用于流水生产线上小规格螺钉的装卸。小型

项目4 手工焊接

机动螺钉旋具如图4-13所示。这类旋具的特点是体积小、重量轻、操作灵活方便。

机动螺钉旋具设有限力装置,使用中超过规定扭矩时会自动打滑。这对在塑料安装件上装卸螺钉极为有利。

5．螺母旋具

螺母旋具如图4-14所示。它用于装卸六角螺母,使用方法与螺钉旋具相同。

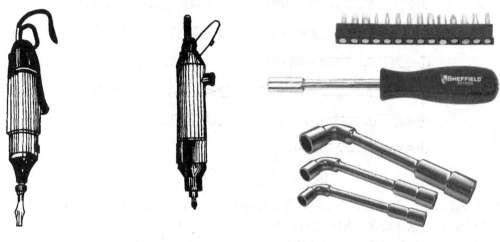

图4-13 小型机动螺钉旋具　　　　　　　图4-14 螺母旋具

4.1.3 焊接工具

1．外热式电烙铁

外热式电烙铁的外形如图4-15所示,它由烙铁头、烙铁芯、外壳、手柄、电源线和插头等部分组成。

电阻丝绕在薄云母片绝缘的圆筒上,组成烙铁芯,烙铁头安装在烙铁芯里面,电阻丝通电后产生的热量传送到烙铁头上,使烙铁头温度升高,故称为外热式电烙铁。

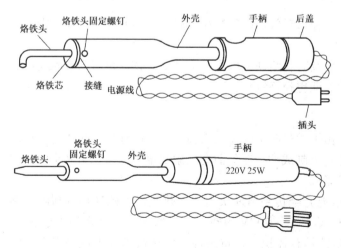

图4-15 外热式电烙铁的外形

> 提示:电烙铁的规格是用功率来表示的,常用的有25 W、75 W和100 W等几种。功率越大,烙铁的热量越大,烙铁头的温度越高。在焊接印制电路板组件时,通常使用功率为25 W~40 W的外热式的电烙铁。

焊接高密度的线头、小孔及小而怕热的元器件的烙铁头可以加工成不同形状,如图 4-16 所示。凿式和尖锥形烙铁头的角度较大时,热量比较集中,温度下降较慢,适用于焊接一般焊点。当烙铁头的角度较小时,温度下降快,适用于焊接对温度比较敏感的元器件。斜面烙铁头表面大,传热较快,适用于焊接布线不很拥挤的单面印制电路板的焊接点。圆锥形烙铁头适用于焊接高密度的焊点和小而怕热的元器件。

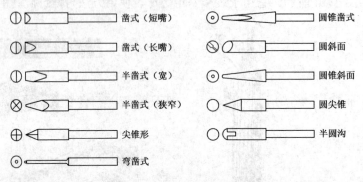

图 4-16 烙铁头的不同形状

烙铁头插入烙铁芯的深度直接影响烙铁头的表面温度,一般焊接体积较大的物体时,烙铁头插得深些,焊接小而薄的物体时可浅些。

使用外热式电烙铁时应注意以下事项。

(1) 装配时必须用有三线的电源插头。一般电烙铁有 3 个接线柱,其中一个与烙铁壳相通,是接地端;另两个与烙铁芯相通,接 220 V 交流电压。电烙铁的外壳与烙铁芯是不接通的,如果接错就会造成烙铁外壳带电,人触及烙铁外壳就会触电;若用于焊接,还会损坏电路上的元器件。因此,在使用前或更换烙铁芯时,必须检查电源线与地线的接头,防止接错。

(2) 烙铁头一般用紫铜制作,在温度较高时容易氧化,在使用过程中其端部易被焊料浸蚀而失去原有形状,因此需要及时加以修整。初次使用或经过修整后的烙铁头,都必须及时挂锡,以利于提高电烙铁的可焊性和延长使用寿命。目前也有合金烙铁头,使用时切忌用锉刀修理。

(3) 使用过程中不能任意敲击,应轻拿轻放,以免损坏电烙铁内部的发热器件而影响其使用寿命。

(4) 电烙铁在使用一段时间后,应及时将烙铁头取出,去掉氧化物后再重新装配使用。这样可以避免烙铁芯与烙铁头卡住而不能更换烙铁头。

2. 内热式电烙铁

内热式电烙铁如图 4-17 所示。由于发热芯子装在烙铁头里面,故称为内热式电烙铁。芯子是采用极细的镍铬电阻丝绕在瓷管上制成的,在外面套上耐高温绝缘管。烙铁头的一端是空芯的,它套在芯子外面,用弹簧紧固。

由于芯子装在烙铁头内部,热量能完全传到烙铁头上,发热快,因此其热量利用率高达 85%~90%,烙铁头部温度达 350 ℃左右。20 W 内热式电烙铁的实用功率相当于 25~40 W 的外热式电烙铁。内热式电烙铁具有体积小、重量轻、发热快和耗电低等优点,因而得到了广泛应用。

项目4　手工焊接

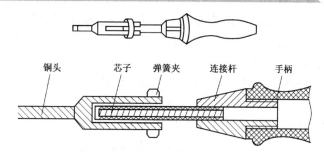

图 4-17　内热式电烙铁的外形及结构

内热式电烙铁的使用注意事项与外热式电烙铁基本相同。由于其连接杆的管壁厚度只有 0.2 mm，而且发热元件是用瓷管制成的，所以更应注意不要敲击，不要用钳子夹连接杆。

内热式电烙铁的烙铁头形状较复杂，不易加工。为延长其使用时间，可将烙铁头进行电镀，在紫铜表面镀以纯铁或镍。这种烙铁头的使用寿命比普通烙铁头高 10～20 倍，并且由于镀层耐焊锡的浸蚀，不易变形，所以能保持操作时所需的最佳形状。使用时，应始终保持烙铁头头部挂锡。

> **提示**：（1）擦拭烙铁头时要用浸水海绵或湿布，不得用砂纸或砂布打磨烙铁头，也不要用锉刀锉，以免破坏镀层，缩短使用寿命。若烙铁头不沾锡，可用松香助焊剂或 202 浸锡剂在浸锡槽中上锡。
>
> （2）电烙铁通电后、烙铁头不热故障的处理方法：用万用表欧姆挡测试电源线插头两端，观察其电阻值，如果电阻值很大或无穷大，则可以拆开电烙铁检查接线是否完好，若接线端没有问题，则可断开电源线与烙铁芯的连接，进一步测试烙铁芯，如果电阻值为无穷大，则说明其已被烧坏，应更换烙铁芯。注意，一般的烙铁结构紧凑，烙铁芯的入线端距离较近，应添加隔热及绝缘措施，防止电烙铁再次被烧毁。

3. 恒温电烙铁

目前使用的外热式和内热式电烙铁的烙铁头温度都超过 300 ℃，这对焊接晶体管集成块等是不利的，一是焊锡容易被氧化而造成虚焊；二是烙铁头的温度过高，若烙铁头与焊点接触时间长，就会造成元器件损坏。在要求较高的场合，通常采用恒温电烙铁。

恒温电烙铁有电控和磁控两种。电控恒温电烙铁（又叫恒温焊台）是依靠温度传感元件（热电偶）监测烙铁头温度，并控制电烙铁的供电电路输出的电压高低，从而达到自动调节烙铁温度，使烙铁温度恒定的目的。

当烙铁头的温度低于规定数值时，温控装置就接通电源，对电烙铁加热，使温度上升；当达到预定温度时，温控装置自动切断电源。这样反复动作，使电烙铁基本保持恒定温度。恒温焊台如图 4-18 所示。

磁控恒温电烙铁是在烙铁头上装一个强磁性体传感器，用于吸附磁性开关（控制加热器开关）中的永久磁铁来控制温度的。

升温时，通过磁力作用，带动机械运动的触点，

图 4-18　恒温焊台

闭合加热器的控制开关，电烙铁被迅速加热；当烙铁头达到预定温度时，强磁性体传感器到达居里点（铁磁物质完全失去磁性的温度）而失去磁性，从而使磁性开关的触点断开，加热器断电，于是烙铁头的温度下降。

当温度下降至低于强磁性体传感器的居里点时，强磁性体恢复磁性，又继续给电烙铁加热。如此不断地循环，达到控制电烙铁温度的目的。

如果需要控制不同的温度，只需要更换烙铁头即可。因为不同温度的烙铁头，装有不同规格的强磁性体传感器，其居里点不同，失磁温度各异。烙铁头的工作温度可在 260～450 ℃ 内任意选取。

恒温电烙铁的结构如图 4-19 所示。

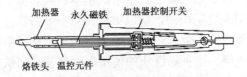

图 4-19　恒温电烙铁的结构

4．吸锡电烙铁

在检修无线电整机时，经常需要拆下某些元器件或部件，这时使用吸锡电烙铁就能够方便地吸附印制电路板焊接点上的焊锡，使焊接件与印制电路板脱离，从而可以方便地进行检查和修理。

图 4-20 所示为一种吸锡电烙铁的结构图。吸锡电烙铁由烙铁体、烙铁头、橡皮囊和支架等部分组成。

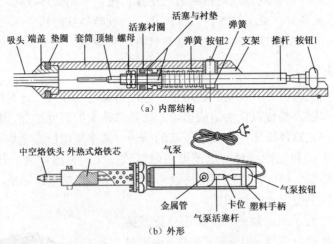

图 4-20　吸锡电烙铁的结构

使用时先缩紧橡皮囊，然后将烙铁头的空芯口子对准焊点，稍微用力。待焊锡熔化时放松橡皮囊，焊锡就被吸入烙铁头内；移开烙铁头，再按下橡皮囊，焊锡便被挤出。

5．吸锡器

常见吸锡器的外形如图 4-21 所示。

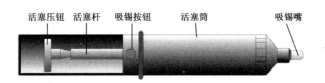

图 4-21 吸锡器的外形

> **安全提示：**
> （1）电烙铁在使用前一定要检查电源线和保护地线是否良好。
> （2）烙铁在使用过程中不宜长期空热，以免烧坏烙铁头和烙铁芯。
> （3）烙铁不使用时放在烙铁架上，以免烫坏其他物品。
> （4）在使用过程中要定期检验烙铁温度和是否漏电，如温度超过或低于规定范围或漏电则应停止使用，每天检测两次并填写记录。
> （5）烙铁不用时要关闭电源，拔下插头。

4.2 焊接材料

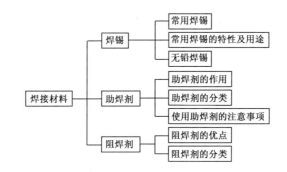

4.2.1 焊锡

1．常用焊锡

1）管状焊锡丝

管状焊锡丝由助焊剂与焊锡制作在一起做成管状，在焊锡管中夹带固体助焊剂，如图 4-22（a）所示。助焊剂一般选用特级松香为基质材料，并添加一定的活化剂。管状焊锡丝一般适用于手工焊接。

管状焊锡丝的直径有 0.5 mm、0.8 mm、1.2 mm、1.5 mm、2.0 mm、2.3 mm、2.5 mm、4.0 mm 和 5.0 mm。

2）抗氧化焊锡

抗氧化焊锡是在锡铅合金中加入少量的活性金属，能使氧化锡、氧化铅还原，并漂

（a）管状焊锡丝　　　（b）锡膏

图 4-22 焊锡丝和锡膏

浮在焊锡表面形成致密的覆盖层，从而保护焊锡不被继续氧化。这类焊锡适用于浸焊和波峰焊。

3）含银焊锡

含银焊锡是在锡铅焊料中加 0.5%～2.0%的银，可减少镀银件中银在焊料中的溶解量，并可降低焊料的熔点。

4）锡膏

锡膏是回流焊工艺的基本要素，它提供清洁表面所必需的焊剂和最终形成焊点的焊料。锡膏是由金属粉末粒子溶于浓焊剂溶液中构成的，见图 4-22（b）。锡膏在表面贴装组件的制作中具有多种重要用途，由于它含有有效焊接所需的焊剂，故无须像插装器件那样单独加入焊剂和控制焊剂的活性及密度。在进行再流焊接之前，焊剂在表面贴装元件的贴放和传送期间还起着临时的固定作用。显然，正确选择锡膏对于无缺陷的装接表面贴装器件是非常重要的。选用焊膏时应注意以下几点。

（1）锡膏中的焊剂活性选择。焊剂是锡膏载体的主要成分之一。锡膏可以利用三种不同类型的焊剂，即 R 焊剂（树脂焊剂）、RMA 焊剂（适度活化的树脂）和 RA 焊剂（完全活化的树脂）。RMA 和 RA 焊剂中的活化剂可去除金属的表面氧化物和其他的表面污物，促使熔化焊料浸润到表面贴装的焊盘和元件端接头或引脚上。根据表面贴装印制电路板的表面清洁度及器件的保鲜度选择，一般可选中等活性级，必要时可选高活性或无活性级、超活性级。

（2）锡膏的黏度选择。锡膏的黏度一般是用布氏黏度计测量的。锡膏的黏度依赖于应用工艺的特性（丝网目数、刮板速度等）。对于丝网印刷，通常选择的黏度是 400 000～600 000 cps（厘泊）；对于模板印刷，应该选择更高的黏度，其范围为 800 000～1 300 000 cps。如使用注射器分配，则其黏度应为 150 000～300 000 cps。

（3）锡膏中金属含量选择。锡膏中金属的含量决定焊缝的大小。焊缝随着金属百分比的增加而增大，但是随着给定黏度的金属含量的增加，焊料的金属含量稍加改变，就会对焊点质量产生很大的影响。例如，对于相同的锡膏厚度，金属含量改变 10%就会使焊点由过量变得不足。一般地，用于表面贴装组件的锡膏应选 88%～90%的金属含量。

（4）锡膏中焊料粒度选择。锡料颗粒的形状决定了粉末的含氧量及锡膏的可印制性。球状粉末优于椭圆状粉末，球面越小，氧化能力越低。

2．常用焊锡的特性及用途

常用焊锡的特性及用途见表 4-1。

表 4-1 常用焊锡的特性及用途

名 称	牌 号	主 要 成 分			熔点/℃	抗拉强度/（kg/cm²）	主 要 用 途
		锡	锑	铅			
10 锡铅焊料	HISnPb 10	89%～91%	<0.15		220	4.3	用于锡焊食品器皿及医药卫生物品
39 锡铅焊料	HISnPb 39	39%～61%	<0.8	277	183	4.7	用于锡焊无线电元器件等
50 锡铅焊料	HISnPb 50	49%～51%			锡焊散热器、计算机、黄铜制件	3.8	锡焊散热器、计算机、黄铜制件

续表

名 称	牌 号	主要成分			熔点/℃	抗拉强度/(kg/cm²)	主要用途
		锡	锑	铅			
58-2 锡铅焊料	HISnPb58-2	39%~41%	1.5~2		235	3.8	用于锡焊无线电元器件、导线、钢皮镀锌件等
68-2 锡铅焊料	HISnPb68-2	29%~31%	1.5~2			3.3	用于锡焊电金属护套、铝管
80-2 锡铅焊料	HISnPb80-2	17%~19%	1.5~2			2.8	用于锡焊油壶、容器、散热器
90-6 锡铅焊料	HISnPb 90-6	3%~4%	5~6		265	5.9	用于锡焊黄铜和铜
74-2 锡铅焊料	HISnPb 74-2	24%~26%	1.5~2		265	2.8	用于锡焊铅管

3. 无铅焊锡

电子产品报废以后,PCB 焊料中的铅易溶于含氧的水中,污染水源,破坏环境。可溶解性使它在人体内累积,造成对人身健康的伤害。因此电子工业生产中要求采用无铅的产品。

目前,常用的无铅焊料主要是以 Sn-Ag、Sn-Zn、Sn-Bi 为基体,添加适量其他金属元素组成的三元合金和多元合金。其优缺点见表 4-2。

表 4-2 三种无铅焊料的优缺点

种 类	优 点	缺 点
Sn-Ag	具有优良的机械性能、拉伸强度、蠕变特性,耐热老化比 Sn-Pb 共晶焊料稍差,但不存在延展性随时间加长而劣化的问题	熔点偏高,比 Sn-Pb 高 30~40℃,润湿性差,成本高
Sn-Zn	机械性能好,拉伸强度比 Sn-Pb 共晶焊料好,可拉制成丝材使用;具有良好的蠕变特性,变形速度慢,断裂时间长	Zn 极易氧化,润湿性和稳定性差,具有腐蚀性
Sn-Bi	降低了熔点,使其与 Sn-Pb 共晶焊料接近,蠕变特性好,并增大了合金的拉伸强度	延展性变坏,变得硬而脆,加工性差,不能加工成线材使用

无铅焊料的基本型号和特性见表 4-3。

表 4-3 无铅焊料的基本型号和特性

型号	基本合金组成	熔融温度(℃)	特点	适合工艺
QDLF-1	Sn96.5Ag	221	高强度,抗蠕变,力学性能良好,可焊性良好,热疲劳可靠性良好,最适宜用于含银件焊接,也适合家电、航空航天、通信产品、汽车装备的焊接	回流焊,波峰焊,手工焊
QDLF-2	Sn99.3Cu	227	熔点最高,力学性能略差,可焊性好,热疲劳可靠性良好,制造成本较低。适合生活器件、食品机械的焊接	波峰焊,手工焊
QDLF-3	Sn95.5AgCu	217~218	其可焊性和可靠性更好,应用较广泛	回流焊,波峰焊,手工焊
QDLF-4	Sn96.2Ag2.5Cu0.8Sb	214~217	焊接性好,高强度,用于一般要求的电子、电器焊接	波峰焊,手工焊

续表

型号	基本合金组成	熔融温度（℃）	特　点	适合工艺
QDLF-5	Sn95.7Ag3.4Bi	207～210	力学性能良好，可焊性良好，适合家电、航空航天、通信产品、汽车装备的焊接	回流焊
QDLF-6	Sn（余）-Ag-Bi-In（各1～3）	215	力学性能好，延展性好，成本相对较高	回流焊

4.2.2　助焊剂

助焊剂主要用于锡铅焊接中，有助于清洁被焊接面，防止氧化，增加焊料的流动性，使焊点易于成形，提高焊接质量，其产品外形如图4-23所示。

1. 助焊剂的作用

助焊剂（FLUX）这个字来源于拉丁文"流动"（flow in soldering），但它的作用不只是帮助流动，还有其他功能。

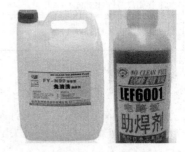

图 4-23　助焊剂

1）除氧化膜

在进行焊接时，为使被焊物与焊料焊接牢靠，就必须要求金属表面无氧化物和杂质，只有这样才能保证焊锡与被焊物的金属表面固体结晶组织之间发生合金反应，即原子状态的相互扩散。因此在焊接开始之前，必须采取各种有效措施将氧化物和杂质除去。

除去氧化物与杂质通常有两种方法，即机械方法和化学方法。机械方法是用砂纸和刀将其除掉；化学方法则是用助焊剂清除，这样不仅不损坏被焊物，而且效率高，因此焊接时一般都采用这种方法。

2）防止氧化

助焊剂除上述的去氧化物的功能外，还具有加热时防止氧化的作用。焊接时必须把被焊金属加热到使焊料润湿并产生扩散的温度，而随着温度的升高，金属表面的氧化就会加速，助焊剂此时就在整个金属表面上形成一层薄膜，覆盖金属使其与空气隔绝，从而起到加热过程中防止氧化的作用。

3）促使焊料流动，减少表面张力

焊料熔化后将贴附于金属表面，由于焊料本身表面张力的作用，所以它力图变成球状，从而减小了焊料的附着力，而助焊剂则有减少焊料表面张力、促使焊料流动的功能，故使焊料附着力增强，焊接质量得到提高。

4）把热量从烙铁头传递到焊料和被焊物表面

因为在焊接中，烙铁头的表面及被焊物的表面之间存在许多间隙，在间隙中有空气，空气又为隔热体，所以必然使被焊物的预热速度减慢。而助焊剂的熔点比焊料和被焊物的熔点都低，故能够先熔化，并填满间隙，润湿焊点，使电烙铁的热量通过它很快地传递到被焊物上，使预热的速度加快。

2. 助焊剂的分类

常用助焊剂分为无机类助焊剂、有机类助焊剂和树脂类助焊剂3大类。

1) 无机类助焊剂

无机类助焊剂的化学作用强，腐蚀性大，焊接性非常好。这类助焊剂包括无机酸和无机盐。它的熔点约为180 ℃，是适用于锡焊的助焊剂。无机类助焊剂具有强烈的腐蚀作用，不宜在电子产品装配中使用，只能在特定场合使用，并且焊后一定要清除残渣。

2) 有机类助焊剂

有机类助焊剂由有机酸、有机类卤化物及各种胺盐树脂类等合成。这类助焊剂由于含有酸值较高的成分，因而具有较好的助焊性能，但具有一定程度的腐蚀性，残渣不易清洗，焊接时有废气污染，这限制了它在电子产品装配中的使用。

3) 树脂类助焊剂

树脂类助焊剂在电子产品装配中应用较广，其主要成分是松香。在加热情况下，松香具有去除焊件表面氧化物的能力，同时焊接后形成的膜层具有覆盖和保护焊点不被氧化腐蚀的作用。

由于松脂残渣具有非腐蚀性、非导电性、非吸湿性，焊接时没有什么污染，且焊后容易清洗，成本又低，所以这类助焊剂被广泛使用。松香助焊剂的缺点是酸值低、软化点低（55 ℃左右），且易结晶、稳定性差，在高温时很容易脱羧碳化而造成虚焊。

目前出现了一种新型的助焊剂——氢化松香，它是用普通松脂提炼的。氢化松香在常温下不易氧化变色，软化点高，脆性小，酸值稳定，无毒，无特殊气味，残渣易清洗，适用于波峰焊接。

3. 使用助焊剂的注意事项

常用的松香助焊剂在超过 60 ℃时，绝缘性能会下降，焊接后的残渣对发热元器件有较大的危害，所以要在焊接后清除焊剂残留物。另外，存放时间过长的助焊剂不宜使用。因为助焊剂存放时间过长时，其成分会发生变化，活性变差，影响焊接质量。

正确合理地选择助焊剂，还应注意以下两点。

（1）在元器件加工时，若引线表面状态不太好，又不便采用最有效的清洗手段时，可选用活化性强和清除氧化物能力强的助焊剂。

（2）在总装时，焊件基本上都处于可焊性较好的状态，可选用助焊剂性能不强、腐蚀性较小、清洁度较好的助焊剂。

4.2.3 阻焊剂

阻焊剂是一种耐高温的涂料。在焊接时，可将不需要焊接的部位涂上阻焊剂保护起来，使焊料只在需要焊接的焊接点上进行。阻焊剂广泛用于浸焊和波峰焊。

1. 阻焊剂的优点

（1）可避免或减少浸焊时桥接、拉尖、虚焊和连条等弊病，使焊点饱满，大大减少板子的返修量，提高焊接质量，保证产品的可靠性。

（2）使用阻焊剂后，除了焊盘外，其余线条均不上锡，可节省大量的焊料；另外，阻焊剂受热少、冷却快、降低印制电路板的温度，起了保护元器件和集成电路的作用。

(3) 由于板面部分为阻焊剂膜所覆盖，所以增加了一定的硬度，是印制电路板很好的永久性保护膜，还可以起到防止印制电路板表面受到机械损伤的作用。

2．阻焊剂的分类

阻焊剂的种类很多，一般分为干膜型阻焊剂和印料型阻焊剂两种。现广泛使用印料型阻焊剂，这种阻焊剂又可分为热固化和光固化两种。

（1）热固化阻焊剂的优点是附着力强，能耐 300 ℃高温；缺点是要在 200 ℃高温下烘烤 2 h，板子易翘曲变形，能源消耗大，生产周期长。

（2）光固化阻焊剂（光敏阻焊剂）的优点是在高压汞灯照射下，只要 2～3 min 就能固化，节约了大量能源，大大提高了生产效率，便于组织自动化生产。另外，其毒性低，减少了环境污染。不足之处是它溶于酒精，能与印制电路板上喷涂的助焊剂中的酒精成分相溶而影响了印制电路板的质量。

4.3　手工焊接技术

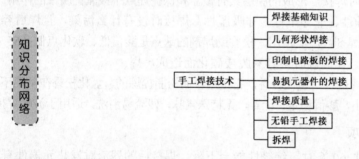

随着电子产品组装设备的快速发展，电子产品的焊接日趋自动化，手工焊接好像失去了存在的意义，但是无论设备如何先进也不能保证每个焊点的焊接质量，因此需要手工焊接进行修整、补焊等工作。另外，研发、产品试制、维修等工作都离不开手工焊接技术。而且手工焊接工艺的好坏直接影响工作质量。手工焊接技术是电子工艺中最基本的一项操作技能。

4.3.1　焊接基础知识

1．电烙铁的握法

使用电烙铁的目的是为了加热被焊件而进行锡焊，绝不能烫伤、损坏导线和元器件，因此必须正确掌握电烙铁的握法。

手工焊接时，电烙铁要拿稳对准，可根据电烙铁的大小、形状和被焊件的要求等不同情况决定电烙铁的握法。电烙铁的握法通常有 3 种，如图 4-24 所示。

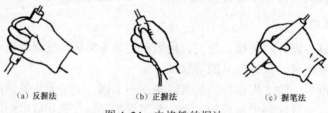

图 4-24　电烙铁的握法

1）反握法

反握法是用五指把电烙铁柄握在手掌内。这种握法在焊接时动作稳定，长时间操作不易疲劳。它适用于大功率的电烙铁和热容量大的被焊件。

2）正握法

正握法是用五指把电烙铁柄握在手掌外。它适用于中功率的电烙铁或烙铁头弯的电烙铁。

3）握笔法

握笔法类似于写字时手拿笔一样，易于掌握，但长时间操作易疲劳，烙铁头会出现抖动现象，因此适用于小功率的电烙铁和热容量小的被焊件。

2．焊锡丝的拿法

手工焊接中一只手握电烙铁，另一只手拿焊锡丝，帮助电烙铁吸取焊料。拿焊锡丝的方法一般有两种：连续锡丝拿法和断续锡丝拿法，如图4-25所示。

（a）连续锡丝拿法　　　　　　　　（b）断续锡丝拿法

图4-25　焊锡丝的拿法

1）连续锡丝拿法

连续锡丝拿法是用拇指和四指握住焊锡丝，另外3个手指配合拇指和食指把焊锡丝连续向前送进。它适用于成卷（筒）焊锡丝的手工焊接。

2）断续锡丝拿法

断续锡丝拿法是用拇指、食指和中指夹住焊锡丝。采用这种拿法，焊锡丝不能连续向前送进。它适用于小段焊锡丝的手工焊接。

3．焊接操作的注意事项

（1）由于焊丝成分中铅占一定比例，众所周知，铅是对人体有害的重金属，因此操作时应戴手套或操作后洗手，避免食入铅。

（2）焊剂加热时挥发出来的化学物质对人体是有害的，如果在操作时人的鼻子距离烙铁头太近，则很容易将有害气体吸入。一般鼻子距烙铁的距离不小于30 cm，通常以40 cm为宜。

（3）使用电烙铁时要配置烙铁架，一般放置在工作台右前方。电烙铁用后一定要稳妥地放于烙铁架上，并注意导线等物体不要碰烙铁头。

4．手工焊接的要求

通常可以看到这样一种焊接操作法，即先用烙铁头沾上一些焊锡，然后将烙铁放到焊点上停留，等待加热后焊锡润湿焊件。应注意，这不是正确的操作方法。虽然这样也可以将焊件焊起来，但却不能保证质量。

当把焊锡熔化到烙铁头上时,焊锡丝中的焊剂附在焊料表面,由于烙铁头温度一般都在 250~350 ℃,所以在电烙铁放到焊点上之前,松香焊剂不断挥发,而当电烙铁放到焊点上时,由于焊件温度低,加热还需一段时间,在此期间焊剂很可能挥发大半甚至完全挥发,因而在润湿过程中会由于缺少焊剂而润湿不良。

同时,由于焊料和焊件的温度差得多,结合层不容易形成,很容易虚焊,而且由于焊剂的保护作用丧失后焊料容易氧化,所以焊接质量也得不到保证。

手工焊接的要求如下。

(1)焊接点要保证良好的导电性能。

虚焊是指焊料与被焊物表面没有形成合金结构,只是简单地依附在被焊金属的表面上,如图 4-26 所示。为使焊点具有良好的导电性能,必须防止虚焊。

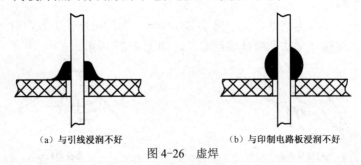

(a)与引线浸润不好　　　　　(b)与印制电路板浸润不好

图 4-26　虚焊

虚焊用仪表测量很难发现,但却会使产品质量大打折扣,以致出现产品质量问题,因此在焊接时应杜绝产生虚焊。

(2)焊接点要有足够的机械强度,以保证被焊件在受到振动或冲击时不至于脱落、松动。为使焊接点有足够的机械强度,一般可采用把被焊元器件的引线端子打弯后再焊接的方法。

为提高焊接强度,引线穿过焊盘后可进行相应的处理,一般采用 3 种方式,如图 4-27 所示。其中图 4-27(a)所示为直插式,这种处理方式的机械强度较小,但拆焊方便;图 4-27(b)所示为打弯处理方式,所弯角度为 45°左右,其焊点具有一定的机械强度;图 4-27(c)所示为完全打弯处理方式,所弯角度为 90°左右,这种形式的焊点具有很高的机械强度,但拆焊比较困难。

(a)直插式　　　　　(b)弯成45°　　　　　(c)弯成90°

图 4-27　引线穿过焊盘后的处理方式

(3)焊点表面要光滑、清洁。

为使焊点表面光滑、清洁、整齐,不但要有熟练的焊接技能,而且还要选择合适的焊料和焊剂。焊点不光洁的表现为焊点出现粗糙、拉尖、棱角等现象。

(4)焊点不能出现搭接、短路现象。

如果两个焊点很近,则很容易造成搭接、短路的现象,因此在焊接和检查时,应特别注意这些地方。

5．一般操作方法

对于一个初学者来说，一开始就掌握正确的手工焊接方法并养成良好的操作习惯是非常重要的。手工焊接的五步操作法如图 4-28 所示。

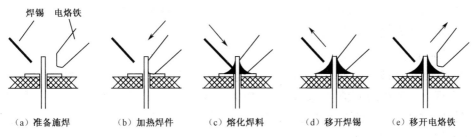

图 4-28　手工焊接的五步操作法

1）准备施焊

将焊接所需材料、工具准备好，如焊锡丝、松香焊剂、电烙铁及其支架等。焊前对烙铁头要进行检查，查看其是否能正常"吃锡"。如果吃锡不好，就要将其锉干净，再通电加热并用松香和焊锡将其镀锡，即预上锡，如图 4-28（a）所示。

2）加热焊件

加热焊件就是将预上锡的电烙铁放在被焊点上，如图 4-28（b）所示，使被焊件的温度上升。烙铁头放在焊点上时应注意，其位置应能同时加热被焊件与铜箔，并要尽可能加大与被焊件的接触面，以缩短加热时间，保护铜箔不被烫坏。

3）熔化焊料

待被焊件加热到一定温度后，将焊锡丝放到被焊件和铜箔的交界面上（注意，不要放到烙铁头上），使焊锡丝熔化并浸湿焊点，如图 4-28（c）所示。

4）移开焊锡

当焊点上的焊锡已将焊点浸湿时，要及时撤离焊锡丝，以保证焊锡不至过多，焊点不出现堆锡现象，从而获得较好的焊点，如图 4-28（d）所示。

5）移开电烙铁

移开焊锡后，待焊锡全部润湿焊点，并且松香焊剂还未完全挥发时，就要及时、迅速地移开电烙铁，电烙铁移开的方向以 45°最为适宜，如图 4-28（e）所示。如果移开的时机、方向、速度掌握不好，则会影响焊点的质量和外观。

完成这五步后，在焊料尚未完全凝固以前，不能移动被焊件之间的位置，因为焊料未凝固时，如果相对位置被改变，就会产生假焊现象。

上述过程对一般焊点而言，大约需要两三秒钟。对于热容量较小的焊点，如印制电路板上的小焊盘，有时用三步法概括操作方法，即将上述步骤（2）、（3）合为一步，（4）、（5）合为一步。实际上细微区分还是五步，所以五步法有普遍性，是掌握手工焊接的基本方法。

> 提示：各步骤之间停留的时间对保证焊接质量至关重要，只有通过实践才能逐步掌握。

6. 焊接的操作要领

1) 焊前准备

(1) 视被焊件的大小,准备好电烙铁、镊子、剪刀、斜口钳、尖嘴钳、焊剂等工具。

(2) 焊前要将元器件引线刮净,最好是先挂锡再焊。对被焊件表面的氧化物、锈斑、油污、灰尘、杂质等要清理干净。

2) 焊剂要适量

焊剂的量要根据被焊面积的大小和表面状态适量施用。用量过少会影响焊接质量,过多会造成焊后焊点周围出现残渣,使印制电路板的绝缘性能下降,同时还可能造成对元器件和印制电路板的腐蚀。合适的焊剂量标准是既能润湿被焊物的引线和焊盘,又不让焊剂流到引线插孔中或焊点的周围。

3) 焊接的温度和时间要掌握好

在焊接时,为使被焊件达到适当的温度,并使固体焊料迅速熔化润湿,就要有足够的热量和温度。如果温度过低,焊锡流动性差,则很容易凝固,形成虚焊;如果温度过高,则将使焊锡流淌,焊点不易存锡,焊剂分解速度加快,使金属表面加速氧化,并导致印制电路板上的焊盘脱落。

特别值得注意的是,当使用天然松香焊剂且锡焊温度过高时,很容易使锡焊的时间随被焊件的形状、大小不同而有所差别,但总的原则是看被焊件是否完全被焊料所润湿(焊料的扩散范围达到要求后)。通常情况下,烙铁头与焊点的接触时间以使焊点光亮、圆滑为宜。如果焊点不亮并形成粗糙面,则说明温度不够,时间太短,此时需要提高焊接温度,只要将烙铁头继续放在焊点上多停留些时间即可。

4) 焊料的施加方法

焊料的施加方法可根据焊点的大小及被焊件的多少而定,如图4-29(a)所示。

当引线焊接于接线柱上时,首先将烙铁头放在接线端子和引线上,当被焊件经过加热达到一定温度时,先给烙铁头以少量焊料,使烙铁头的热量尽快传到焊件上,当所有的被焊件温度都达到了焊料熔化温度时,应立即将焊料从烙铁头向其他需焊接的部位延伸,直到距电烙铁加热部位最远的地方,并等到焊料润湿整个焊点。一旦润湿达到要求,要立即撤掉焊锡丝,以避免造成堆焊。

如果焊点较小,则最好使用焊锡丝,应先将烙铁头放在焊盘与元器件引脚的交界面上,同时对两者加热。当达到一定温度时,将焊锡丝点到焊盘与引脚上,使焊锡熔化并润湿焊盘与引脚。当刚好润湿整个焊点时,及时撤离焊锡丝和电烙铁,以焊出光洁的焊点(这个过程应该在实际操作中慢慢体会)。焊接时应注意电烙铁的位置,如图4-29(b)所示。

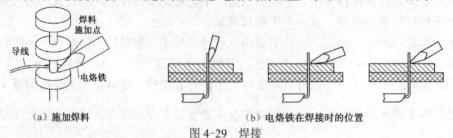

(a) 施加焊料　　　　　　　　　　(b) 电烙铁在焊接时的位置

图4-29 焊接

如果没有焊锡丝,且焊点较小,则可用电烙铁头蘸适量焊料,再蘸松香后,直接放于焊点处,待焊点附着焊锡并润湿后便可将电烙铁撤走。撤电烙铁时,要从下面向上提拉,以使焊点光亮、饱满。要注意把握时间,如时间稍长,焊剂就会分解,焊料就会被氧化,将使焊接质量下降。

如果电烙铁的温度较高,则所蘸的焊剂很容易分解挥发,就会造成焊接焊点时焊剂不足。解决的办法是将印制电路板焊接面朝上放在桌面上,用镊子夹一小粒松香焊剂(一般芝麻粒大小即可)放到焊盘上,再用烙铁头蘸上焊料进行焊接,这样就比较容易焊出高质量的焊点。

5)焊接时被焊件要扶稳

在焊接过程中,特别是在焊锡凝固过程中不能晃动被焊元器件的引线,否则将造成虚焊。

6)撤离电烙铁的方法

掌握好电烙铁的撤离方向,可带走多余的焊料,从而能控制焊点的形成。为此,合理地利用电烙铁的撤离方向,可以提高焊点的质量。

不同的电烙铁的撤离方法,产生的效果也不一样。图4-30(a)所示是烙铁头与轴向成45°角(斜上方)撤离,此种方法能使焊点成形美观、圆滑,是较好的撤离方式;图4-30(b)所示是烙铁头垂直向上撤离,此种方法容易造成焊点的拉尖及毛刺现象。

图4-30(c)所示是烙铁头以水平方向撤离,此种方法将使烙铁头带走很多的焊锡,将造成焊点焊料量不足;图4-30(d)所示是烙铁头垂直向下撤离,烙铁头将带走大部分焊料,使焊点无法形成,常常用于在印制电路板面上淌锡;图4-30(e)所示是烙铁头垂直向上撤离,烙铁头带走少量焊锡,将影响焊点的正常形成。

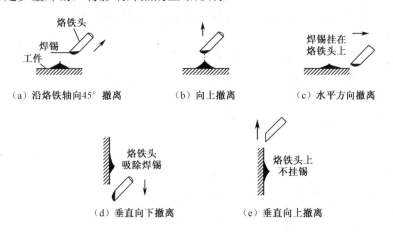

图4-30 电烙铁的撤离方法

7)焊点的重焊

当焊点一次焊接不成功或上锡量不够时,要重新焊接。重新焊接时,必须等上次的焊锡一同熔化并融为一体时,才能把电烙铁移开。

8)焊接后的处理

在焊接结束后,应将焊点周围的焊剂清洗干净,并检查电路有无漏焊、错焊、虚焊等现象。用镊子将每个元器件拉一拉,看有无松动现象。

掌握原则和要领对正确操作是必要的，但仅仅依照这些原则和要领并不能解决实际操作中的各种问题。具体工艺步骤和实际经验是不可缺少的。借鉴他人的经验、遵循成熟的工艺是初学者掌握好焊接技术的必由之路。

4.3.2 几何形状焊接

几何形状焊接对于初学者来说是一项有效的焊接练习方式，一般采用铜质单芯导线作为焊接对象。可以充分发挥想象力，任意焊接各种形状，如图 4-31 所示。此项练习可以使学习者充分体会锡焊机理，为电路板焊接、导线焊接打下基础。

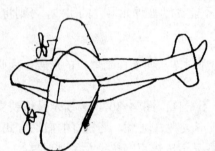

图 4-31 几何形状焊接

几何形状焊接的主要步骤如下。

（1）自己设计形状。如果针对学生，则一般可以先由教师给定形状。

（2）准备焊接材料。一般采用铜质硬导线，以直径为 0.5～0.8 mm 为宜。如果导线表面有绝缘漆或已经氧化，则应该先去除绝缘层或氧化层，可以采用砂纸打磨导线需要焊接的部位，此部位完全光亮为宜。

（3）对处理好的导线端头镀锡。简单有效的镀锡方法就是将待镀锡端放在焊锡与松香的混合物上，用电烙铁对其加热，使焊锡均匀地附着在导线端部。镀完锡的导线端头应具有光亮、焊锡均匀、镀层薄等特点。

（4）将处理好的导线按照设定形状焊接在一起。

> 提示：
> （1）焊接过程中应该尽量借用镊子、钳子等工具对导线进行夹持，避免烫伤。
> （2）焊接时应使每个接点的所有焊锡完全融合在一起。
> （3）注意体会合格焊点与不合格焊点的区别，如图 4-32 所示。
>
>
>
> （a）合格焊点　　　　　　　　（b）不合格焊点
>
> 图 4-32 焊点

4.3.3 印制电路板的焊接

印制电路板的装焊在整个电子产品的制造中处于核心地位,可以说,一个整机产品的"精华"部分都在印制电路板上,其质量对整机产品的影响是不言而喻的。尽管在现代生产中印制电路板的装焊已经日臻完善,实现了自动化,但在产品研制、维修领域主要还是手工操作,且手工操作经验也是自动化获得成功的基础。

1. 焊接前的准备

(1) 焊接前要将被焊元器件的引线进行清洁和预镀锡。

(2) 清洁印制电路板的表面,主要是去除氧化层、检查焊盘和印制导线是否有缺陷和短路点等不足。同时还要检查电烙铁能否吃锡,如果吃锡不良,则应进行去除氧化层和预镀锡工作。

(3) 熟悉相关印制电路板的装配图,并按图纸检查所有元器件的型号、规格及数量是否符合图纸的要求。

2. 装焊顺序

元器件的装焊顺序原则是先低后高、先轻后重、先耐热后不耐热。一般的装焊顺序依次是电阻器、电容器、二极管、三极管、集成电路、大功率管等。

3. 常见元器件的焊接

1) 电阻器的焊接

按图纸要求将电阻器插入规定位置,插入孔位时要注意,字符标注的电阻器的标称字符要向上(卧式)或向外(立式),色环电阻器的色环顺序应朝一个方向,以方便读取。插装时可按图纸标号顺序依次装入,也可按单元电路装入,依具体情况而定。然后就可对电阻器进行焊接了。

2) 电容器的焊接

将电容器按图纸要求装入规定位置,并注意有极性电容器的正负极不能接错,电容器上的标称值要容易看见。可先装玻璃釉电容器、金属膜电容器、瓷介电容器,最后装电解电容器。

3) 二极管的焊接

将二极管辨认正负极后按要求装入规定位置,型号及标记要向上或朝外。对于立式安装的二极管,其最短的引线焊接时间不要超过 2 s,以避免温升过高而损坏二极管。

4) 三极管的焊接

按要求将 E、B、C 3 个引脚插入相应孔位,焊接时应尽量缩短焊接时间,并可用镊子夹住引脚,以帮助散热。焊接大功率三极管,若需要加装散热片时,应将散热片的接触面加以平整,打磨光滑,涂上硅脂后再紧固,以加大接触面积。要注意,有的散热片与管壳间需要加垫绝缘薄膜片。引脚与印制电路板上的焊点需要进行导线连接时,应尽量采用绝缘导线。

5）集成电路的焊接

将集成电路按照要求装入印制电路板的相应位置，并按图纸要求进一步检查集成电路的型号、引脚位置是否符合要求，确保无误后便可进行焊接。焊接时应先焊接 4 个角的引脚，使之固定，然后再依次逐个焊接其他引脚。

4．导线的焊接

导线的焊接在电子产品装配中占有重要的位置。实践中发现，在出现故障的电子产品中，导线焊点的失效率高于印制电路板，所以有必要对导线的焊接工艺给予特别的重视。

预焊在导线的焊接中是关键的步骤，尤其是多股导线，如果没有预焊的处理，则焊接质量很难保证。导线的预焊又称为挂锡，其方法与元器件的引线预焊方法一样，需要注意的是，导线挂锡时要一边镀锡一边旋转。多股导线的挂锡要防止"烛芯效应"，即焊锡浸入绝缘层内，造成软线变硬，这容易导致接头故障，如图 4-33 所示。

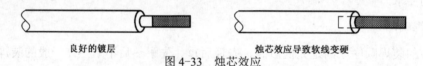

图 4-33 烛芯效应

导线的焊接方法因焊接点的连接方式而定，通常有 3 种基本方式：绕焊、钩焊和搭焊，如图 4-34 所示。

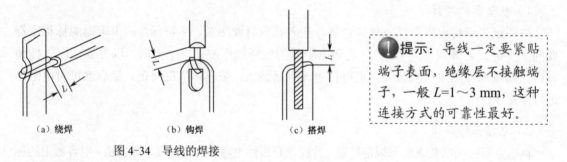

（a）绕焊　　　　（b）钩焊　　　　（c）搭焊

图 4-34 导线的焊接

提示：导线一定要紧贴端子表面，绝缘层不接触端子，一般 $L=1\sim3$ mm，这种连接方式的可靠性最好。

1）绕焊

绕焊是将被焊元器件的引线或导线等线头绕在被焊件接点的金属件上，然后进行焊接，以增加焊接点的强度，如图 4-34（a）所示。

2）钩焊

钩焊是将导线弯成钩形，钩在接线点的眼孔内，使引线不脱落，然后施焊，如图 4-34（b）所示。钩焊的强度不如绕焊，但操作简便，易于拆焊。

3）搭焊

搭焊是把经过镀锡的导线或元器件引线搭接在焊点上，再进行焊接，如图 4-34（c）所示。搭与焊是同时进行的，因此无绕头工艺。这种连接方法最简便，但强度与可靠性最差，仅用于临时连接或焊接要求不高的产品。

5.焊接注意事项

焊接印制电路板时，除应遵循锡焊要领外，还要注意以下几点。

（1）电烙铁。一般应选内热式 20～35 W 或调温式电烙铁，电烙铁的温度以不超过 300 ℃ 为宜。烙铁头的形状应根据印制电路板焊盘的大小而采用凿形或锥形。目前，印制电路板的发展趋势是小型密集化，因此一般常用小型圆锥烙铁头。

（2）加热方法。加热时应尽量使烙铁头同时接触印制电路板上的铜箔和元器件引线。对于较大的焊盘（直径大于 5 mm），焊接时可移动烙铁，即电烙铁绕焊盘转动，以免长时间停留于一点，导致局部过热，如图 4-35 所示。

（3）金属化孔的焊接。两层以上印制电路板的孔都要进行金属化处理。焊接时不仅要让焊料润湿焊盘，而且孔内也要润湿填充，如图 4-36 所示。因此，金属化孔的加热时间长于单层面板。

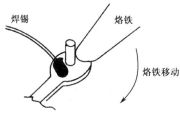

图 4-35　大焊盘电烙铁的焊接　　　　图 4-36　金属化孔的焊接

（4）焊接时不要用烙铁头摩擦焊盘的方法增强焊料的润湿性能，而要靠表面清理和预焊。

4.3.4　易损元器件的焊接

1．铸塑元器件的焊接

各种有机材料，包括有机玻璃、聚氯乙烯、聚乙烯、酚醛树脂等材料，现在已被广泛用于电子元器件的制造，如各种开关、插接件等。这些元器件都是采用热铸塑方式制成的，它们的最大弱点就是不能承受高温。

当对铸塑在有机材料中的导体的接点施焊时，如不注意控制加热时间，极容易造成塑性变形，导致元器件失效或降低性能，造成隐性故障。因此，这类元器件在焊接时必须注意以下几点。

（1）在元器件预处理时，尽量清理好接点，一次镀锡成功，不要反复镀锡，尤其将元器件在锡锅中浸镀时，更要掌握好浸入深度及时间。

（2）焊接时，烙铁头要修整得尖一些，焊接一个接点时不能碰触相邻接点。

（3）镀锡及焊接时，加助焊剂量要少，防止侵入电接触点。

（4）烙铁头在任何方向均不要对接线片施加压力。

（5）焊接时间在保证润湿的情况下越短越好。实际操作时，在焊件预焊良好的情况下只需用挂上锡的烙铁头轻轻一点即可。焊后不要在塑壳未冷前对焊点作牢固性试验。

2．瓷片电容器、中周、发光二极管等元器件的焊接

这类元器件的共同弱点是加热时间过长就会失效，其中瓷片电容器、中周等元器件

是内部接点开焊，发光二极管则是管芯损坏。焊接前一定要处理好焊点，施焊时强调一个"快"字。采用辅助散热措施（如图 4-37 所示）可避免过热失效。

3．FET 及集成电路的焊接

MOS 场效应管或 CMOS 工艺的集成电路在焊接时要注意防止元器件内部因静电击穿而失效。一般可以利用电烙铁断电后的余热焊接，操作者必须戴防静电手套，在防静电接地系统良好的环境下焊接，有条件者可选用防静电焊台。

集成电路价格高，内部电路密集，要防止过热损坏，一般温度应控制在 200 ℃以下。

4.3.5　焊接质量

焊接是电子产品制造中最主要的一个环节，在焊接结束后，为保证焊接质量，都要进行质量检查。由于焊接检查与其他生产工序不同，没有一种机械化、自动化的检查测量方法，因此主要是通过目视检查和手触检查来发现问题。一个虚焊点就能造成整台仪器的失灵，要在一台有成千上万个焊点的设备中找出虚焊点来是很困难的。

1．焊点缺陷及质量分析

1）桥接

桥接是指焊料将印制电路板中相邻的印制导线及焊盘连接起来的现象。明显的桥接较易发现，但细小的桥接用目视法是较难发现的，往往要通过仪器的检测才能暴露出来。

明显的桥接是由于焊料过多或焊接技术不良造成的。当焊接的时间过长使焊料的温度过高时，将使焊料流动而与相邻的印制导线相连。电烙铁离开焊点的角度过小也容易造成桥接。

对于毛细状的桥接，可能是由于印制电路板的印制导线有毛刺或有残余的金属丝等，在焊接过程中起到了连接的作用而造成的，如图 4-38 所示。

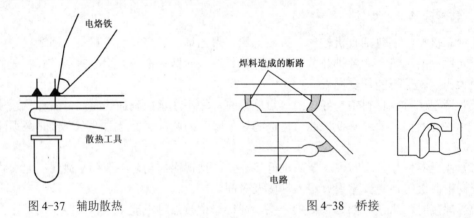

图 4-37　辅助散热　　　　　图 4-38　桥接

处理桥接的方法是将电烙铁上的焊料抖掉，再将桥接的多余焊料带走，断开短路部分。

2）拉尖

拉尖是指焊点上有焊料尖产生，如图 4-39 所示。焊接时间过长，焊剂分解挥发过多，使焊料黏性增加，当电烙铁离开焊点时就容易产生拉尖现象。电烙铁撤离方向不当，也可产生焊料拉尖。对于拉尖，最根本的避免方法是提高焊接技能，控制焊接时间。对于已造成拉

项目4 手工焊接

图 4-39 拉尖

尖的焊点，应进行重焊。

焊料拉尖如果超过了允许的引出长度，则将造成绝缘距离变小，尤其是对高压电路，将造成打火现象。因此，对这种缺陷要加以修整。

3）堆焊

堆焊是指焊点的焊料过多，外形轮廓不清，甚至根本看不出焊点的形状，而焊料又没有布满被焊物的引线和焊盘，如图 4-40 所示。

造成堆焊的原因是焊料过多，或者焊料的温度过低，焊料没有完全熔化，焊点加热不均匀，以及焊盘、引线不能润湿等。

避免堆焊形成的办法是彻底清洁焊盘和引线，适量控制焊料，增加助焊剂，或提高电烙铁功率。

4）空洞

空洞是由于焊盘的穿线孔太大、焊料不足，致使焊料没有全部填满印制电路板插件孔而形成的。除上述原因以外，如印制电路板焊盘开孔位置偏离了焊盘中点，或孔径过大，或孔周围的焊盘氧化、脏污、预处理不良，也将造成空洞现象，如图 4-41 所示。出现空洞后，应根据空洞出现的原因分别予以处理。

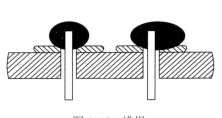 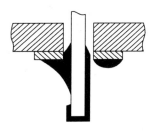

图 4-40 堆焊　　　　　　　图 4-41 空洞

5）浮焊

浮焊的焊点没有正常焊点的光泽和圆滑，而是呈白色细粒状，表面凹凸不平。造成浮焊的原因是电烙铁温度不够，或焊接时间太短，或焊料中杂质太多。浮焊的焊点机械强度较弱，焊料容易脱落。出现该种焊点时，应进行重焊，重焊时应提高电烙铁温度，或延长电烙铁在焊点上的停留时间，也可更换熔点低的焊料重新焊接。

6）虚焊

虚焊（假焊）是指焊锡简单地依附在被焊物的表面上，没有与被焊接的金属紧密结合形成金属合金。从外形上看，虚焊的焊点几乎是焊接良好，但实际上松动，或电阻很大甚至没有连接。由于虚焊是较易出现的故障，且不易被发现，因此要严格焊接程序，提高焊接技能，尽量减少虚焊的出现。

造成虚焊的原因：一是焊盘、元器件引线上有氧化层、油污和污物，在焊接时没有被清洁或清洁不彻底而造成焊锡与被焊物的隔离，因而产生虚焊；二是由于在焊接时焊点上的温度较低，热量不够，使助焊剂未能充分发挥，致使被焊面上形成一层松香薄膜，造成焊料的润湿不良，便会出现虚焊，如图 4-42 所示。

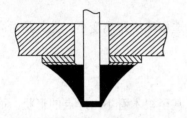
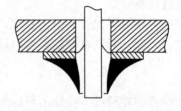

图 4-42　虚焊

7）焊料裂纹

焊点上焊料产生裂纹，主要是由于在焊料凝固时，移动了元器件引线位置而造成的。

8）铜箔翘起、焊盘脱落

铜箔从印制电路板上翘起，甚至脱落，如图 4-43 所示。其主要原因是焊接温度过高，焊接时间过长。另外，维修过程中拆除和重插元器件时，由于操作不当，也会造成焊盘脱落。有时元器件过重而没有固定好，不断晃动也会造成焊盘脱落。

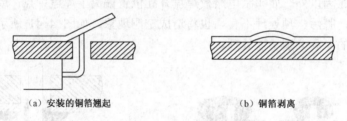

（a）安装的铜箔翘起　　　　　　　　　（b）铜箔剥离

图 4-43　铜箔翘起和铜箔剥离现象

从以上焊接缺陷产生原因的分析中可知，焊接质量的提高要从两个方面着手。

（1）要熟练地掌握焊接技能，准确地掌握焊接温度和焊接时间，使用适量的焊料和焊剂，认真对待焊接过程中的每一个步骤。

（2）要保证被焊物表面的可焊性，必要时采取涂敷、浸锡等措施。

2. 目视检查

目视检查（可借助放大镜、显微镜观察）就是从外观上检查焊接质量是否合格，也就是从外观上评价焊点有什么缺陷。目视检查主要有以下内容。

（1）是否有漏焊（漏焊是指应该焊接的焊点没有焊上）。

（2）焊点的光泽好不好。

（3）焊点的焊料足不足。

（4）焊点周围是否有残留的焊剂。

（5）有没有连焊。
（6）焊盘有没有脱落。
（7）焊点有没有裂纹。
（8）焊点是不是凹凸不平。
（9）焊点是否有拉尖现象。

图4-44所示为正确的焊点形状，其中图（a）所示为直插式的焊点形状，图（b）所示为半打弯式的焊点形状。

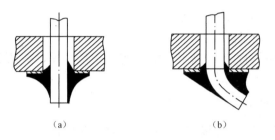

图 4-44　正确的焊点形状

3．手触检查

手触检查主要有以下内容。
（1）用手指触摸元器件，看有无松动、焊接不牢的现象。
（2）用镊子夹住元器件引线轻轻拉动时，有无松动现象。
（3）焊点在摇动时，上面的焊锡是否有脱落现象。

4．通电检查

通电检查必须在外观检查及连线检查无误后才可进行，它是检验电路性能的关键步骤。如果不经过严格的外观检查，则通电检查不仅困难较多，而且有损坏设备仪器、造成安全事故的危险。例如，电源连线虚焊，那么通电时就会发现设备加不上电，当然也就无法检查等。

通电检查可以发现许多微小的缺陷（如用目测观察不到的电路桥接），但对于内部虚焊的隐患就不容易觉察。所以根本的问题还是要提高焊接操作的技术水平，不把问题留给检查工作。

图4-45所示为通电检查时可能存在的故障与焊接缺陷的关系，可供参考。

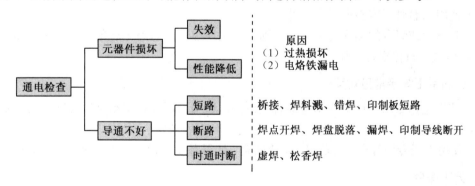

图 4-45　通电检查及分析

4.3.6 无铅手工焊接

无铅手工焊接技术与普通焊接技术的操作过程基本相同,都是通过烙铁头传热,熔化焊锡,来使焊接件(电子元器件等)与焊盘(被焊件)连接接合的。以前的焊锡是锡铅合金,如 63/37(锡 63%,铅 37%),熔点为 183 ℃。因铅对环境的有毒性,ROHS 等法规规定电子产品中禁用,所以出现了替代的无铅焊锡。有关无铅焊锡在前面已有介绍,它相对有铅焊锡的特点是:

(1)熔点升高约 34~44 ℃;

(2)焊锡中锡含量增加了;

(3)上锡能力差(可焊性差),无铅焊锡的焊锡扩散性差,扩散面积差不多是共晶焊锡的 1/3。

1. 手工焊接温度公式

焊接作业最适合的温度是"焊锡熔点+50 ℃"。烙铁头的设定温度,由于焊接部分的大小、电烙铁的功率和性能、焊锡的种类和线型的不同,所以在上述温度的基础上还要增加 X ℃(通常为 100 ℃)为宜,即"烙铁头温度=焊锡熔点+50+X(损耗)",举例如下。

有铅焊锡 63/37 常用焊接温度为:

$$183+50+100=333 ℃(左右)$$

无铅锡铜常用焊接温度为:

$$227+50+100=377 ℃$$

因为不同产品的焊点大小、不同焊锡、不同环境及操作习惯等影响,此处 X 变化很大,所以焊接温度有从 350~450 ℃ 的变化情况。

2. 烙铁头损耗原理

烙铁头的尖端结构大致为铜—镀铁层—镀锡层,焊接时,在加热的情况下,镀铁层会与焊锡中的锡之间发生物理化学反应,使得铁被溶解腐蚀掉,而且这个过程随着温度升高而加速。所以,无铅焊接时,因为焊接温度普遍升高,同时焊锡中的锡含量也大幅度增加,所以烙铁头的寿命急剧减少。

3. 无铅手工焊接常见问题

(1)使用高温时,容易损坏元器件。

(2)若烙铁或焊台的热回复性不好,则容易出现虚焊、假焊等现象,不良率增加。

(3)烙铁头氧化损耗增加。

4. 无铅手工焊接常见对策

(1)使用无铅专用烙铁头(本身镀有无铅锡,适当增厚镀铁层来延缓腐蚀,延长寿命,同时不影响导热)。

(2)使用无铅专用焊台(大功率、快速回温,使得温度更稳定,并能使用低温进行焊接)。

5. 无铅焊台

由焊接原理可知,焊接工艺是靠热量的传递来完成的。所以,无铅焊接时需要加热体有更好的供热效率，这就要求焊台或烙铁有更大的功率和更快的热回复性。实践证明，市面上常用的无铅焊台的功率均在 90 W 以上，比起 60 W 的焊台或单支烙铁，热效率及热回复性都增加了很多，所以在焊接相同产品时，所需的焊接温度会低 10～30 ℃，而且更稳定。这样再配上特制的无铅烙铁头，烙铁头的损耗也将大大减少。在成本降低的同时，产品品质也得到了保障。

4.3.7　SMT 手工焊接

前面介绍了通孔安装（THT）手工焊接技术，但随着电子技术的飞速发展，表面贴装技术（SMT）已成为电路板组装的主流，因此 SMT 手工焊接技术必须要掌握。表面贴装一般分为 2～4 个管脚的元器件和 4 个以上管脚元器件两种情况的焊接。

1．点焊

对于只有 2～4 个管脚的元件，如电阻、电容、二极管、三极管等，先在 PCB 板上其中一个焊盘上镀点锡，然后左手用镊子夹持元件放到安装位置并按住电路板，右手用烙铁将已镀锡焊盘上的引脚焊好。元件焊上一只脚后已不会移动，左手镊子可以松开，改用锡丝将其余的脚焊好。

1）两端元件焊接标准

（1）合格：①元件的两端焊接情形良好。②焊锡的外观呈内凹弧面的形状。如图 4-46 所示。

图 4-46　合格焊点

（2）不合格：①可焊端末端偏移超出焊盘。②元件侧件、翻件、立件等不良。③元件偏移 A>0.2 W 或 P（选其中较小者）。④元件有拉锡尖，高度不可超过 0.3 mm，如图 4-47 所示。

2）SOT 元件焊接标准

（1）合格：①元件脚放置于焊盘中央；②元件脚沾锡良好；③元件脚的表面洁净光亮；④元件脚平贴于焊盘上；⑤焊锡在元件脚上呈平滑的弧面，如图 4-48 所示。

（2）不合格：①焊锡的外观有断裂情况；②元件有短路情况；③元件有锡薄，或空焊；④锡满触及元件本体；⑤元件脚偏移 A>0.2 元件脚宽 W；如图 4-49 所示。

对于引脚较多但间距较宽的贴片元件（如许多 SO 型封装的 IC，脚的数目在 6～20 之间，脚间距在 1.27 mm 左右）也是采用类似的方法，先在一个焊盘上镀锡，然后左手用镊子夹持元件将一只脚焊好，再用锡丝焊其余的脚。

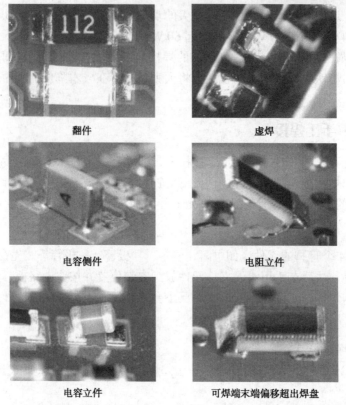

翻件　　　　　　　　　　　虚焊

电容侧件　　　　　　　　　电阻立件

电容立件　　　　　　　　　可焊端末端偏移超出焊盘

图4-47　不合格焊点

2. 拉焊

拉焊（或者叫拖焊）一般使用在管脚多且密集的元件，无论表面贴装器件或者直插器件都适合（直插器件最好是脚间距小于2.54 mm的器件）。操作流程如图4-50所示。

  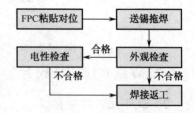

图4-48　合格焊点　　　图4-49　不合格焊点　　　图4-50　拉焊操作过程

下面以管脚间距较密集的QFP封装芯片（如图4-51所示）为例来说明。

首先对原件进行定位。在PCB板上和芯片角上的一个管脚上点一点焊锡，再将芯片与焊盘位置摆正，将管脚上的一点焊锡融化，再次微调芯片位置并摆正，再焊接芯片固定点对角的管脚以固定芯片，然后就可以实施拉焊。

拉焊是利用融化的锡球表面张力将多余的焊锡带走，这样焊接出来的芯片表面光洁美观、管脚牢固。

项目 4　手工焊接

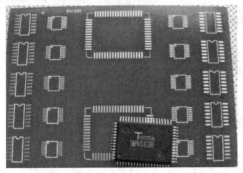

图 4-51　芯片对位放置

拉焊时最好将板卡在拉焊方向上倾斜放置（15～30°左右），这样除了焊锡的表面张力外，增加了一个重力的吸引，可以减小管脚连焊的几率。

将烙铁放在板卡一边倾斜的上半部分，然后送锡，当焊锡达到一定的量后（一个小小的椭圆锡球），烙铁沿倾斜面下拉，同时锡丝跟着一起往下。因为随着锡球的往下拉动不断消耗用锡，焊锡丝随着拉动不断补充被消耗的锡。当拉焊到达底部时，首先撤离焊锡丝，将锡球拖到没有焊盘的位置，烙铁轻轻地抬起，最好利用烙铁与锡球形成的表面张力直接将锡球带走，若不能带走锡球，将烙铁头在湿海绵上擦拭干净后分多次清理干净锡球。这样就完成了芯片一边管脚的拉焊，其他几个边用同样的方法完成。

拉焊虽然有种种优点，但是对于新手而言还是存在一个小小的瑕疵，那就是连焊问题，连焊问题其实也是一个小问题，看看我们是怎么解决的：第一，将烙铁头在湿海绵上擦拭干净后沿管脚方向轻轻拖动，将多余的焊锡带走；第二，过连焊部分的焊锡已经被氧化，这时很难清理干净，我们可以加一些新的焊锡丝（焊锡丝中含有助焊剂及还原剂等添加剂），再次沿管脚方向拖动；第三，对于超密集管腿实在没有办法断开的连线，我们可以利用"吸取线"的吸取功能吸走多余的焊锡从而解决连焊问题。

吸取线是由很多细如发丝的铜线糅合而成的多股铜线，将吸取线平置在连焊的管脚处，然后用烙铁加热，利用毛细现象就会吸走多余的焊锡。

（1）芯片焊接合格的标准包括以下几方面：

① 元件脚沾锡良好。

② 元件脚的表面洁净光亮。

③ 焊锡在元件脚上呈平滑的下抛物线形。

④ 元件脚前端上锡满足 1/2 元件脚的厚度。

（2）芯片焊接常见缺陷有：

① 焊锡的外观有断裂的情况；

② 元件有短路的情况；

③ 元件脚有锡过多、锡薄、空焊等不良，如图 4-52 所示。

4.3.8　拆焊

在调试和维修中常需要更换一些元器件，如果方法不得当，就会破坏印制电路板，也会使换下而并未失效的元器件无法重新使用。

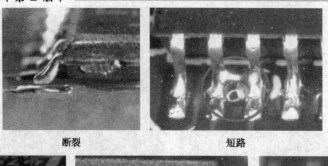

  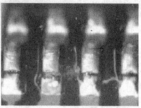

锡过多、锡薄、空焊　　　　　　引脚空焊　　　　　　　　少锡

图 4-52　不合格焊点

一般，像电阻器、电容器、晶体管等引脚不多，且每个引线可相对活动的元器件可用电烙铁直接拆焊。如图 4-53 所示，将印制电路板竖起来夹住，一边用电烙铁加热待拆元器件的焊点，一边用镊子或尖嘴钳夹住元器件引线将其轻轻拉出。

重新焊接时，须先用锥子将焊孔在加热熔化焊锡的情况下扎通。需要指出的是，这种方法不宜在一个焊点上多次使用，因为印制导线和焊盘经反复加热后很容易脱落，造成印制电路板损坏。

当需要拆下焊点较多且引线较硬的元器件时，以上方法就不可行了。为此，下面介绍几种拆焊方法。

1. 医用空心针拆焊

将医用空心针头用钢挫挫平，作为拆焊的工具，具体方法是：一边用电烙铁熔化焊点，一边把针头套在被焊的元器件引线上，直至焊点熔化后，将针头迅速插入印制电路板的孔内，使元器件的引线与印制电路板的焊盘脱开，如图 4-54 所示。这种方法适合于对拆焊质量要求不高的情况，如果空心针使用不当容易伤害电路板及焊盘。常见空心针如图 4-55 所示。

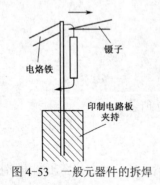

图 4-53　一般元器件的拆焊　　　　　　图 4-54　空心针拆焊

2. 手动吸锡器拆焊

将被拆的焊点加热，使焊料熔化，再把手动吸锡器按下，将吸嘴对准熔化的焊料，然后松开吸锡器，焊料就被吸进吸锡器内。图 4-56 所示为使用手动吸锡器的拆焊过程。

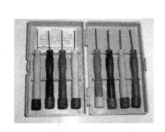

图 4-55 空心针

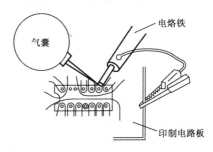

图 4-56 手动吸锡器拆焊

3. 吸锡带拆焊

吸锡带是一种利用毛细管作用能吸取熔融焊料的金属丝编织带，用于除锡时吸取多余的焊锡，方法是把电烙铁放在吸锡带上加热焊点，待焊点上的焊锡熔化后，就被吸锡带吸走，使焊脚及焊盘上的焊锡被吸得干干净净，如图 4-57 所示。如焊点上的焊料一次没有被吸完，则可进行第二次、第三次，直至吸完。吸锡带吸满焊料后，就不能再用，需要把已吸满焊料的部分剪去。

图 4-57 吸锡带的使用方法

4. 吸锡电烙铁拆焊

吸锡电烙铁是一种专用于拆焊的电烙铁，它能在对焊点加热的同时，把锡吸入内腔，从而完成拆焊。

拆焊是一项细致的工作，不能马虎从事，否则将造成元器件的损坏和印制导线的断裂及焊盘的脱落等损失。为保证拆焊的顺利进行，应注意以下两点。

（1）烙铁头加热被拆焊点，焊料熔化时就应及时按垂直印制电路板的方向拔出元器件的引线。不管元器件的安装位置如何、是否容易取出，都不要强拉或扭转元器件，以避免损伤印制电路板和其他元器件。

（2）在插装新元器件之前，必须把焊盘插线孔内的焊料清除干净，否则在插装新元器件引线时，将造成印制电路板的焊盘翘起。

清除焊盘插线孔内焊料的方法是：用合适的缝衣针或元器件的引线从印制电路板的非焊

盘面插入孔内，然后用电烙铁对准焊盘插线孔加热，待焊料熔化时，缝衣针从孔中穿出，从而清除了孔内焊料。

5. 热风拆焊器

热风拆焊器是维修电子设备的重要工具之一，主要由气泵、气流稳定器、线性电路板、手柄、外壳等基本组件构成。其主要作用是拆焊小型贴片元件和贴片集成电路。性能较好的热风拆焊器采用原装气泵，具有噪声小、气流稳定的特点，而且风流量较大，一般为27 L/min；手柄组件采用除静电材料制造成，可以有效地防止静电干扰。正确使用热风拆焊器可提高维修效率，如果使用不当，会将电路板损坏。热风拆焊器如图4-58所示。

图 4-58　热风拆焊器

1）操作步骤

（1）选择好与需要起拔原件比较匹配的起拔工具；

（2）选择与集成电路块尺寸相配合的喷嘴；

（3）松开喷嘴螺丝，装置喷嘴，装好后适当紧固螺丝；

（4）将电源插头连接电源，打开电源开关；

（5）打开电源开关后，自动喷气功能开始通过发热管输送空气，但排出的空气还属于凉风；

（6）气流温控调节，温度设置在300 ℃～350 ℃之间，气流要根据喷嘴的种类来设置，一般常用的是单喷嘴，所以操作时一般设置在1～5挡之间。

（7）用喷嘴对准需要融化焊剂部分，使焊剂部分受热，待焊剂融化后用钢线或镊子将集成IC移开，操作完成；

（8）使用完毕以后，将温度调节器调到最低温度并关闭，将气流调节器调到最大，加快散热速度。

2）拆焊方法

（1）吹焊小贴片元件的方法：小贴片元件主要包括片状电阻、片状电容、片状电感及片状晶体管等。对于这些小型元件，一般使用热风拆焊器进行吹焊。吹焊时一定要掌握好风量、风速和气流的方向。如果操作不当，不但会将小元件吹跑，而且还会损坏大的元器件。吹焊小贴片元件一般采用小嘴喷头，热风拆焊器的温度调至2～3挡，风速调至1～2挡。待温度和气流稳定后，便可进行拆焊操作，用手指钳夹住小贴片元件，使热风拆焊器的喷头离欲拆卸的元件2～3 cm，并保持垂直，在元件的上方向均匀加热，待元件周围的焊锡熔化后，用手指钳将其取下。如果焊接小元件，要将元件放正，若焊点上的锡不足，可用烙铁在焊点上加注适量的焊锡，焊接方法与拆卸方法一样，只要注意温度与气流方向即可。

（2）拆焊贴片集成电路的方法：用热风拆焊器拆焊贴片集成电路时，首先应在芯片的表面涂放适量的助焊剂，这样既可防止干吹，又能帮助芯片底部的焊点均匀熔化。由于贴片集成电路的体积相对较大，在拆焊时可采用大嘴喷头，热风枪的温度可调至3～4挡，风量可调至2～3挡，风枪的喷头离芯片2.5 cm左右为宜。拆焊时应在芯片上方均匀加热，直到芯片底部的锡珠完全熔解，此时应用手指钳将整个芯片取下。需要说明的是，在拆焊此类芯片时，一定要注意是否影响周边元件。另外芯片取下后，电路板会残留余锡，可用烙铁将余锡清除。若焊接芯片，应将芯片与电路板相应位置对齐，焊接方法与拆卸方法相同。

3）注意事项

（1）装置喷嘴必须在发热丝冷却状态时安装，勿使劲紧栓螺丝；

（2）发热管内装有石英玻璃，请不要重震或掉落手柄；

（3）严禁非专业人员对设备进行调试；

（4）设备工作时请不要用手或身体其他部位去触摸或者靠近出风口或者发热管外套，以免烫伤；

（5）使用完后应当关闭电源开关，拔掉电源插头。

（6）热风枪的喷头要垂直焊接面，距离要适中；热风枪的温度和气流要适当；拆焊电路板时，应将备用电池取下，以免电池受热而爆炸；拆焊结束时，应及时关闭热风枪电源，以免手柄长期处于高温状态，缩短使用寿命。禁止用热风枪拆焊手机等显示屏。

知识梳理与总结

技能点与知识点：

1. 能正确使用钳口工具、旋具、焊接工具。其知识链接为常用工具、焊接工具的特点及使用方法和安全注意事项。

2. 熟练运用焊接工具进行手工焊接及拆焊，这是电子行业从业人员的一项基本操作技能。其知识链接为手工焊接操作方法、拆焊方法及安全操作事项等。

3. 能检验焊接质量和分析缺陷原因，这是掌握焊接技术所必需的。其知识链接为焊接质量分析。

在本章中，重点讲解了手工焊接的操作方法、各种焊接对象的焊接方法、焊接质量的检验及原因分析，同时将与之紧密相关的知识加以介绍，其中主要包括常用工具、焊料、无铅焊接技术等内容。

理论自测题 4

1. 判断题

（1）20 W 的电烙铁在烙铁芯烧断后，如果没有相同型号的烙铁芯，则可以采用其他型号的烙铁芯，如 35 W 的烙铁芯。（   ）

（2）真空吸锡枪的吸锡效果好，价格也便宜。（   ）

（3）剥头时应根据导线粗细确定钳口的大小。（   ）

（4）镀锡是焊接前准备的重要内容。（   ）

（5）在焊接过程中，移开焊锡丝与移开电烙铁的角度、方向完全相同。（   ）

（6）烙铁头与焊件的接触位置应适当。（   ）

（7）绕焊连接的可靠性较差。（   ）

（8）手工焊接一般焊点时，应选用熔点高的焊料。（   ）

（9）松香系列助焊剂经反复使用后会变黑，但其仍然具有助焊剂的作用。（　　）

（10）焊接的理想状态是在较低的温度下缩短加热时间。（　　）

2．选择题

（1）磁控调温电烙铁的恒温功能是依靠（　　）实现的。

  A．烙铁芯 B．烙铁头 C．磁性开关 D．永久磁铁

（2）自动调温电烙铁通过（　　）监测烙铁头的温度。

  A．电热偶传感器   B．自动控温台

  C．受控电烙铁   D．烙铁芯

（3）恒温式电烙铁的特点是（　　）。

  A．烙铁头的温度受电源电压的影响

  B．烙铁头的温度受环境温度的影响

  C．烙铁头的温度不受电源电压、环境温度的影响

  D．升温时间慢

（4）恒温电烙铁与普通电烙铁相比，具有（　　）的特点。

  A．耗电多 B．焊料易氧化 C．温度变化范围大 D．寿命长

（5）遇到烙铁通电后不热的故障，应使用万用表检测电烙铁的（　　）。

  A．烙铁头 B．烙铁芯 C．烙铁芯的引线 D．外观

（6）如果烙铁头带电，则应（　　）。

  A．继续使用 B．断电检测 C．带电检测电压 D．更换新烙铁

（7）如果烙铁头不粘锡，则应该（　　）。

  A．更换电烙铁

  B．更换烙铁头

  C．用松香等助焊剂重新镀锡

  D．首先修整烙铁头，然后重新镀锡

（8）在拆焊或返修时，可以采用的除锡工具是（　　）。

  A．真空吸锡枪 B．电烙铁 C．热风台 D．拔焊台

（9）使用剥线钳时，容易产生的缺陷是（　　）。

  A．剥线过长   B．剥线过短

  C．芯线损伤或绝缘未断 D．导体截断

（10）拧紧或拧松螺钉时，应选用（　　）。

  A．扳手或套筒 B．尖嘴钳 C．老虎钳 D．螺丝刀

（11）在五步焊接法中，应（　　）。

  A．先移开焊锡再移开电烙铁

  B．先移开电烙铁再移开焊锡

  C．同时移开电烙铁和焊锡

  D．焊锡和电烙铁的移动不分顺序

（12）五步法和三步法的操作时间一般为（　　）。

  A．1 s内 B．2 s内 C．2～4 s D．5～10 s

(13) 在焊接过程中，烙铁头应（　　）。
　　A．保持清洁　　B．连续加锡　　C．断续加热　　D．连续升温
(14) 在焊接过程中不正确的说法是（　　）。
　　A．烙铁温度适当
　　B．焊接时间加长
　　C．烙铁头与焊件的位置要适当
　　D．保持烙铁头清洁
(15) 关于焊料的特性，说法正确的是（　　）。
　　A．相同直径的焊锡丝，熔点相同
　　B．含锡量较大的焊料，其导电性较好
　　C．含锡量较小的焊料，其导电性较好
　　D．焊料的导电率高于银质材料
(16) 在焊接银、铜等金属时，应选用（　　）作为助焊剂。
　　A．焊油　　B．有机焊剂　　C．无机焊剂　　D．松香
(17) 下列焊剂中，不具有腐蚀性的是（　　）助焊剂。
　　A．有机系列　　　　　B．无机系列
　　C．松香系列　　　　　D．焊油
(18) 关于焊接温度说法正确的是（　　）。
　　A．温度越高，焊点越好
　　B．较大焊件的焊接温度应较高
　　C．温度低时，只要延长焊接时间，就可以取得应有效果
　　D．焊接温度的高低仅仅取决于焊件的大小
(19) 焊接有机注塑元件时，应选用（　　）。
　　A．平头烙铁　　B．扁平烙铁　　C．尖头烙铁　　D．斜切面烙铁
(20) 焊接簧片类元件时，对于焊料应（　　）。
　　A．多用一些　　B．随意添加　　C．尽量少　　D．避免使用

技能训练5　正方体框架焊接

1. 要求

(1) 正方体框架平直方正。
(2) 导线及外皮无损坏。
(3) 焊点光亮、大小适中。

2. 材料

(1) 单芯铜导线，1份。
(2) 焊锡丝，若干。

3. 训练内容

(1) 剥线训练，检查是否伤线。

（2）预焊训练，注意端头表面镀锡应均匀、适量。
（3）导线搭焊及连接，正方体焊接训练。

4．辅助工具的使用

技能训练6　印制板焊接

1．要求

（1）掌握印制电路板的装配方法，为电子产品总装打下基础。
（2）掌握手工焊接技法。

2．训练器材

（1）元器件若干。
（2）印制电路板，1块。

3．训练内容

（1）元器件引线表面处理。
（2）引线预焊。
（3）引线成形。
（4）插装与焊接。

项目 5 电子产品装调

教学导航

教	知识重点	1. 整机装配工艺流程，电子整机装配工艺文件的编制； 2. 整机调试流程，电子整机调试工艺文件的编制； 3. 整机故障分析、排除方法； 4. 自动化生产线的主要设备及其操作维护； 5. 装调简单的电子整机
	知识难点	1. 工艺文件的编制； 2. 整机故障分析、排除方法； 3. 自动化生产线的维护
	推荐教学方式	以实际操作为主，教师进行适当讲解。充分发挥教师的指导作用，鼓励学生多动手、多体会，通过训练，使学习者真正掌握电子产品总装的流程
	建议学时	12学时
学	推荐学习方法	以自己实际操作为主。紧密结合本章内容，通过自我训练，互相指导、总结，掌握电子产品总装的方法
	必须掌握的理论知识	1. 装配、调试工艺文件编制的依据； 2. 故障分析、排除的基本知识； 3. 自动化生产线主要设备的基本原理
	需要掌握的工作技能	1. 掌握工艺文件的编制方法； 2. 掌握整机故障排除方法； 3. 学会自动化生产设备的操作与维护

5.1 电子整机总装工艺

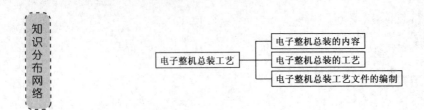

5.1.1 电子整机总装的内容

电子整机总装是指将组成整机的各零部件、组件，经单元调试、检验合格后，按照设计要求进行装配、连接，再经整机调试、检验而形成一个合格的、功能完整的电子整机产品的过程，通常简称为总装。总装是把半成品装配成合格产品的过程，是电子产品生产过程中的一个极其重要的环节。

总装过程要根据整机的结构情况、生产规模和工艺装备等，采用合理的总装工艺，使产品在功能、技术指标等方面满足设计要求。整机总装是在装配车间（亦称总装车间）完成的。对于批量生产的电子整机，目前大都采用流水作业（又称流水线生产方式）。

流水作业是指把电子整机的装联、调试等工作划分成若干简单的操作项目，每位操作者完成各自负责的操作项目，并按规定顺序把机件传输到下一道工序，形似流水般不停地自首至尾逐步完成整机总装的生产作业法。

在流水线上，每位操作者都必须在规定的时间内完成指定的操作内容，所操作的时间为流水节拍，它是工艺技术人员根据该产品每天在生产流水线上的产量与工作时间的比例来制定每一个工位操作任务的依据。

流水作业虽带有一定的强制性，但由于其工作内容简单、动作单纯、便于记忆，故能减少差错，提高工效，保证产品质量。图 5-1 所示为彩色电视机流水线的一般生产过程示意图。

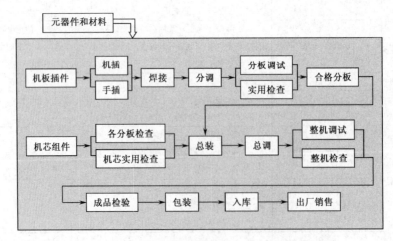

图 5-1 彩色电视机流水线的一般生产过程示意图

项目 5 电子产品装调

电子整机总装包括机械装配和电气装配两大部分的工作,即将各个零件、部件、整件(如各机电元件、印制电路板、底座、面板及装在它们上面的元器件),按照设计要求,安装在不同的位置上,在结构上组合成一个整体,再完成各部分之间的电气连接,形成一个具有一定功能的整机,以便进行整机调试、检验和测试等。

总装的装配方式按整机结构分,有整机装配和组合件装配两种。

对整机装配来说,整机是一个独立的整体,它把零件、部件、整件通过各种连接方法安装在一起,组成一个不可分割的整体,具有独立工作的功能,如收音机、电视机、信号发生器等。

整机装配的连接方式有两类:一类是可拆卸连接,即拆散时操作方便,不易损坏任何零部件,如螺接、销接、夹紧和卡扣连接等;另一类是不可拆卸连接,即拆散时会损坏零部件或材料,如粘接、铆接等。

对组合件装配来说,整机是若干个组合件的组合体,每个组合件都有一定的功能,而且可以随时拆卸,如大型控制台、插件式仪器等。

5.1.2 电子整机总装的工艺

1. 电子整机总装的工艺原则和基本要求

1)电子整机总装的工艺原则

电子产品的整机装配要经过多道工序,安装顺序是否合理,直接影响到整机的装配质量、生产效率和操作者的劳动强度。

电子整机总装的工艺原则是:先轻后重、先小后大、先铆后装、先里后外、先低后高,上道工序不影响下道工序的安装,注意前后工序的衔接,使操作者感到方便、省力和省时。

2)电子整机总装的基本要求

电子整机总装的基本要求是:牢固可靠,不损伤元器件和零部件,不碰伤面板、机壳表面的涂敷层,不破坏整机的绝缘性,安装件的方向、位置、极性正确,保证产品各项性能指标稳定和有足够的机械强度。

2. 电子整机总装的工艺流程

电子整机总装应包括电气装配和结构安装两大步。电子产品是以电气装配为主,以其印制电路板组件为中心进行焊接和装配的。总装的形式应根据产品的性能、用途和总装数量决定,各厂所采用的作业形式不尽相同。在工业化生产条件下,产品数量较大的总装过程是在流水线上进行的,以取得高效、低耗、一致性好的结果。

电子整机总装的一般工艺流程是:零、部件的配套准备→整机装配→整机调试→合拢总装→整机检验→包装→入库或出厂。

附例:彩色电视机总装的一般工艺流程如图 5-2 所示。

1)零、部件的配套准备

在电子产品总装之前,应对装配过程中所需的各种装配件(包括单元电路板)和紧固件等从数量的配套和质量的合格两个方面进行检查和准备,并准备好整机装配与调试中的各种工艺文件、技术文件,以及装配所需的仪器设备。

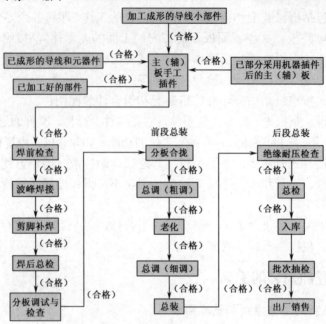

图 5-2　彩色电视机总装的一般工艺流程

2）整机装配

整机装配是将合格的单元功能电路板及其他零、部件，通过螺接、铆接和粘接等工艺，安装在规定的位置上。在整机装配过程中，各工序除按工艺要求进行操作外，还应严格进行自检、互检，并在装配过程的一定阶段设置相应的专检工序，分段把好装配质量关，以提高整机生产的一次合格率。

3）整机调试

整机调试包括调整和测试两步工作，即对整机内的可调部分（如可调元器件及机械传动部分）进行调整，并对整机的电性能进行测试。各类电子整机在装配完成后，进行电路性能指标的初步调试，调试合格后再用面板、机壳等部件进行合拢总装。

4）整机检验

应按照产品的技术文件要求，检验整机的各种电气性能、机械性能和外观等。整机检验通常按以下几个步骤进行。

（1）对总装的各种零、部件的检验。应按规定的有关标准，剔除废次品，做到不合格材料和零、部件不投入使用。这部分的检验是由专职检验人员完成的。

（2）工序间的检验。后一道工序的工人检验前一道工序工人加工的产品质量，不合格产品不流入下一道工序。工序间的检验点通常设置在生产过程中的一些关键工位或易波动的工位上。这部分的检验一般是由生产车间的工人进行互检而完成的。

（3）电子产品的综合检验。电子整机产品全部装配完之后，需进行全面的检验。一般先由车间检验员对产品进行电气、机械方面的全面检验，认为合格的产品，再由专职检验员按比例进行抽样检验，全部产品检验合格后，电子整机产品才能进行包装和入库。

项目5 电子产品装调

5）包装

在电子整机产品的总装过程中，包装是保护产品、美化产品及促进销售的重要环节。电子总装产品的包装，通常着重于方便运输和储存两个方面。

6）入库或出厂

合格的电子整机产品经过合格的包装，就可以入库储存或直接出厂运往需求部门，从而完成整个总装过程。

3．工艺规程

工艺规程是指在企业生产中，规定产品或零件、部件、整件的制造工艺过程和操作方法等的工艺文件。它是生产出合格产品并保证产品质量稳定、成本低廉所必需的工艺文件。

在生产中，操作工人应该严格执行工艺规程，养成良好的工作作风，从而保证产品质量，降低生产成本。为此必须做到以下几点。

1）爱护印制电路板

印制电路板是组成电子整机电路的基本线路。印制电路板是用覆铜箔层压板，经设计线路、照相制板、蚀刻等一系列工艺过程制作而成的。它具有支撑元器件和完成其间电气连接的双重作用。

由于印制电路板的铜箔只是用环氧树脂胶粘在基板上，经高温、高压压制而成，所以当温度超过 300 ℃时，很容易引起铜箔翘起等脱胶现象。为预防印制电路板出现质量故障，提高生产效率，降低成本，在安装和焊接印制电路板时应遵循下列工艺规程。

（1）对于已插件板或未插件板，在提取时应戴细纱手套，手套应干净、柔软，无污物和硬性黏结物。注意，避免污物污染电路而影响焊接质量，避免硬性物划伤电路而造成开路或短路。

（2）印制板组件是已装有元器件的完整组件，有一定的质量，应双手拿取，轻拿轻放，不可摔扔、重叠和单手拿取，更不可提取组件板上的任何部件、整件。印制板组件应按定置管理的要求，有序地存放在指定位置，并保证其不受野蛮操作或出现接触不良等故障。

（3）机芯组件由多个印制板组件组装在一个紧固架上，应双手搬运，不要因为紧固架的原因而造成印制电路板、元器件、插接件损坏或出现接触不良等故障。

2）懂得仪器仪表、工装设备、工具夹具等的使用方法

在生产中，操作者应了解仪器仪表、工装设备、工具夹具等的维护保养及使用注意事项等，以达到最佳效果。为此，每个操作者应做到以下方面。

（1）对所使用的仪器仪表、工装设备、工具夹具等做到清洁、干净、维护和保养。

（2）按仪器仪表、工装设备、工具夹具等的要求进行校准、检查和使用。

（3）要爱护所用仪器仪表、工装设备、工具夹具等，不允许乱扔、乱放，以免造成损坏。

（4）杜绝任意拆卸、不按安全要求擅自处理等现象。

3）定置管理

定置管理是保证工作现场整洁、生产有序、提高效率和质量的管理方法之一。

（1）保证工作现场的整洁、整齐，工作用的周转箱整齐地摆放在工位的一侧。元器件、

整件应按要求和箱体标示的方向进行堆放。堆放高度不得超过线体和窗户的高度，并且在规定的位置和界线内。

（2）元器件应按生产产品、数量和工艺要求摆放。每种元器件倒入料盒时，必须按工艺要求检查（位）号、规格型号、数量等，避免错倒或来料不正确。

4）生产过程中的要求

（1）在总调、总检、修理时，不允许赤手接触面框，必须戴干净、柔软的手套。

（2）操作者不戴手饰、手表等硬性物，避免划伤面框或损伤元器件表面。

（3）在修理整机时，应注意整机面框及显像管的保护。整机倒卧时，应置于有保护层的桌面，切忌在桌面上拖拉，以免损伤面框及显像管，特别是有防眩膜的显像管。

（4）在修理过程中，应按修理工艺对电气部分的原理、所在部位进行准确的分析判断，避免引发新的故障。

5）安全第一，预防为主

在工作中，操作者应切实注意，时时提醒自己，切不可疏忽大意，更不可玩忽职守。

（1）不允许擅自接、搭电源。如工作需要，须由有关人员提出申请，由专业人员进行安装。

（2）检查老化线的人员应戴安全帽，穿安全鞋，密切关注线体供电及运行情况。

（3）绝缘耐压安全检查工位是关键工位，除严格检查安全性能外，还需注意测试探头，严禁接触人体和线体，避免高压击伤他人。

（4）非检修、操作人员，严格禁止启动线体和仪器仪表、工装设备等，避免造成伤人事故。

（5）各种车辆（叉车、周转车、三轮车）严禁载人戏耍，避免损坏车体或造成伤人事故。

（6）不允许在生产场地追逐戏打，更不允许用紧固件等戏耍，不允许翻越线体或践踏工装板。

（7）实用板检查工位应做到：被测实用板放入工位后，首先将高压帽挂好，连接板接好以后再接通电源，检查完毕切断电源，待放完电后，再取下高压帽，拆去实用板。

5.1.3 电子整机总装工艺文件的编制

工艺文件是指导工人操作和用于生产、工艺管理等的各种技术文件的总称。它是产品加工、装配和检验的技术依据，也是企业组织生产、产品经济核算、质量控制和工人加工产品的主要依据。工艺文件要根据产品的生产性质、生产类型、产品的复杂程度、重要程度及生产的组织形式等进行编制。

工艺文件分为工艺管理文件和工艺规程两大类。工艺管理文件是企业科学地组织生产和控制工艺工作的技术文件。工艺管理文件主要包括工艺文件目录、工艺路线表、材料消耗工艺定额明细表、专用及标准工艺装配表、配套明细表等。

工艺规程是规定产品和零件的制造工艺过程和操作方法等的工艺文件，是工艺文件的主要部分。按使用性质，工艺规程可分为专用工艺规程、通用工艺规程、标准工艺规程（典型工艺细则）；按加工专业，工艺规程可分为机械加工工艺卡、电气装配工艺卡、扎线工艺卡、油漆涂敷工艺卡等。

通常，整机类电子产品在生产过程中，工艺文件应包含的主要项目内容如下。

1. 工艺文件封面

工艺文件封面的格式如图 5-3 所示。

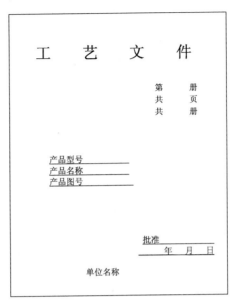

图 5-3 工艺文件封面的格式

2. 工艺文件明细表

工艺文件明细表反映了该产品工艺文件的成套性。工艺文件明细表是工艺文件归档是否齐全的依据。其格式如图 5-4 所示。

（代号）		工 艺 文 件 明 细 表			图号	
					名称	
序号	零部整件图号	零部整件名称	文件名称		页数	备注
1			封面			
2			工艺文件明细表			根据具体情况要
3			装配工艺过程卡			分为不同单元
4			工艺说明			编制
5			检验卡			
6						
7						
8						
更改标记	数量	更改单号	签名	日期	签名	日期
				拟制		
				审核		第　页
				批准		共　页
		描图：		描校：		第　册

图 5-4 工艺文件明细表的格式

3. 配套明细表（见图 5-5）

配套明细表			产品型号和名称		产品图号	
序号	名称	型号、规格	数量	位号	装入何处	
1						
2						
3						
4						
5						
6						
…						
旧底图总号	更改标记	数量	更改单号	签名	日期	签名	日期	第 页
						拟制		
						审核		共 页
底图总号								
						标准化		第 册

图 5-5 配套明细表的格式

4. 装配工艺过程卡

图 5-6 所示为某整机的装配工艺过程卡样例。

装配工艺卡片			工序名称		产品名称
			插件（4）		×××
					产品型号
					×××
序号	装入件及辅助材料名称 型号、规格		数量	工艺要求	工装名称
R5	电阻器 RT14-0.25W-470Ω		1	(1)插件位置见"插件简图"第8页第四部分	镊子
R8	电阻器 RT14-0.25W-470Ω		1		剪刀
C2	电容器 CC1-63 V-0.022μ		1	(2)插入工艺要求见通用工艺"插件工艺规范"	
C9	电容器 CC1-63 V-0.022μ		1		
C10	电容器 CD1-16 V-4.7μ		1		
C11	电容器 CD1-16 V-4.7μ		1		
Q4	三极管 s9013		1		
旧底图总号	更改标记	数量	更改单号	签名	日期	签名	日期	第4页
						拟制		
						审核		共8页
底图总号								
						标准化		第1册 第19页

图 5-6 装配工艺过程卡样例

5. 工艺说明

图 5-7 所示为工艺说明样例。

工艺说明		工艺文件名称	产品名称
		插件工艺规范	×××
			产品型号
			×××
一、工具 　　镊子：1 把 　　钢皮尺：1 只 二、插件前准备 　　1. 核对元器件的型号、规格、标称值是否与配套明细表中的规定相符，并将元器件按插件的顺序放入料盒，要求每天上、下午插件前各核对一次。 　　2. 核对元器件的形状及引脚的长度是否符合预成型工艺要求。 三、装插要求 1. 卧式安装的元器件 (1) 一般，电阻器、二极管、跨接线要求自然平贴于印制电路板上（见图1），注意用力均匀，以免人为造成电阻器、二极管折断。 (2) 有散热要求的二极管、大功率电阻引出脚需作单弯曲整形，插入印制板后弯曲处底部应紧贴板面（见图2）。  　　图 1　　　　图 2 2. 立式安装的元器件 (1) 小、中功率晶体管插入印制板后，管座与板面的距离为 5~7 mm，要求插正，不允许明显歪斜。 (2) 圆片瓷介电容（包括类似形状的电容）的预成型有单弯曲整形及双弯曲整形两种，凡属单弯曲整形的，插入印制板后弯曲底部应紧贴板面。			

旧底图总号	更改标记	数量	更改单号	签名		签名	日期	第 1 页	
					拟制				
					审核			共 2 页	
底图总号									
					标准化			第 2 册	第 5 页

图 5-7　工艺说明样例

6. 导线及线扎加工表

如图 5-8 所示，为导线及线扎加工表实例。

导线及线扎加工表			产品型号及名称 ×××					产品图号 ×××		
编号	名称、规格	颜色	数量	长度（mm）				去向、焊接处		备注
				L 全长	A端	B端	A剥头	B剥头	A端	B端
1-1	UL1007 AGW6 导线	棕	1	160			8	8	基板	喇叭
1-2	UL1007 AGW6 导线	黑	1	160			8	8	基板	喇叭
1-3	UL1007 AGW6 导线	黑	1	160			8	8	基板	夹簧
1-4	UL1007 AGW6 导线	黄	1	120			8	8	开关	电池板
1-5	UL1007 AGW6 导线	红	1	60			8	8	开关	基板

旧底图总号	更改标记	数量	更改单号	签名	日期		签名	日期	第1页	
						拟制				
						审核				共1页
底图总号						标准化			第1册	第15页

图 5-8 导线及线扎加工表实例

7. 检验卡

检验卡是用于编制零、部、整件、产品制造的最终检验及工艺过程中需要单独编制的。

5.2 电子整机调试工艺

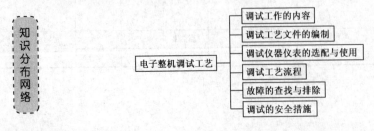

电子整机产品经装配准备、部件装配、整机装配后，都需要进行调试，使产品达到设计

文件所规定的技术指标和功能。同时，在产品生产过程中，要按照有关技术文件和工艺规程，做好对原材料、元器件、零部件、整机的检验工作，确保提供给用户的是符合质量指标和要求的合格产品。

调试是用测量仪表和一定的操作方法对单元电路板和整机的各个可调元器件及零、部件进行调整与测试，使之达到或超过标准化组织所规定的功能、技术指标和质量标准。

调试既是保证并实现电子整机功能和质量的重要工序，又是发现电子整机设计、工艺缺陷和不足的重要环节。从某种程度上说，调试工作也是为不断提高电子整机的性能和品质积累可靠的技术性能参数。

5.2.1 调试工作的内容

调试工作包括调整和测试两个方面。调整主要是对电路参数而言，即对整机内电感线圈的可调磁芯、可调电阻器、电位器、微调电容器等可调元器件及与电气指标有关的调谐系统、机械传动部分等进行调整，使之达到预定的性能指标和功能要求。

测试是用规定精度的测量仪表对单元电路板和整机的各项技术指标进行测试，以此判断被测项的技术指标是否符合规定的要求。调试工作的主要内容有以下几点。

（1）正确合理地选择和使用测试所需的仪器仪表。

（2）严格按照调试工艺指导卡的规定，对单元电路板或整机进行调整和测试，完成后按照规定的方法紧固调整部位。

（3）排除调整中出现的故障，并做好记录。

（4）认真对调试数据进行分析、反馈和处理，并撰写调试工作总结，提出改进措施。

对于简单的小型整机，如稳压电源、半导体收音机、单放机等，调试工作简便，一旦装配完成后，可以直接进行整机调试；而对于结构复杂、性能指标要求高的整机，调试工作先分散后集中，即通常可先对单元电路板进行调试，达到要求后再进行总装，最后进行整机调试。

对于大量生产的电子整机，如彩色电视机、手机等，调试工作一般在流水作业装配线上按照调试工艺卡的规定进行。对于比较复杂的大型设备，根据设计要求，可在生产厂进行部分调试工作或粗调，然后在总装场地或实验基地按照技术文件的要求进行最后安装及全面调试。

5.2.2 调试工艺文件的编制

调试工艺文件编制得是否合理，直接影响到电子产品调试工作效率的高低和质量的好坏。因此，事先制定一套完整、合理、经济、切实可行的调试方案是非常必要的。不同的电子产品有不同的调试工艺，但总的编制原则相同——既要先进合理，又要切实可行。

1．编制调试工艺文件的基本原则

（1）根据产品的规格、等级、使用范围和环境，确定调试的项目及主要性能指标。

（2）在系统理解和掌握产品性能指标要求及工作原理的基础上，确定调试的重点、具体方法和步骤。调试方法要简单、经济、可行和便于操作；调试内容要具体、细致；调试步骤应具有条理性；测试条件要详细、清楚；测试数据要尽量表格化，便于查看和综合分析。

（3）充分考虑各个元器件之间、电路前后级之间、部件之间等的相互牵连和影响。

（4）要考虑现有的设备条件、调试人员的技术水平，使调试方法、步骤合理可行，操作安全方便。

（5）尽量采用新技术、新元器件（如免调试元器件、部件等）、新工艺，以提高生产效率及产品质量。

（6）调试工艺文件应在样机调试的基础上制定，既要保证产品性能指标的要求，又要考虑现有工艺装备条件和批量生产时的实际情况。

（7）充分考虑调试工艺的合理性、经济性和高效率，保证调试工作顺利进行，提高可靠性。

2. 调试工艺文件的基本内容

调试工艺文件是工艺设计人员为某一电子产品的生产而制定的一套调试内容和步骤，它是调试人员着手工作的技术依据。调试内容都应在调试工艺文件中反映出来，调试工艺文件一般包括以下内容。

（1）根据国际、国家或行业颁布的标准及待测产品的等级规格具体拟定的调试内容。

（2）调试所需的各种测量仪器仪表、工具等。

（3）调试方法及具体步骤。

（4）调试所需的数据资料及图表。

（5）调试接线图和相关资料。

（6）调试条件与有关注意事项。

（7）调试工序的安排及所需人数。

（8）调试安全操作规程。

5.2.3 调试仪器仪表的选配与使用

1. 调试仪器仪表的选配原则

在调试工作中，仪器仪表的正确选择与使用，将直接影响调整、测试质量的高低和产品的性能。因此，在选择仪器仪表时应注意以下原则。

（1）在保证产品调整、测试性能指标范围的前提下，应选用要求低、结构简单、通用性强的仪器仪表，这样既可以降低生产成本，又可使操作简单，提高调整、测试效率。

（2）一般要求选用测试仪器的工作误差小于被测参数的 1/10。

（3）仪器仪表的测量范围和灵敏度应符合被测参数的数值范围。

（4）正确选择测量仪器的输入阻抗，做到仪器仪表接入被测电路后，不改变被测电路的工作状态或者接入被测电路后所产生的测量误差在允许范围之内。

（5）调整、测试仪器的适用频率范围（或频率响应）应符合被测电量的频率范围（或频率响应）。

2. 调试仪器仪表的组成及使用

一般通用电子仪器只具有一种或几种功能，而要完成某一种电子整机的测试工作，往往需要多台仪器、附件或辅助设备等组成一个调整、测试系统。例如，测试电视机伴音功放的输出功率，需要配置低频信号发生器、示波器、毫伏表、失真度仪等仪器组成一个测试系统。

在调整、测试流水作业线上，每个调整、测试工序（位）所需的仪器仪表在调试工艺文件中都有明确的规定。操作者必须按连接示意图正确接线，然后按调试工艺卡的要求完成调整、测试。为了保证仪器仪表的正常工作和测试结果的精度,应注意现场布置和正确接线。

> **想一想** 调试仪器仪表的布置和接线需注意哪些问题?
>
> (1)调整、测试线上所用的仪器仪表,都应经过计量并在有效期内(生产线上的测试仪器一般每年进行一次计量校准)。
>
> (2)仪器仪表应按照"下重上轻"的原则放置,布置应便于操作和观察,做到调节方便、舒适、灵活、视差小。
>
> (3)仪器仪表应统一接地,并与待调试件的地线相连,且接线最短。
>
> (4)为了保证测量精度,应满足测量仪器仪表的使用条件。对于需要预热的仪器仪表,开始使用时应达到规定的预热时间。
>
> (5)仪器仪表在通电前要检查机械校零,通电后要进行电调零。在调整、测试过程中,要选择合适的量程,对于指针式仪器仪表,应尽可能使指针位于满刻度的 1/2~2/3 之间的区域。
>
> (6)对于高灵敏度的仪器仪表(如毫伏表、微伏表等),应使用屏蔽线连接仪器仪表与待测件。在操作过程中,应先接地端,后接高电位端。取下时按相反的顺序进行,以免人体感应电压而打弯表头指针。
>
> (7)对于高增益、弱信号或高频的测量,应注意不要将被测件的输入与输出接线靠近或交叉,以免引起信号的串扰及寄生振荡,造成测量误差。

5.2.4 调试工艺流程

调试工作遵循的一般规律为:先调试部件,后调试整机;先内后外;先调试结构部分,后调试电气部分;先调试电源,后调试其余电路;先调试静态指标,后调试动态指标;先调试独立项目,后调试相互影响的项目;先调试基本指标,后调试对质量影响较大的指标。

由于电子产品的种类繁多,电路复杂,内部单元电路的种类、要求及技术指标等也不相同,所以调试程序不尽相同。但对一般电子产品来说,调试程序大致如下。

1. 电源调试

较复杂的电子产品都有独立的电源电路,它是其他单元电路和整机工作的基础。通常在电源电路调试正常后,再进行其他项目的调试。通常,应先置电源开关于"OFF"位置,检查电源变换开关是否符合要求(交流 220 V 还是交流 110 V)、保险丝是否装入、输入电压是否正确,然后插上电源开关插头,打开电源开关通电。

接通电源后,电源指示灯亮,此时应注意有无放电、打火、冒烟等现象,有无异常气味。若有这些现象,应立即停电检查。另外,还应检查各种保险开关、控制系统是否起作用,各种散热系统是否正常工作。

电源调试通常在空载状态下进行,切断该电源的一切负载后进行初调。其目的是避免因电源电路未经调试而带负载时,造成部分电子元器件的损坏。调试时,接通电源电路板的电源,测量有无稳定的直流电压输出,其值是否符合设计要求,或调节取样电位器使电源电压达到额定值。测试检测点的直流工作点和电压波形,检查工作状态是否正常,有无自激振荡等。

空载调试正常后,将电源加负载进行细调。在初调正常的情况下,加上定额负载,再测量各项性能指标,观察是否符合设计要求。当达到要求的最佳值时,锁定有关调整元件(如电位器等),使电源电路具有加负载时所需的最佳功能状态。

2. 单元电路板调试

电源电路调好后,可以进行其他电路的调试。这些电路通常按单元电路的顺序,根据调试的需要及方便,由前到后或由后到前地依次接通各部件或印制电路板的电流,分别进行调试。首先检查和调整静态工作点,其次进行各参数的调整,直到各部分电路均符合技术文件规定的各项指标为止。

3. 整机调试

各单元电路、部件调试好后,接通所有的部件及印制电路板的电源,进行整机调整,检查各部分连接有无影响及机械结构对电气性能的影响等。整机电路调整好后,调试整机总电流和消耗功率。

整机调试是在单元部件调试的基础上进行的。单元部件的调试是整机总装和调试的前提,其调试质量直接影响产品质量和生产效率,它是整机生产过程中的一个重要环节。整机调试的一般工艺流程主要分为以下两种。

1)单元电路板调试的一般工艺流程

小型电子整机与单元电路板的调试方法、调试步骤等大致相同。小型电子整机是指功能单一、结构简单的整机,如收音机、单放机等,它们的调试工作量较小。小型电子整机或单元电路板调试的一般工艺流程如图5-9所示。

图5-9 单元电路板调试的一般工艺流程

(1)外观直观检查。在单元电路板通电调试之前,应先检查印制电路板上有无元器件插错、漏焊、拉丝焊和引脚相碰短路等情况。检查无误后,方可通电。

(2)静态工作点测试与调整。静态工作点是电路正常工作的前提。因此电路通电后,首先应测试静态工作点。静态工作点的调试就是调整各级电路无输入信号时的工作状态,测量其直流工作电压和电流是否符合设计要求。因为测量电流时需要将电流表串入电路,所以可能引起电路板连接的变动,很不方便。

在测试时,可以通过测量电压,再根据阻值计算出直流电流的大小。也有些电路为了测试方便,在印制电路板上预留有测试用的断点(工艺开口),用电流表调试、测出电流数值后,再用焊锡封好断点即可。

> **想一想** 如果印制电路板上预留的工艺开口未锡封会怎样?
>
> 对于分立元件的收音机电路,调整静态工作点就是调整晶体管的偏置电阻(通常调上偏置电阻),使其集电极电流达到电路设计要求的值。调整顺序一般是从最后一级的功放开始,逐级往前调整。
>
> 集成电路的静态工作点与晶体管不同。集成电路能否正常工作,一般是看各引脚对地的直流电压是否正确。因此,只要测量出各引脚对地的直流电压值,然后与正常数值进行比较,即可判断静态工作点是否正常工作。

（3）波形、点频测试与调整。静态工作点正常以后，便可以进行波形、点频（固定频率）的测试与调整。电子产品需要进行波形、点频的测试与调整的单元部件较多。

例如，放大电路需要测试波形；接收机的本机振荡器既要测试波形又要测试频率。测试单元电路板的各级波形时，一般需要在单元电路板的输入端输入规定频率、幅度的交流信号，测试时应注意仪器仪表与单元电路板的连接线，特别是在测试高频电路时，测试仪器仪表应使用高频探头，连接线应使用屏蔽线，且连线要尽量短，以避免杂散电容、电感及测试引线两端的耦合对测试波形、频率准确性的影响。

（4）频率特性测试与调整。频率特性是指当输入信号电压幅度恒定时，电路的输出电压随输入信号频率的变化而变化的特性，它是发射机、接收机等电子产品的主要性能指标。例如，收音机中频放大器的频率特性，将决定收音机选择性的好坏；电视接收机高频调谐器及中频通道的频率特性，将决定电视机图像质量的好坏；示波器 Y 轴放大器的频率特性制约了示波器的工作频率范围。

因此，在电子产品的调试中，频率特性的测量是一项重要的测试技术。频率特性的测量方法一般有点频法和扫频法两种，在单元电路板的调试中一般采用扫频法。调试中应严格按工艺指导卡的要求进行频率特性的测试与调整。

扫频法测量是利用扫频信号发生器实现频率特性的自动和半自动测试的。因为信号发生器的输出频率是连续扫描的，因此扫频法简捷、快速，而且不会漏掉被测频率特性的细节。但是，用扫频法测出的动态特性与用点频法测出的静态特性相比，存在一定的测量误差。所以，应按技术文件的规定选择测量方法。

（5）性能指标综合测试。单元电路板经静态工作点、波形、点频及频率特性等项目的调试后，还应进行性能指标的综合测试。不同类型的单元电路板其性能指标不同，调试时应根据具体要求进行，确保用合格的单元电路板提供给整机进行总装。

在以上调试过程中，可能会因为元器件、线路和装配工艺等因素出现一些故障。发现故障应及时排除，对于一些在短时间内无法排除的严重故障，可另行处理，以防止不合格部件流入下道工序。

2）整机产品调试的一般工艺流程

在单元部件调试时，往往有一些故障不能完全反映出来。当部件组装成整机后，各单元电路之间电气性能的相互影响，常会使一些技术指标偏离规定数值或出现一些故障。所以，单元部件经总装后一定要进行整机调试，确保整机的技术指标完全达到设计要求。

整机调试是一个循序渐进的过程，其原则是：先外后内；先调结构部分，后调电气部分；先调独立项目，后调存在相互影响的项目；先调基本指标，后调对质量影响较大的指标。

根据整机的不同性质，整机调试的工艺流程可分为整机产品调试和样机调试两种形式。

（1）整机产品调试是指已定型投入正规生产的整机产品的调试，它作为整机产品生产过程中的一个环节，是产品生产过程中的若干个工序，应完全按照产品生产流水线的工艺过程进行。在各调试工艺过程中检测出的不合格品，交给其他工序处理，如故障检修工序或其他装配工序等（调试工序只按工艺要求进行产品的测试与调整）。

（2）样机调试是指没有定型的电子整机电路（如试制中制作的样机、各种实验电路等）的调试，它不再是流水线上的若干个工序，而是产品设计的过程之一。在调试过程中检测出来的不合格品，不能交给其他工序处理，而只能由调试人员处理，直至样机符合设计要求为止。样机调试包括样机测试、调整、故障排除及产品的技术改进等。

整机产品调试的一般工艺流程如图 5-10 所示。

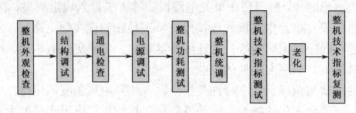

图 5-10　整机产品调试的一般工艺流程

（1）整机外观检查。检查项目因产品的种类、要求的不同而不同，具体要求可按工艺指导卡进行。例如，对于收音机，一般检查天线、紧固螺钉、电池弹簧、电源开关、调谐指示、按键、旋钮、四周外观、机内有无异物等项目。

（2）结构调试。电子产品是机电一体化的产品，结构调试的目的是检查整机装配的牢固性、可靠性，以及机械传动部分的调节灵活和到位情况等。

（3）整机功耗测试。整机功耗测试是电子产品的一项重要技术指标。测试时常用调压器对待测整机按额定电源电压供电，测出正常工作时的电流和电压，两者的乘积即整机功耗。如果测试值偏离设计要求，则说明机内存在故障隐患，应对整机进行全面检查。

（4）整机统调。调试好的单元电路装配成整机后，其性能参数会受到不同程度的影响。因此，装配好整机后应对其单元电路板再进行必要的调试，从而保证各单元电路板的功能符合整机性能指标的要求。

（5）整机技术指标测试。对已调试好的整机应进行技术指标测试，以判断它是否达到设计要求的技术水平。不同类型的整机有不同的技术指标，其测试方法也不尽相同。必要时应记录测试数据，分析测试结果，写出测试报告。

（6）老化。老化是模拟整机的实际工作条件，使整机连续长时间工作，使部分产品存在的故障隐患暴露出来，以避免带有隐患的产品流入市场。

（7）整机技术指标复测。经整机通电老化后，由于部分元器件参数可能发生变化，造成整机的某些技术性能指标发生偏差，所以通常还需要进行整机技术指标复测，使出厂的整机具有最佳的技术状态。

5.2.5　故障的查找与排除

1. 故障查找与排除的一般步骤

在调试过程中，往往会遇到在调试工艺文件指定的调整元件或调谐部件时，被调部件或整机的指标达不到规定值（如静态工作点、输出波形等），或者调整这些元件时根本不起作用，这时可按以下步骤进行故障的查找与排除。

（1）了解故障现象。被调部件、整机出现故障后，首先要进行初检，了解故障现象及故障发生的经过，并做好记录。

（2）故障分析。根据产品的工作原理、整机结构及维修经验正确地分析故障，查找故障部位和原因。查找时要有一个科学的逻辑程序，按照程序逐次检查。一般程序是：先外后内，先粗后细，先易后难，先常见现象后罕见现象。在查找过程中尤其要重视供电电路的检查和静态工作点的测试，因为正常的电压是任何电路正常工作的基础。

（3）处理故障。对于线头脱落、虚焊等简单故障可直接处理。而对于有些需拆卸部件才能修复的故障，必须做好处理前的准备工作，如做好必要的标记或记录，准备好需要的工具和仪器等，避免拆卸后不能恢复或恢复出错，造成新的故障。在故障处理过程中，对于需要更换的元器件，应使用原规格、原型号的元器件或者性能指标优于故障件的同类型元器件。

（4）部件、整机的复测。修复后的部件、整机应进行重新调试，如修复后影响前道工序的测试指标，则应将修复件从前道工序起按调试工艺流程重新调试，使其各项技术指标均符合规定要求。

（5）修理资料的整理归档。部件、整机修理结束后，应将故障原因、修理措施等做好台账记录，并对关于修理的台账资料及时进行整理归档，以不断积累经验，提高业务水平。同时，还可为所用元器件的质量分析、装配工艺的改进等提供依据。

2．故障查找与排除的方法和技巧

> **想一想**　你熟悉哪些查找电路故障的方法？

1）直观检测法

直观检测法就是通过人的眼、手、耳、鼻等来发现电子产品的故障所在。这是最简单的一种检测方法，也是对故障机的一种初步检测，不需要任何仪器仪表。

（1）观察法，就是通过人的视觉观察整机电路、单元电路板或元器件有无异常。观察法一般针对以下故障现象。

① 保险管、熔断电阻是否烧断；元器件是否不正常，如电阻器是否有烧坏变色现象、电解电容器是否有漏液和爆裂现象、晶体管是否有焦裂现象等；印制电路板的铜箔有无翘起；焊盘是否开裂而断路；元器件引线是否松动；焊点是否虚焊和假焊。

② 机内线路板上是否有金属类导电物而导致元器件的引线间短路；机内的各种连接导线、排线有无脱落、断线和过流烧毁的痕迹等；机内的传动零件是否有移位、断裂和磨损严重的现象，如齿轮的齿牙是否有断裂、损坏，皮带是否太松，皮带轮的沟槽是否磨损等。

③ 元器件散热器的安装有无松动，大型元器件的安装座是否牢固；插头与插座接触是否良好，开关簧片有无变形；查看电池是否漏液、电池夹的弹簧有无生锈或接触不良现象。

（2）触摸法，就是用手触摸电子元器件是否有发烫、松动等现象。

> **提示**　采用触摸法时要注意安全，在用手触摸电子元器件前，先对整机电路进行漏电检查，只有在确定整机外壳不带电的情况下才能采用此种方法。

非功率器件工作时，一般都没有温升或有很低的温升。若在触摸时发现温度较高，有烫手的感觉，则说明此电路工作不正常，应对集成电路的外围元器件及其本身进行检测。

对于大功率晶体管、功放集成电路和电源集成电路等功率器件，特别是带散热片的元器件，用手触摸时有一定的温度，但手放在上面应以不烫手为正常。如果感到特别烫手且无法停留，则表明负载太重或元器件本身出现了故障。如果感觉冰冷，则说明该器件是坏的或根本就没有工作，应采用其他方法进一步检测，以确定其好坏。

电源变压器在工作一段时间后，应有一定的温升，若用手触摸时仍是冷冰冰的毫无温升

或温升不明显，则应考虑其负载是否有正常的耗能或存在故障。如果变压器出现内部断路故障，也是没有温升的。

用手触摸电阻器、电容器时，其表面温度应能使手有所感觉，但不会感到不适。如感觉发热且温度较高，则表明此元器件可能有参数变化或选用不当。

（3）听音法，就是用耳朵去听电子产品的箱体内是否有异常的声音出现。听音法的一般内容有：

① 如果有"噼啪、噼啪"的声音，则表明机内有打火现象，应配合目视观察进一步去查找故障的具体位置。

② 听到收音机、录音机等音响设备发出的声音有失真现象时，应检测其功放电路及发音设备（喇叭）是否正常。

③ 对装有传动装置的电子产品，应用听觉去发现其传动装置是否有碰撞、冲击或摩擦声出现。如有，应及时进行检查。

（4）气味法，就是用鼻子嗅闻电子产品在通电工作时，是否有不正常的气味散发出来，以此来判断故障的部位和性质。

不正常的气味通常为焦糊味，一旦有此味，要及时切断电源进行检查，避免故障扩大。产生焦糊味的元器件常有变压器线圈、电阻器、功率器件，或导线之间短路等。

2）电阻检测法

电阻检测法就是利用万用表的电阻挡（欧姆挡），通过测量所怀疑元器件的阻值，或元器件的引脚与共用地端之间的电阻值，将测出的电阻值与正常值进行比较，从中发现故障所在的检测方法。

电阻检测法对开路性故障与短路性故障的检测判断都有很好的效果与准确性，可以检测大多数电子元器件的性能好坏，粗略地判断晶体管 β 值，大致判断电源负载的大小、印制电路板有无开路和短路等，是一种常用的检测方法。

电阻检测法需要经验的积累，有经验的电子技师会有意识地收集很多资料，如修好一台电视机后，他就对里面的重要元器件进行电路电阻检测（元器件不从电路板上拆下），将正常值记下来，以后再遇到同样的电路有故障时，就可以测量它们的电阻值，然后与记录进行比较，从而判断电路的故障所在。

在作这样的测量时，一般要对同一个点进行两次测量，一次是黑表笔接地，红表笔接相应的点，测出一个值，然后交换表笔再测一个值（在以后的测量中，两个值比一个值更有价值）。

但必须注意，在使用电阻检测法进行在线测量时，必须在被测电路断电的情况下进行，否则会造成测量不准或元器件的损坏，甚至可引起短路，出现打火现象，严重时可能损坏万用表。

通过在线电路的检测和分析，常常可以将故障怀疑点定位在某个元器件或某几个元器件上，这时需要进行开路电路检测，即将元器件从电路板上取下再进行检测，以确认在路电阻检测时的怀疑点。

> 提示　电压检测法是并联式测量。

3）电压检测法

电压检测法是指用万用表的电压挡测量电路电压、元器件的工作电压并与正常值进行比较，以判断故障所在的检测方法。

电压检测法通过电压的检测可以确定电路是否工作正常,是维修中使用最多的一种方法。电压检测法可分为直流电压检测法和交流电压检测法两种,其中最常用的是直流电压检测法。

（1）直流电压检测,主要包括以下内容。

① 静态直流电压检测：测量电路的静态直流电压,能判断各单元电路静态工作的情况,从而进一步确定故障所在。

② 电源电压检测：通过对电源输出直流电压的测量,可确定整机工作电压是否正常。电路的不正常往往是由于电源的不正常引起的,而检查电源是否工作正常又比较简单。

但应注意,电源电压不正常可能是由电源电路故障所致,也有可能是由于后面的电路故障导致电源负载变化造成的。

为了进一步判断,常用的方法是断开电源与负载,用一个与正常负载相同的假负载接在电源的输出端上,再测量电源的输出电压,若此时正常了,就说明问题出在后面的电路中；若此时不正常,则故障应在电源本身。

③ 各级直流电压检测：通过测量晶体管各级直流电压,可判断电路所提供的偏置电压是否正常、晶体管本身是否工作正常。

通过对集成电路各引脚直流电压的测量,可以判断集成电路本身及其外围电路是否工作正常。

④ 电池的直流电压检测：电池在快耗尽时,其电压会下降,这是通过测量电压来判断电池是否可用的依据。但这种检测方法是不准确的,因为一节快释放完毕的电池,其空载电压往往也很高,不能使用的原因是其内阻加大,因此查看电池电压时,应尽量采用有负载时的检测,以保证测量的准确性和真实性。

⑤ 关键点直流电压检测：通过测量电路关键点的直流电压,可大致判断故障所在的范围。此种测量方法是检测与维修中经常采用的一种方法。关键点直流电压是指对判断故障具有决定作用的那些点的直流电压值。不同的电子电路其关键点直流电压是不同的,判断关键点所在需要有扎实的电子线路知识。

（2）交流电压检测：一般是指对输入到电子产品中的市电电压的测量,以及对经过变压器或开关电源输出的交流电压的测量。通过对交流电压的测量,可以确定整机电源的故障所在。

（3）交流信号检测：也称"隔直取交"检测,适用于有交流信号或有脉冲电压的电路。

交流信号检测法是通过万用表的 dB 挡进行检测的,与检测电压的方法基本相同。但对于万用表中没有设置 dB 挡的,可将万用表拨到交流电压挡,并在红表笔上串入一只 0.2～0.22 μF 的电容便可进行测量。在进行"dB"电压检测时,因电路中存在直流电压,所以万用表的黑表笔应接地。

4）直流电流检测法

直流电流检测法是指用万用表的电流挡去检测电子电路的整机电流、单元电路的电流、某一回路的电流、晶体管的集电极电流及集成电路的工作电流等,并与其正常值进行比较,从中发现故障所在的检测方法。直流电流检测法比较适用于由于电流过大而出现烧坏保险管、烧坏晶体管、使晶体管发热、电阻器过热及变压器过热等故障的检测。

检测电流时需要将万用表串联到电路中,故给检测带来一定的不便。但有的印制电路板为方便检测与维修，在设计时已预留有测试口，只要临时焊开便可测试电流的大小，测量完毕再焊好就行了。对于印制电路板上没有预留测试口的，在进行测量时则必须选择合适的部位，用小刀将其印制导线划出缺口再进行测试。

电流的检测还可以采用间接测量，即先通过测量电压的大小，再应用欧姆定律进行换算，便可得到电流值。

如图 5-11 所示，为了间接获得晶体管的发射极电流，可用万用表测得电阻 R_E 上的压降，再通过欧姆定律进行换算便可估算出发射极电流的大小。

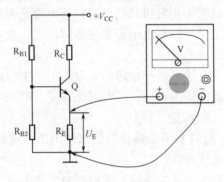

图 5-11　电流的间接测量法

5）示波器检测法

用示波器测量出电路中关键点波形的形状、幅度、宽度及相位，与维修资料中给出的标准波形进行比较，从中发现故障所在，这种方法就称为示波器检测法。

应用示波器检测法的同时再与信号源配合使用，就可以进行跟踪测量，即按照信号的流程逐级跟踪测量信号。当前面测试点的信号正常而后面测试点的信号不正常时，即可判断故障就发生在前后两个测试点之间。

应用示波器对故障点进行检测是比较理想的检测方法，它具有准确、迅速等优点。在条件允许的情况下，使用示波检测法往往可以比仅使用万用表检测更容易判断出故障点的所在。

6）替代法

替代法就是用好的元器件去替代所怀疑的元器件的检测方法。如果故障被排除，则表明所怀疑的元器件就为故障件。

替代法比较适用于元器件性能变差，或一些软故障的情况（如某元器件要在一定的电流或电压情况下才表现出故障现象，而使用万用表测量时，由于电流或电压不够，无法测出其故障所在）。

使用替代法时往往要将被代换的元器件从印制电路板上拆下来，这样可能损坏印制电路板或元器件，因此要慎用。如果出现以下情况，则可以在不拆卸或减少拆卸元器件的情况进行判断。

（1）如果怀疑电路中某一只电容器开路、失效及参数下降，则可不必将所怀疑的元器件从印制电路板上取下，拿一只与原电容器容值相同或相近的好电容器并联在被怀疑电容器上，如果故障消除，则就能确定原电容器失效。但对于短路故障的电容器，此种做法无效。

如果怀疑固定电阻器、电感器出现开路或失效故障时，可同样采取上述方法进行测量，以确定所怀疑的元器件是否为故障件。

（2）如果怀疑晶体管是击穿短路故障，为减少不便，可将3个引脚中的两个引脚脱焊，将好晶体管的两个引脚插入印制电路板焊好，另一个引脚与未脱焊的引脚相并即可。

7）信号注入法

信号注入法是将一定频率和幅度的信号逐级输入到被检测的电路中，或注入到可能存在故障的有关电路，然后再通过电路终端的发音设备或显示设备（扬声器、显像管）及示波器、电压表等的反应情况，作出逻辑判断的检测方法。在检测中哪一级没有通过信号，故障就在该级单元电路中。

信号发生器的信号注入常用的有音频信号发生器、高频信号发生器、图像信号发生器等。

根据信号注入方法的不同，可分为顺向注入法和逆向注入法。顺向注入法就是将信号从电路的输入端输入，然后用仪表（示波器等）逐级进行检测。逆向注入法则相反，是将信号从后级逐级往前输入，而检测仪表接在终端不动。

8）干扰注入法

干扰注入法是指在业余的情况下，往往没有信号源一类专门的仪器，这时将干扰信号当作一种信号源去检测故障的方法。

感应杂波信号注入法是一种简单易行的方法，即将人体感应产生的杂波信号作为检测的信号源，它不需要任何仪器仪表。

利用这一方法可以简易地判断出电路的故障部位。该方法比较适用于检测无声故障的收音机或无图像故障的电视机的通道部分。

具体方法是：手拿小螺丝刀，而且手指要紧贴小螺丝刀的金属部分，然后用螺丝刀的刀口部分由电路的输出端逐渐向前去碰触电路中除接地或旁路接地的各点，当用刀口触碰电路中各点时，就相当于在该点输入一个干扰信号，如果该点以后的电路工作正常，则电路的终端（如喇叭、显像管等）就应有"喀喀"声或有杂波反应，越往前级，声音越响。

如果触碰的各输入点均无反应，则可能是终端的电路故障。如果只有某一级无反应，则应着重检查该级电路。

应用干扰注入法检测电路的末级时，可能会因为末级电路增益不够，同时也因人体感应信号太弱，导致反应不明显，这是正常的。

9）短路法

短路法与信号注入法正好相反，是把电路中的交流信号对地短路，或是对某一部分电路短路，从中发现故障所在的检测方法。

短路法有两种，一种是交流短路法，另一种是直流短路法，常用的是交流短路法。

交流短路法是用一只相对某一频率的短路电容，去短路电路中的某一部分或某一元器件，从中查找故障的方法。此方法适用于检查有噪声、交流声、杂音及有阻断故障的电路。

直流短路法是用一根短路线（一根金属导线）直接短路某一段电路，从中查找故障的方法。此方法多用于检查振荡电路、自动控制电路是否工作正常。

应用短路法时,当短路到某一单元电路的输入端时,其噪声没有变化,继续短路该单元电路的输出端时,其故障消失了,说明故障就在这一单元电路。

采用交流短路法时,要根据被短路电路的工作频率的不同,选择与其频率相适应的电容器接入电路(如收音机检波电路可选用 0.1 μF,低放电路可选用 100 μF)。其短路的方法是将电容器的一端接地,另一端去触碰检测点。

10)开路法

开路法是将电路中被怀疑的电路和元器件开路处理,让其与整机电路脱离,然后观察故障是否还存在,从而确定故障部位所在的检查方法。开路法主要用于整机电流过大等短路性故障的排除。

采用开路法时应先将电流表串入总电路(如串接到保险管处),然后把被怀疑有短路故障的电路从总电路中分离出来,这时观察电流表读数是否降下来了。如果电流没有变化或变化很小,就要继续分离被怀疑有故障的电路,直到分离某一部分电路后,电流降到正常值,表明故障就在被分离出来的电路中。

5.2.6 调试的安全措施

调试过程中要接触到各种测试仪器和电源,在这些仪器设备及被测试机器中常常带有高压电路、高压大容量电容和 MOS 电路等。为保护调试人员的人身安全和避免测试仪器及元器件的损坏,必须严格遵守安全操作规程。调试工作中的安全措施主要有测试环境的安全措施、供电设备的安全措施、测试仪器的安全措施和操作安全措施等。

1. 测试环境的安全措施

(1)测试场所要保持适当的温度与湿度,场地周围不应有激烈的振动和很强的电磁干扰。

(2)调试台及部分工作场地应铺设绝缘橡胶垫,使调试人员与地绝缘。

(3)工作场地应备有适用于灭电气起火,且不会腐蚀仪器设备的消防设备(如四氯化碳灭火器等)。

(4)调试 MOS 器件的工作台面,应使用金属接地台面或防静电垫板。

2. 供电设备的安全措施

(1)调试检测场地应安装漏电保护开关和过载保护装置,所有的电源线、插头、插座、保险丝、电源开关等都不允许有裸露的带电导体,所用电气材料的工作电压和电流均不能超过额定值。

(2)当调试设备需要使用调压变压器时,应注意其接法。因为调压变压器的输入端与输出端不隔离,因此接入电网时必须使公共端接零线,以确保后面所接电路不带电。若在调压变压器前面再接入 1∶1 的隔离变压器,则无论如何连接输入线,均可确保安全。

3. 测试仪器的安全措施

(1)测试仪器外壳上易接触的部分不应带电,非带电不可时,应加绝缘覆盖层防护。仪器外部超过安全电压的接线柱及其他端口不应裸露,以防使用者接触。

（2）各种仪器设备必须使用三线插头座，电源线应采用双重绝缘的三芯专用线，若是金属外壳，则必须保证外壳良好接地。

（3）更换仪器设备的熔断丝时，必须完全断开电源线。更换的熔断丝必须与原熔断丝同规格，不得更换大容量的熔断丝，更不能直接用导线代替。

（4）带有风扇的仪器设备，如通电后风扇不转或有故障，应停止使用。

（5）电源及信号源等输出信号的仪器在工作时，其输出端不能短路。输出端所接负载不能长时间过载。发生输出电压明显下降时，应立即断开负载。对于指示类仪器，如示波器、电压表、频率计等输入信号的仪器，其输入端输入信号的幅度不能超过其量限，否则容易损坏仪器。

（6）功耗较大（>500 W）的仪器设备在断电后，不得立即再通电，应冷却一段时间后再开机，否则容易烧断熔断丝或损坏仪器。

4．操作安全措施

（1）在接通被测整机的电源前，应检查其电路及连线有无短路等不正常现象；接通电源后应观察机内有无冒烟、高压打火、异常发热等情况。如有异常现象，则应立即切断电源，查找故障原因，以免扩大故障范围或造成不可修复的故障。

（2）禁止调试人员带电操作，如必须与带电部分接触时，应使用带有绝缘保护的工具。

（3）在进行高压测试调整前，应做好绝缘安全准备，如穿戴好绝缘工作鞋、绝缘工作手套等。在接线之前，应先切断电源，待连线及其他准备工作完毕后再接通电源进行测试与调整。

（4）使用和调试 MOS 电路时必须佩戴防静电腕套。在更换元器件或改变连接线之前，应关掉电源，待滤波电容放电完毕后再进行相应的操作。

（5）调试时至少应有两人在场，以防不测，其他无关人员不得进入工作场所，任何人不得随意拨动总闸、仪器设备的电源开关及各种旋钮，以免造成事故。

（6）调试工作结束或离开工作场所前，应关掉调试用仪器设备等电器的电源，并拉开总闸。

5.2.7 彩电调试实例

目前，电子产品的种类繁多，虽然不同的整机调试指标、方式等各有特点，但是基本流程是相同的。这里以夏华彩电的调试工艺进行说明，其电路仅供参考。

1．整机原理框图（如图 5-12 所示）

2．调试工艺

1）安全说明

（1）X-射线辐射的注意事项

① 过高的电压会产生有碍健康的 X 射线。为避免辐射伤害，高压须调整在规定的限额内。该机在交流 220 V/50 Hz 的市电供应系统下正常工作，在零束电流（亮度最小）、主电源电压为 105 V 的条件下，高压正常值应在 33 kV 以下。在任何情况下，高压不得过 34 kV。维修电视机时，必须参照本说明的高压检查法检查高压。检查用的高压表必须准确可靠。检查时，机内主电源电压应保持为 105 V。

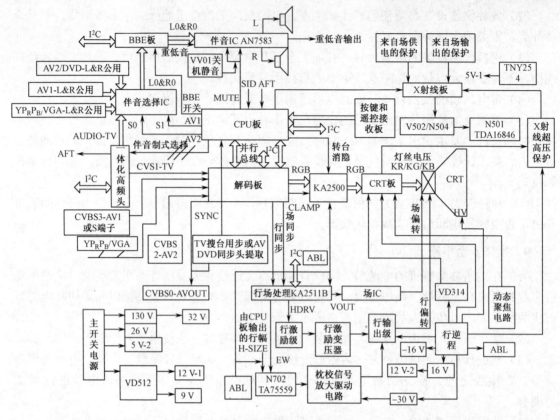

图 5-12 整机原理框图

② X-射线辐射的主要来源是显像管，本机使用的显像管已经过安全认证检验认可，所以更换显像管时，必须是同型号、同规格或用类似经认可的规格的显像管，并参照高压检查法检查高压。

（2）安全注意事项

① 因市电直接接入电源印制板的热地部分，所以在维修过程中需使用隔离变压器，以防止触电受伤或损坏仪器。

② 在搬动显像管前，需对石墨层导体放电。

③ 更换任何元器件时，必须将电源线从电源插座中拔出。

④ 更换大功率电阻时，电阻与印制板之间保持 10 mm 高。

（3）元器件安全注意事项

在印制板上的许多电气和机械部分，都与安全特性相关，这些特性不易为视觉所察。有特殊安全特性的更换部分，在手册内会有注明。具有这些特性的电气元件将会在电路图、明细表中用阴影或"△"表现出来。更换这些元器件时，应参照手册的明细表。若与明细表上的规格不同，则不一定具备相同的安全特性，可能会造成触电、着火、X 射线辐射的增加或其他伤害。

2）一般说明

（1）本机芯内的 EEPROM（CPU 部件上的 N806 AT24C32）上机前先按标准样机数据进行复制，必要时再进行"工厂调整"。

（2）如无特别说明，整机调整均在下列条件下进行：
① 交流电源 220 V/50 Hz；
② 整机预热 30 min 以上。
（3）机内装有自动消磁电路，在主电源打开约 1 s 内完成自动消磁，每次关机至少 30 min 后再开机自动消磁电路才有效。
（4）如果显像管带磁影响色纯和会聚，机内消磁仍无法完全去磁时，可用消磁器进行外部消磁，如色纯和会聚仍不良，则必须进行色纯和会聚调整，调整方法请参照我公司显像管调试方法。

3）调试项目和程序
（1）B+电压调整。
（2）"选项 OSD"调整。
（3）聚焦调整。
（4）帘栅压及白平衡调整。
（5）模拟量最大值、中间值、最小值调整。
（6）行、场扫描中心、幅度调整。
（7）光栅校正调整。
（8）检查点。
（9）出厂状态预置。
（10）调校流程如图 5-13 所示。

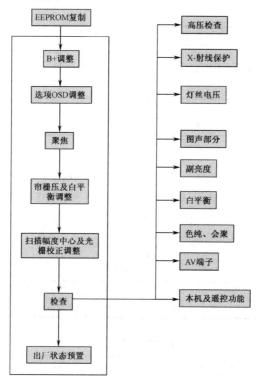

图 5-13　调校流程图

4）工厂菜单中的预设值

（1）音量线性调整（见表5-1）。

表5-1 音量线性调整

V25	A8H
V50	BEH
V100	ECH

（2）模拟量设定（见表5-2）。

表5-2 模拟量设定

BRTX	72H	SHPX	0CH
BRTC	5FH	SHPC	09H
BRTN	47H	SHPN	04H
CNTX	A0H	HUEX	FFH
CNTC	72H	HUEC	80H
CNTN	32H	HUEN	00H
COLX	3FH		
COLC	1AH		
COLN	00H		

（3）"亮丽、自然、柔和"（见表5-3）。

表5-3 色调

	亮丽图像	自然图像	柔和图像
亮　度	60	55	50
对比度	100	75	40
色　度	60	55	40
清晰度	50	50	40
色　调	50	50	50

（4）"选项OSD"调整。

按工厂遥控器上的"工厂"按键，直至出现"选项OSD"项目。根据订单要求设置"彩色模式"、"伴音模式"、"其他模式"的值，分别见表5-4、表5-5、表5-6。其中，"其他模式"中Bit2的设置方法为：主板部件如使用夏普高频头，则Bit2置0；如使用成都旭光产的高频头，则Bit2置1。

表5-4 彩色模式

Bit7	Bit6	Bit5	Bit4	Bit3	Bit2	Bit1	Bit0
		自动	N4.43	PAL60	SECAM	PAL	N3.58

表5-5 伴音模式

Bit7	Bit6	Bit5	Bit4	Bit3	Bit2	Bit1	Bit0
				M	I	BG	DK

表 5-6　其他模式

Bit0	语言选择	0：中文/英文	1：英文
Bit1	开机界面（拉幕）	0：无	1：有
Bit2	高频头	0：夏普	1：成都旭光
Bit3	BBE	0：无	1：有
Bit4	速度调制	0：无	1：有
Bit5	旋转	0：无	1：有
Bit6			
Bit7			

MT2928 的设定值见表 5-7。

表 5-7　MT2928 的设定值

彩色模式	2FH
伴音模式	0FH
其他模式	3EH

5）调整方法

（1）B+电压调整：

① 确定交流电源为 220 V/50 Hz。

② 接收 D8 信号，按"个人爱好"键，使"视频设置"置"自然图像"，连接数字电压表至 VD509 负极，调整 RP501，使 B+电压为 105 V±0.3 V（注：如有不同型号的显像管需调整 B+，将另给 B+电压值）。

（2）聚焦调整：

接收 D35 信号，调整 FBT 上的聚焦电位器，使屏幕中心区域聚焦最佳。有动态聚焦功能的机型，需作相应的调整。

（3）帘栅压及白平衡调整（动态显像增强置"关"）：

① 接收 D8 信号。

② 固定工厂菜单中的 RCUT、RDRV 值不变（设为 80），粗调 GCUT、BCUT、GDRV、BDRV 值，使白平衡基本正常。

③ 将彩色置为 0，对比度置为 50，用示波器监测 CRT 板上的红枪波形，调亮度使 D8 信号上部彩条信号右边最后一阶的电平值为 180 V。

④ 调 FBT 上的 SCREEN 电位器，使 D8 上部右边最后一阶微亮。

⑤ 调整工厂菜单中的 R CUT、G CUT、B CUT、RDRV、GDRV、BDRV 值，使亮暗平衡最佳（原则上 R CUT、RDRV 值置为 80 不动。TV、VGA、YPbPr 各模式均需调白平衡）。

⑥ 将彩色、亮度、对比度全部设置为 0，调工厂菜单中的 BRTN，使 D8 上部左边两条微亮。

（4）模拟量最大值、中间值、最小值调整（X：最大值；C：中间值；N：最小值）：

按上所述调整工厂菜单中的 BRTN（亮度最小值）项后，对 BRTC（亮度中间值）做相应的调整，其余项按设计给定值即可。

（5）行场扫描中心、幅度调整：

① 接收 PAL 制信号，调整工厂菜单中"行中心"、"场中心"项目，使画面中心与 CRT 中心一致。调整工厂菜单中"行幅"、"场幅"项目，使行幅、场幅符合我公司要求。

② 以相同方法调整 NTSC 制信号的行、场中心及行、场幅度。

（6）光栅校正调整：

① 接收 PAL 制信号，调整工厂菜单中"场 S 校正"、"场线性"、"平行四边形"、"弓形"、"枕形"、"梯形"项目，使光栅形状符合要求。

② 接收 NTSC 制信号，以相同方法调整"场 S 校正"、"场线性"、"平行四边形"、"弓形"、"枕形"、"梯形"项目。

③ "旋转"项目的调整（针对某些机型）：进入主菜单"旋转"选项，用"音量▲/▼"进行调整，使光栅不倾斜。

（7）不同显示模式：

在不同 TV 显示模式下，应按上面的（5）和（6）中所述各项重新调试。

> **注意**：为方便工厂调试，本机特设"COPY"键，先调整好 PAL "优化"模式数据后，开"COPY"键，将自动复制数据至各种模式下（不包括 VGA、YPbPr），再进入各种变频模式细调 4.5 及 4.6 中所述各项。同时，本机可在工厂模式下使用"扫描模式"键切换变频模式而不退出工厂菜单。

（8）VGA 白平衡调整：

① 按表 5-8 写入各值。

② 在 640×480 60P 下按 4.3.5 所述调整白平衡。

表 5-8　VGA 白平衡基准值

模式	R Gain	G Gain	B Gain	R off	G off	B off
各模式下	90	90	90	80	80	80

（9）YPbPr 白平衡调整：

① 按表 5-9 将工厂中 R Gain、G Gain、B Gain、R off、G off、B off 值预置好。

表 5-9　YPbPr AD9883 白平衡基准值

序号	模式	R Gain	G Gain	B Gain	R off	G off	B off
1	1080i 60	AE	7D	E3	A4	7A	72
2	720P	A2	80	E0	AC	80	74
3	480P	DE	8B	E0	7E	54	7C
4	1080i 50	6A	7D	9F	B2	80	74

② 送入 8 阶灰阶信号，用三台示波器分别勾 KB2500 输入的三枪，分别在各模式下细调 R Gain、G Gain、B Gain、R off、G off、B off，使 R.G.B 三枪幅度为 0.65 Vp-p，底部 offset 平。

③ 在各模式下，按前所述调整白平衡。

6）检查点 off。

（1）高压检查：

① 将高压表接在显像管第 2 阳极和地之间。

② 接收 D8 信号，视频设置置"亮丽图像"，测高压值应为 A，见表 5-10。

③ 亮度和对比度控制置最小（零束流）时，测高压值应不超过 B，见表 5-10。

表 5-10 高压值

项目 \ 尺寸参数	74 cm（29 in）	86 cm（34 in）
A	29.5 kV	31 kV±1 kV
B	33 kV	34 kV

（2）CRT 灯丝电压检查：

接收 D8 信号，视频设置置"亮丽图像"，用真实有效值电压表测 CRT 灯丝电压应为 $6.3±0.3\ V_{rms}$。

（3）AV 输入/输出端子、S 端子、YUV 端子、VGA 端子的检查：

按产品标准要求进行输入、输出信号的幅度检查。

（4）本机和遥控器按键功能的检查。

7）出厂状态预置

（1）显示模式置"逐行扫描 60"。

（2）TV、AV 彩色制式均置"自动"（注意，TV、AV 需分别设置）。

（3）伴音制式置"DK"。

（4）语言置"中文"。

（5）蓝屏置"开"。

（6）音量置"30"。

（7）图像模拟量设置为：亮度 50、对比度 90、色度 60、清晰度 40、色调 50、亮度勾边置"开"、彩色勾边置"开"、显像增强置"关"、动态降噪置"中"、强力速调置"中"。

（8）声音模拟量设置为：低音 50、高音 50、平衡 50、环绕置"开"、BBE 置"开"。

（9）图像旋转由工厂设置最佳位置。

（10）动态滤波置"关"。

8）工作模式

本机支持的工作模式见表 5-11、表 5-12 和表 5-13。

表 5-11 TV 模式

序号	工作模式	行频（kHz）	场频（Hz）
1	倍场	33.75	PAL 100/NTSC 120
2	逐行	33.75	60
3	优化	33.75	PAL 75/NTSC 90

表 5-12 VGA 模式

序号	输入模式	本机工作行频（kHz）	本机工作场（Hz）
1	XGA（1024×768）60P	33.75	60
2	SVGA（800×600）60P	33.75	60
3	SVGA（800×600）75P	33.75	60
4	VGA（640×480）60P	33.75	60

表 5-13 YPbPr 模式

序 号	输入模式	本机工作行频（kHz）	本机工作场（Hz）
1	1080i（50 Hz）	33.75	60
2	1080i（60 Hz）	33.75	60
3	480P（60 Hz）	33.75	60
4	720P（60 Hz）	33.75	60

5.3 自动化装接生产线

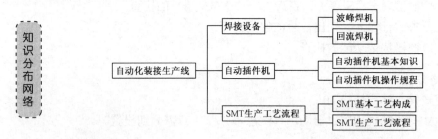

5.3.1 焊接设备

1．波峰焊机

波峰焊也称为群焊或流动焊接，是 20 世纪电子产品装联工艺中最成熟、影响最广、效率最明显的一项成就，到 20 世纪 80 年代仍是装接工艺的主流；尽管近 20 多年来出现了焊锡膏—再流焊工艺，并不断扩展应用范围，但是在今后的一段时间内，波峰焊接技术仍是不可缺少的。

波峰焊接的主要设备是波峰焊机，常见的波峰焊机由如下的工序组成：装板→涂助焊剂→预热→焊接→热风刀→冷却→卸板。其中，热风刀工序的目的是去除桥接并减轻组件的热应力，冷却的作用是减轻热滞留引起的不利影响。波峰焊机操作的主要工序是焊料波峰与PCB接触工位，其余都是辅助工序，但是所有工序缺一不可。

1）波峰焊机的结构及其工作原理

波峰焊机是在浸焊机的基础上发展起来的自动焊接设备，两者最主要的区别在于设备的焊锡槽。波峰焊是利用焊锡槽内的机械式或电磁式离心泵，将熔融焊料压向喷嘴，形成一股向上平稳喷涌的焊料波峰，并源源不断地从喷嘴中溢出。装有元器件的印制电路板以直线平面匀速运动的方式通过焊料波峰，在焊接面上形成浸润焊点而完成焊接。图 5-14 所示是波峰焊机的焊锡槽示意图。

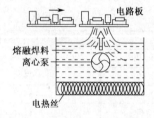

图 5-14 波峰焊机的焊锡槽示意图

与浸焊机相比，波峰焊接设备具有以下优点。

（1）熔融焊料的表面漂浮一层抗氧化剂以隔离空气，只有焊料波峰暴露在空气中，减少了氧化的机会，可以减少氧化渣带来的焊料浪费。

（2）电路板接触高温焊料时间短，可以减少印制电路板的翘曲变形。

（3）浸焊机内焊料是相对静止的，焊料中不同密度的金属会产生分层现象。波峰焊机在焊料泵的作用下，整槽熔融焊料循环流动，使焊料成分均匀。

（4）波峰焊机的焊料充分流动，有利于提高焊点质量。

现在，波峰焊设备已经国产化，波峰焊成为应用最普遍的一种焊接印制电路板的工艺方法。这种方法适宜成批、大量地焊接一面装有分立元件和集成电路的印制线路板。凡与焊接质量有关的重要因素，如焊料与焊剂的化学成分、焊接温度、速度、时间等，在波峰焊机上均能得到比较完善的控制。图 5-15 所示是一般波峰焊机的内部结构示意图。

在波峰焊机内部，焊锡槽被加热使焊料熔化；机械泵根据焊接要求工作，使液态焊锡从喷口涌出，形成特定形态的、连续不断的锡波；已完成插件工序的印制电路板放在匀速运动的导轨上，向前移动，顺序经过涂敷焊剂和预热工序，进入焊锡槽上部，电路板的焊接面在通过焊锡波峰时进行焊接。然后焊接面经冷却后完成焊接过程，被送出焊接区。冷却方式大多是强迫风冷，正确的冷却温度与时间有利于改进焊点的外观和可靠性。

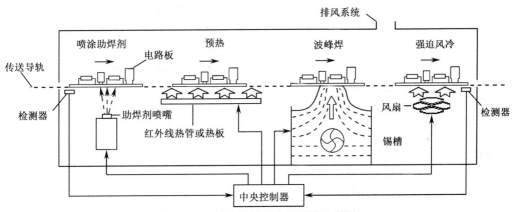

图 5-15 波峰焊机的内部结构示意图

助焊剂喷嘴既可以实现连续喷涂，也可以被设置成检测到有电路板通过时才进行喷涂的经济模式。预热装置由热管组成，电路板在焊接前被预热，可以减少温差，避免热冲击。预热温度为 90～120 ℃，预热时间必须控制得当，预热使助焊剂干燥并处于活化状态。焊料溶液在锡槽中始终处于流动状态，使喷涌的焊料波峰表面无氧化层，由于印制电路板和波峰之间处于相对运动状态，所以助焊剂容易挥发，焊点内不容易出现气泡。

为了获得良好的焊接质量，焊接前应做好充分的准备工作，如预镀焊锡、涂敷助焊剂、预热等；焊接后的冷却、清洗、检验、返修等操作也都要做好。

2）波峰焊工艺因素的调整

在波峰焊机工作的过程中，焊料和助焊剂被不断消耗，所以需要经常对这些焊接材料进行监测与调整。

（1）焊料。波峰焊一般采用 Sn63/Pb37 的共晶焊料，熔点为 183 ℃。Sn 的含量应该保持在 61.5% 以上，并且 Sn、Pb 两者的含量比例误差不得超过±1%，主要金属杂质的最大含量范围见表 5-14。

表 5-14 波峰焊焊料中主要金属杂质的最大含量范围（‰）

金属杂质	铜 Cu	铝 Al	铁 Fe	铋 Bi	锌 Zn	锑 Sb	砷 As
最大含量范围	0.8	0.05	0.2	1	0.02	0.2	0.5

应该根据设备的使用情况，一周到一个月内定期检测焊料的 Sn、Pb 比例和主要金属杂质的含量。如果不符合要求，可以更换焊料或采取其他措施。例如，当 Sn 的含量低于标准时，可以添加纯 Sn 以保证含量比例。

焊接质量由焊料温度、焊接时间、波峰的形状及高度决定。焊接时，Sn-Pb 焊料的温度一般设定为 245 ℃左右，焊接时间在 3 s 左右。

随着无铅焊料的应用及高密度、高精度组装的要求，新型波峰焊机需要在更高温度下进行焊接，焊料槽部位也将实行氮气保护。

（2）助焊剂。波峰焊使用的助焊剂，要求表面张力小，扩展率大于 85%；黏度小于熔融焊料，容易被置换；焊接后容易清洗。一般助焊剂的密度为 0.82～0.84 g/ml，可以用相应的溶剂来稀释调整。

假如采用免清洗助焊剂，则要求密度小于 0.8 g/ml，固体含量小于 2.0 Wt%，不含卤化物，焊接后残留物少，不产生腐蚀作用，绝缘性好，绝缘电阻大于 $1×10^{11}$ Ω。

应该根据电子产品对清洁度和电性能的要求选择助焊剂的类型：卫星、飞机仪表、潜艇通信、微弱信号测试仪器等军用、航空航天产品或生命保障类医疗装置，必须采用免清洗助焊剂；通信设施、工业装置、办公设备、计算机等，可以采用免清洗助焊剂，或者用清洗型助焊剂，焊接后进行清洗；一般，要求不高的消费类电子产品，可以采用中等活性的松香助焊剂，焊接后不必清洗，当然也可以使用免清洗助焊剂。

应根据设备的使用频率，每天或每周定期检测助焊剂的密度。如果不符合要求，应及时更换助焊剂或添加新助焊剂以保证密度合格。

（3）焊料添加剂。在波峰焊的焊料中，还要根据需要添加或补充一些辅料。防氧化剂可以减少高温焊接时焊料的氧化，不仅可以节约焊料，还能提高焊接质量。防氧化剂由油类与还原剂组成，要求还原能力强，在焊接温度下不会碳化。锡渣减除剂能让熔融的铅锡焊料与锡渣分离，起到防止锡渣混入焊点、节省焊料的作用。

此外，波峰焊机的传送系统，即传送链、传送带的速度，也应依据助焊剂、焊料等因素与生产规模进行综合选定与调整。传送链、传送带的倾角在设备制造时是根据焊料波形设计的，但有时也要随产品的改变进行微调。

3）波峰焊机的类型

旧式波峰焊机在焊接时容易造成焊料堆积、焊点短路等现象，修补焊点的工作量较大。并且，在采用一般的波峰焊机焊接 SMT 电路板时，有两个技术难点。

（1）气泡遮蔽效应。在焊接过程中，助焊剂或 SMT 元器件的粘接剂受热分解所产生的气泡不易排出，遮蔽在焊点上，可能造成焊料无法接触焊接面而形成漏焊。

（2）阴影效应。印制电路板在焊料熔液的波峰上通过时，较高的 SMT 元器件对它后面或相邻的较矮的 SMT 元器件周围的死角产生阻挡，形成阴影区，使焊料无法在焊接面上漫流而导致漏焊或焊接不良。

为克服这些 SMT 焊接缺陷，除了采用再流焊等焊接方法以外，已经研制出许多新型或改进型的波峰焊设备，有效地排除了原有的缺陷，创造出空心波、组合空心波、紊乱波、旋转波等新的波峰形式。新型的波峰焊机按波峰形式分类，可以分为单峰、双峰、三峰和复合峰四种波峰焊机。

（1）斜坡式波峰焊机。斜坡式波峰焊机和一般波峰焊机的区别，在于传送导轨以一定角度的斜坡方式安装，如图 5-16（a）所示。这样的好处是，增加了电路板焊接面与焊锡波峰接触的长度。假如电路板以同样的速度通过波峰，等效增加了焊点浸润的时间，从而可以提高传送导轨的运行速度和焊接效率，不仅有利于焊点内的助焊剂挥发，避免形成夹气焊点，还能让多余的焊锡流下来。

图 5-16 斜坡式波峰焊机和高波峰焊机

（2）高波峰焊机。高波峰焊机适用于 THT 元器件"长脚插焊"工艺，其焊锡槽及锡波喷嘴如图 5-16（b）所示。它的特点是，焊料离心泵的功率比较大，从喷嘴中喷出的锡波高度比较高，并且其高度 h 可以调节，保证元器件的引脚从锡波里顺利通过。一般，在高波峰焊机的后面配置剪腿机，用来剪短元器件的引脚。

（3）电磁泵喷射波峰焊机。在电磁泵喷射空心波焊接设备中，通过调节磁场与电流值，可以方便地调节特制电磁泵的压差和流量，从而调整焊接效果。这种泵控制灵活，每焊接完成一块电路板后，自动停止喷射，减少了焊料与空气接触的氧化作用。这种焊接设备多用于焊接贴片/插装混合组装的电路板中，如图 5-16（c）所示。

（4）双波峰焊机。双波峰焊机是 SMT 时代发展起来的改进型波峰焊设备，特别适合焊接那些 THT+SMT 混合元器件的电路板。双波峰焊机的焊料波形如图 5-17 所示，使用这种设备焊接印制电路板时，THT 元器件要采用"短脚插焊"工艺。电路板的焊接面要经过两个熔融的铅锡焊料形成的波峰，这两个焊料波峰的形式不同，最常见的波形组合是"紊乱波+宽平波"，"空心波+宽平波"的波形组合也比较常见。焊料熔液的温度、波峰的高度和形状、电路板通过波峰的时间和速度这些工艺参数，都可以通过计算机伺服控制系统进行调整。

① 空心波。顾名思义，空心波的特点是在熔融铅锡焊料的喷嘴出口设置了指针形调节杆，让焊料熔液从喷嘴两边对称的窄缝中均匀地喷流出来，使两个波峰的中部形成一个空心的区域，并且两边焊料熔液喷流的方向相反。由于空心波的伯努利效应（Bernoulli Effect，一种流体动力学效应），其波峰不会将元器件推离基板，相反会使元器件贴向基板。空心波的波形结构，可以从不同方向消除元器件的阴影效应，有极强的填充死角、消除桥接的效果。它能够焊接 SMT 元器件和引线元器件混合装配的印制电路板，特别适合焊接极小的元器件，即使是在焊盘间距为 0.2 mm 的高密度 PCB 上，也不会产生桥接。空心波焊料熔液喷流形成的波柱薄、截面积小，使 PCB 基板与焊料熔液的接触面减小，不仅有利于助焊剂热分解气体的排放，克服了气体遮蔽效应，还减少了印制电路板吸收的热量，降低了元器件损坏的概率。

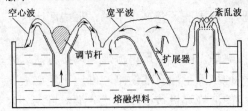

图 5-17 双波峰焊机的焊料波形

② 紊乱波。在双波峰焊接机中，用一块多孔的平板去替换空心波喷口的指针形调节杆，就可以获得由若干个小子波构成的紊乱波。看起来像平面涌泉似的紊乱波，也能很好地克服一般波峰焊的遮蔽效应和阴影效应。

③ 宽平波。在焊料的喷嘴出口处安装扩展器，使熔融的铅锡熔液从倾斜的喷嘴喷流出来，可形成偏向宽平波（也叫片波）。逆着印制板前进方向的宽平波的流速较大，对电路板有很好的擦洗作用；在设置扩展器的一侧，熔液的波面宽而平，流速较小，使焊接对象可以获得较好的后热效应，起到修整焊接面、消除桥接和拉尖、丰满焊点轮廓的效果。

（5）选择性波峰焊设备。近年来，SMT 元器件的使用率不断上升，在某些混合装配的电子产品中甚至已经占到 95% 左右，按照以往的思路，对电路板 A 面进行再流焊、B 面进行波峰焊的方案已经面临挑战。在以集成电路为主的产品中，很难保证在 B 面上只贴装耐受温度的 SMC 元件、不贴装 SMD 元件——集成电路承受高温的能力较差，可能因波峰焊导致损坏；假如用手工焊接的办法对少量 THT 元件实施焊接，一致性又难以保证。为此，国外厂商推出了选择性波峰焊设备。这种设备的工作原理是：在由电路板设计文件转换的程序控制下，小型波峰焊锡槽和喷嘴移动到电路板需要补焊的位置，顺序、定量地喷涂助焊剂并喷涌焊料波峰，进行局部焊接。

4）波峰焊的温度曲线及工艺参数控制

理想的双波峰焊的焊接温度曲线如图 5-18 所示。从图中可以看出，整个焊接过程被分为三个温度区域：预热、焊接和冷却。实际的焊接温度曲线可以通过对设备控制系统的编程进行调整。

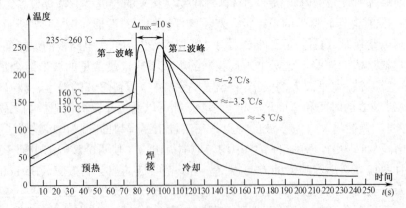

图 5-18 理想的双波峰焊的焊接温度曲线

在预热区内，电路板上喷涂的助焊剂中的溶剂被挥发，可以减少焊接时产生气体。同时，松香和活化剂开始分解活化，去除焊接面上的氧化层和其他污染物，并且防止金属表面在高温下再次氧化。印制电路板和元器件被充分预热，可以有效地避免焊接时急剧升温产生的热应力损坏。电路板的预热温度及时间,要根据印制板的大小、厚度、元器件的尺寸和数量,以及贴装元器件的多少而确定。在 PCB 表面测量的预热温度应该为 90~130 ℃,多层板或贴片元器件较多时,预热温度取上限。预热时间由传送带的速度来控制。如果预热温度偏低或预热时间过短,助焊剂中的溶剂挥发不充分,则焊接时就会产生气体,引起气孔、锡珠等焊接缺陷;如果预热温度偏高或预热时间过长,焊剂被提前分解,使焊剂失去活性,同样会引起毛刺、桥接等焊接缺陷。为恰当控制预热温度和时间,达到最佳的预热温度,可以参考表 5-15 内的数据,也可以从波峰焊前涂敷在 PCB 底面的助焊剂是否有粘性来进行判断。

表 5-15　不同印制电路板在波峰焊时的预热温度

PCB 类型	元器件种类	预热温度(℃)
单面板	THC+SMD	90~100
双面板	THC	90~110
双面板	THC+SMD	100~110
多层板	THC	110~125
多层板	THC+SMD	110~130

焊接过程是焊接金属表面、熔融焊料和空气等相互作用的复杂过程,必须控制好焊接温度和时间。如焊接温度偏低,液体焊料的粘性大,不能很好地在金属表面浸润和扩散,就容易产生拉尖和桥接、焊点表面粗糙等缺陷;如焊接温度过高,容易损坏元器件,还会由于焊剂被碳化失去活性、焊点氧化速度加快,产生焊点发乌、不饱满等问题。测量的波峰表面温度,一般应该在(250±5 ℃)的范围之内。因为热量、温度是时间的函数,所以在一定温度下,焊点和元件的受热量随时间而增加。波峰焊的焊接时间可以通过调整传送系统的速度来控制,传送带的速度要根据不同波峰焊机的长度、预热温度、焊接温度等因素统筹考虑,进行调整。以每个焊点接触波峰的时间来表示焊接时间,一般焊接时间约为 3~4 s。

综合调整控制工艺参数,对提高波峰焊的质量非常重要。焊接温度和时间,是形成良好焊点的首要条件。焊接温度和时间,与预热温度、焊料波峰的温度、导轨的倾斜角度、传输速度都有关系。双波峰焊的第一波峰一般设置为 235~240 ℃/1 s 左右,第二波峰一般设置在 240~260 ℃/3 s 左右。

5)波峰焊机的保养

波峰焊机的保养主要分为四部分。

(1)机械部分:如果机器运转时间太长,未保养,没有定期检查,就会出现螺丝松脱,齿轮牙轮密度不好,链条速度减慢,传动轴可能生锈导致轨道变形(如喇叭口、梯形等形状),掉板、卡板现象,出现炉后品质不良、轨道水平变形等状况,既影响了机械本身的性能又浪费了生产时间。

(2)发热管部分:如果使用时间过长而未对发热管保养和更换,会出现发热管发热温度不均匀,发热管老化、断裂,影响熔锡焊接效果(如插装波峰焊则会影响助焊剂对 PCB 的浸润作用,达不到润焊效果),锡槽的焊锡熔化时间延长,因温度不匀导致爆锡(因锡在熔化时爆到链条、轴承上而使其卡死),温控表示不准确(可能会导致误判)等。这样既对品质没有保证又浪费了生产时间,更会增加机械成本、人工成本和物料成本。

(3)电气部分:如果机台运转时间太长而未保养,未检修或未更换一些部件,就会产生电气部件(如交流接触器、继电器电流表、电压表等)损坏,电线的绝缘电阻增大等现象,使之导电性能不强、接触不良,在通电时会拉弧光、短路,此时电路中的电流就会成倍增长,可能烧坏电气部件、仪表。这样不仅使机械设备的电气严重受损,耽误生产,而且对人体的伤害后果难以预测。

(4)喷雾部分:如果长时间生产而不对喷雾系统进行保养,会导致光电感应失灵,PLC程序控制不准确,与轨道马达、喷雾马达同步的识码器识别资料不精确,喷雾马达速度减慢等故障。此故障会影响助焊剂喷雾不均匀(量不均匀,可能会提前或延后喷雾)、喷嘴堵塞、压力不够、流量减少、助焊剂水分增多等现象,不仅影响了出炉后的品质,还增加了炉后检修人员的工作量。

2. 回流焊机

回流焊,也称为再流焊,是英文 Reflow Soldering 的直译。回流焊工艺是通过重新熔化预先分配到印制板焊盘上的膏装软钎焊料,实现表面组装元器件焊端(或引脚)与印制板焊盘之间机械与电气连接的软钎焊。

1)回流焊的工艺流程

回流焊是伴随微型化电子产品的出现而发展起来的锡焊技术,主要应用于各类表面组装元器件的焊接。这种焊接技术的焊料是焊锡膏。预先在电路板的焊盘上涂敷适量和适当形式的焊锡膏,再把 SMT 元器件贴放到相应的位置(焊锡膏具有一定的粘性,使元器件固定),然后让贴装好元器件的电路板进入回流焊设备。传送系统带动电路板通过设备中各个设定的温度区域,焊锡膏经过干燥、预热、熔化、润湿和冷却,将元器件焊接到印制板上。回流焊的核心环节是利用外部热源加热,使焊料熔化而再次流动润湿,完成电路板的焊接过程。

回流焊操作方法简单、效率高、质量好、一致性好,节省焊料(仅在元器件的引脚下有很薄的一层焊料),是一种适合自动化生产的电子产品装配技术。回流焊工艺目前已经成为 SMT 电路板组装技术的主流。回流焊的一般工艺流程如图 5-19 所示。

2)回流焊工艺的特点和要求

回流焊的典型工艺如图 5-20 所示,适合于各种 SMD 元件的贴装。

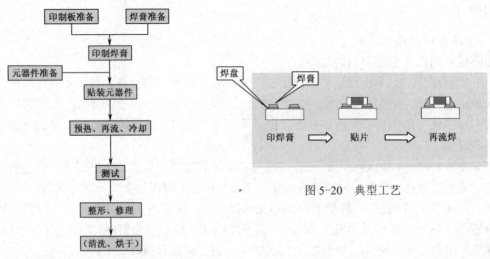

图 5-20 典型工艺

图 5-19 回流焊的一般工艺流程

与波峰焊技术相比，回流焊工艺具有以下技术特点。

（1）元件不直接浸渍在熔融的焊料中，所以元件受到的热冲击小。

（2）能在前道工序里控制焊料的施加量，减少了虚焊、桥接等焊接缺陷，所以焊接质量好，焊点的一致性好，可靠性高。

（3）假如前道工序在 PCB 上施放焊料的位置正确而贴放元器件的位置有一定偏离，则在再流焊过程中，当元器件的全部焊端、引脚及其相应的焊盘同时润湿时，由于熔融焊料表面张力的作用产生自定位效应，所以能够自动校正偏差，把元器件拉回到近似准确的位置。

（4）回流焊的焊料是商品化的焊锡膏，能够保证正确的组分，一般不会混入杂质。

（5）可以采用局部加热的热源，因此能在同一基板上采用不同的焊接方法进行焊接。

（6）工艺简单，返修的工作量很小。

回流焊的工艺要求有以下几点。

（1）要设置合理的温度曲线。回流焊是 SMT 生产中的关键工序，假如温度曲线设置不合理，会引起焊接不完全、虚焊、元件翘立（"立碑"现象）、锡珠飞溅等焊接缺陷，影响产品质量。

（2）SMT 电路板在设计时就要确定焊接方向，并应当按照设计的焊接方向进行焊接。一般应该保证主要元器件的长轴方向与电路板的运行方向垂直。

（3）在焊接过程中，要严格防止传送带振动。

必须对第一块印制电路板的焊接效果进行判断，实行首件检查制度。检查焊接是否完全、有无焊锡膏熔化不充分或虚焊和桥接的痕迹，焊点表面是否光亮，焊点形状是否向内凹陷，是否有锡珠飞溅和残留物等现象，还要检查 PCB 的表面颜色是否改变。在批量生产过程中，要定时检查焊接质量，及时对温度曲线进行修正。

3）回流焊炉的结构和主要加热方法

回流焊炉主要由炉体、上下加热源、PCB 传送装置、空气循环装置、冷却装置、排风装置、温度控制装置及计算机控制系统组成。回流焊的核心环节是将预敷的焊料熔融、再流和浸润。

回流焊对焊料加热有不同的方法，就热量的传导来说，主要有辐射和对流两种方式；按照加热区域，可以分为对 PCB 整体加热和局部加热两大类。整体加热的方法主要有红外线加热法、气相加热法、热风加热法和热板加热法；局部加热的方法主要有激光加热法、红外线聚焦加热法、热气流加热法和光束加热法。

（1）红外线回流焊（Infra Red Ray Reflow）。加热炉使用远红外线辐射作为热源，称作红外线回流焊炉。目前它已实现国产化，所以红外线回流焊是使用最为广泛的 SMT 焊接方法。这种方法的主要工作原理如下。

在设备的隧道式炉膛内，通电的陶瓷发热板（或石英发热管）辐射出远红外线，热风机使热空气对流均匀，让电路板随传动机构直线、匀速进入炉膛，顺序通过预热、焊接和冷却三个温区。在预热区里，PCB 在 100～160 ℃的温度下均匀预热 2～3 min，焊膏中的低沸点溶剂和抗氧化剂挥发，化成烟气排出；同时，焊膏中的助焊剂浸润焊接对象，焊膏软化塌落，覆盖了焊盘和器件的焊端或引脚，使它们与氧气隔离；并且电路板和元器件得到充分预热，以免它们进入焊接区时因温度突然升高而损坏。在焊接区，温度迅速上升，比焊料合金熔点高 20~50 ℃，漏印在印制板焊盘上的膏状焊料在热空气中再次熔融，浸润焊接面，时间大约为 30~90 s。当焊接对象从炉膛内的冷却区通过，焊料冷却凝固以后，全部焊点即同时完成焊接。图 5-21 所示是红外线回流焊机的外观和工作原理示意图。

红外线回流焊炉的优点是热效率高，温度变化梯度大，温度曲线容易控制，双面焊接电路板时，PCB 的上、下温度差别明显；缺点是同一电路板上的元器件受热不够均匀，特别是当元器件的颜色和体积不同时，受热温度就会不同。为使深颜色的和体积大的元器件同时完成焊接，必须提高焊接温度。现在，随着温度控制技术的进步，高档的红外线回流焊设备的温度隧道更多地细分了不同的温度区域，例如，把预热区细分为升温区、保温区和快速升温区等。在国内设备条件最好的企业里，已经能够见到 7~10 个温区的回流焊设备了。

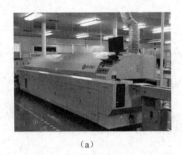
(a)

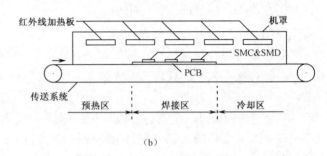
(b)

图 5-21 红外线回流焊机的外观和工作原理示意图

红外线回流焊设备适用于单面、双面、多层印制板上 SMT 元器件的焊接，以及在其他印制电路板、陶瓷基板、金属芯基板上的回流焊接，也可用于电子器件、组件、芯片的回流焊接，还可以对印制板进行热风整平、烘干，对电子产品进行烘烤、加热或固化黏合剂。红外线回流焊设备既能够单机操作，也可以连入电子装配生产线配套使用。

红外线回流焊设备还可以用来焊接电路板的两面：先在电路板的 A 面漏印焊膏，粘贴 SMT 元器件后入炉完成焊接；然后在 B 面漏印焊膏，粘贴元器件后再次入炉焊接。这时，电路板的 B 面朝上，在正常的温度控制下完成焊接；A 面朝下，受热温度较低，已经焊好的元器件不会从板上脱落下来。这种工作状态如图 5-22 所示。

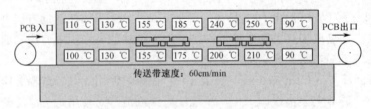

图 5-22 回流焊时电路板两面的温度不同

（2）气相回流焊（Vapor Phase Re-flow）。其工作原理是：把介质的饱和蒸气转变成为相同温度（沸点温度）下的液体，释放出潜热，使膏状焊料熔融浸润，从而使电路板上的所有焊点同时完成焊接。这种焊接方法的介质液体要有较高的沸点（高于铅锡焊料的熔点），有良好的热稳定性，不自燃。

气相回流焊的优点是焊接温度均匀、精度高、不会氧化；其缺点是介质液体及设备的价格高，工作时介质液体会产生少量有毒的全氟异丁烯（PFIB）气体。图 5-23 所示是气相回流焊的工作原理示意图。

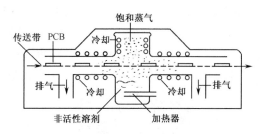

图 5-23　气相回流焊的工作原理示意图

（3）热板传导回流焊。利用热板传导来加热的焊接方法称为热板传导回流焊。热板传导回流焊的工作原理如图 5-24 所示。

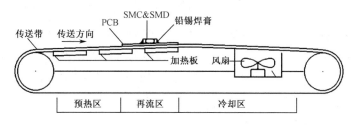

图 5-24　热板传导回流焊的工作原理

其发热器件为板形，放置在传送带下，传送带由导热性能良好的材料制成。待焊电路板放在传送带上，热量先传送到电路板上，再传至铅锡焊膏与 SMC/SMD 元器件上，软钎料焊膏熔化以后，再通过风冷降温，完成 SMC/SMD 与电路板的焊接。这种设备的热板表面温度不能大于 300 ℃，适用于高纯度氧化铝基板、陶瓷基板等导热性好的电路板的单面焊接，对普通覆铜箔电路板的焊接效果不好。

（4）热风对流回流焊与红外热风回流焊。热风对流回流焊是利用加热器与风扇，使炉膛内的空气或氮气不断加热并强制循环流动的，其工作原理如图 5-25 所示。这种回流焊设备的加热温度均匀但不够稳定，容易产生氧化，PCB 上、下的温差及沿炉长方向的温度梯度不容易控制，一般不单独使用。

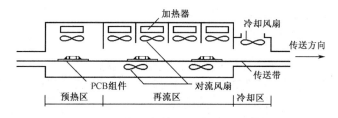

图 5-25　热风对流回流焊工作原理

改进型的红外热风回流焊是按一定的热量比例和空间分布，同时混合红外线辐射和热风循环对流来加热的方式，也叫热风对流红外线辐射回流焊。这种方法的特点是各温区独立调节热量，减小热风对流，在电路板的下面采取制冷措施，从而保证加热温度均匀稳定，电路板表面和元器件之间的温差小,温度曲线容易控制。红外热风回流焊设备的生产能力高,操作成本低,是 SMT 大批量生产中的主要焊接设备之一。图 5-26 所示是台式红外热风回流焊设备,它是内部只有一个温区的小加热炉,能够焊接的电路板的最大面积为 400 mm×400 mm(小型设备的有效焊接面积会小一些)。炉内的加热器和风扇受计算机控制,温度随时间变化,电路板在炉内处于静止状态,连续经历预热、回流和冷却的温度过程,完成焊接。这种简易设备的价格比隧道炉膛式红外热风回流焊设备低很多,适用于生产批量不大的小型企业。

图 5-26 台式红外热风回流焊设备

(5)激光加热回流焊。激光加热回流焊利用激光束良好的方向性及功率密度高的特点,通过光学系统将激光束聚集在很小的区域内,在很短的时间内使被加热处形成一个局部的加热区。常用的激光有 CO_2 和 YAG 两种。图 5-27 所示是激光加热回流焊的工作原理示意图。

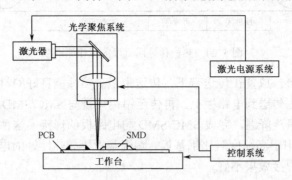

图 5-27 激光加热回流焊的工作原理

激光加热回流焊的加热具有高度局部化的特点,不产生热应力,热冲击小,热敏元器件不易损坏。但是设备投资大,维护成本高。

4)比较回流焊工艺主要加热方法的优缺点

各种回流焊工艺主要加热方法的优缺点,见表 5-16。

表 5-16 回流焊主要加热方法的优缺点

加热方式	原理	优点	缺点
红外	吸收红外线辐射加热	1. 连续、同时成组焊接 2. 加热效果好,温度可调范围宽 3. 减少焊料飞溅、虚焊及桥接	1. 材料、颜色与体积不同,热吸收不同,温度控制不够均匀
气相	利用惰性溶剂的蒸气凝聚时放出的潜热加热	1. 加热均匀,热冲击小 2. 升温快,温度控制准确 3. 同时成组焊接 4. 可在无氧环境下焊接	1. 设备和介质费用高 2. 容易出现吊桥和芯吸现象

续表

加热方式	原 理	优 点	缺 点
热风	高温加热的气体在炉内循环加热	1. 加热均匀 2. 温度控制容易	1. 容易产生氧化 2. 强风会使元器件产生位移
热板	利用热板的热传导加热	1. 减少对元器件的热冲击 2. 设备结构简单，价格低	1. 受基板热传导性能影响大 2. 不适用于大型基板、大型元器件 3. 温度分布不均匀
激光	利用激光的热能加热	1. 聚光性好，适用于高精度焊接 2. 非接触加热 3. 用光纤传送能量	1. 激光在焊接面上反射率大 2. 设备昂贵

5）回流焊设备的主要技术指标

（1）温度控制精度（指传感器灵敏度）：应该达到±0.1～0.2 ℃。

（2）传输带横向温差：要求±5 ℃以下。

（3）温度曲线调试功能：如果设备无此装置，则需外购温度曲线采集器。

（4）最高加热温度：一般为 300～350 ℃，如果考虑温度更高的无铅焊接或金属基板焊接，则应该选择 350 ℃以上。

（5）加热区数量和长度：加热区数量越多、长度越长，越容易调整和控制温度曲线。一般，中小批量生产选择 4～5 个温区、加热长度为 1.8 m 左右的设备，即能满足要求。

（6）传送带宽度：根据最大和最宽的 PCB 尺寸确定。

5.3.2 自动插件机

自动插件技术（Auto-Insert）是通孔安装技术（Through-hole Technology）的一部分，是运用自动插件设备将电子元器件插装在印制电路板导电通孔内的技术。自动插件机是完成此项工作的主要设备，如图 5-28 所示。

图 5-28 自动插件机

自动插装具有以下优点。

（1）提高安装密度；

（2）可靠性、抗振能力提高；

（3）提高频特性；

（4）提高自动化程度和劳动效率；

（5）降低了成本。

其缺点是焊后返修性差。

1．自动插件机基本知识

1）自动插件机的分类

（1）按所插元件分，可以分为跨线机、轴向插件机和径向插件机。

① 跨线机：完成跨接线（短路线）的插装、剪切和折弯的机器。

- 跨线直径：0.45～0.60 mm。
- 插入方向：0°、90°、180°、270°。
- 插入间距：5～30 mm。
- 切脚角度：内弯0°～45°。
- 插入速度（设计）：32 000 件/时、40 000 件/时等。

跨线安装如图5-29所示。

图5-29　跨线安装示意图

② 轴向插件机：完成轴向元件及跳线的插装、剪切的机器，如图5-30所示。

- 插入速度：32 000 件/时（B型）、40 000 件/时（C型）。
- 插入方向：4个方向（0°、90°、180°、270°）。
- 插入间距：5～20 mm。
- 元件管脚直径：0.38～0.81 mm。
- 切脚角度：内弯0°～45°。

元件轴向安装示意图如图5-31所示。

图5-30　轴向插件机

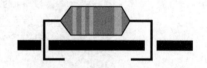

图5-31　元件轴向安装示意图

③ 径向插件机：完成径向元件自动插装的机器，如图5-32所示。

- 插入速度：9 000 件/时（B、D型），16 000 件/时（A、B型）。
- 插入方向：4个方向（插入旋转0°±90°/工作台旋转0°、90°、180°、270°）。
- 插入间距：2.5/5.0 mm（大多数为5 mm）。

◆ 切脚类型：T 形和 N 形，T 形只适用 5 mm，N 形适用于 2.5 mm 和 5 mm。元件径向安装如图 5-33 所示。

图 5-32 径向插件机

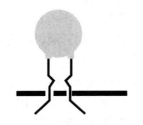

图 5-33 元件径向安装示意图

（2）按送件方式（轴向、径向机）分，可分为顺序式和编序式。

① 顺序式：使不同轴向元件按照指令规定排列成编带的机器。

◆ 编带速度：25 000 件/时；在线元件，22 500 件/时。
◆ 元件种类：轴向元件（电阻、二极管、轴向电容器、跳线）。

② 编序式：完成元件编序的机器。

◆ 插入速度：16 000 件/时（B、D 型），25 000 件/时（F 型）。
◆ 插入方向：4 个方向（0°、90°、180°、270°）。
◆ 插入间距：5～20 mm。
◆ 元件直径：0.38～0.81 mm。
◆ 切脚角度：内弯 0°～45°。

2）自动插件机对外界条件的要求

（1）对环境的要求：温度为 15～35 ℃，湿度不大于 75%RH。
（2）对压缩空气的要求：压力 90 psi，流量 2.75，空气清洁、干燥。
（3）对电的要求：AC，200/230 V，6.25 A，50/60 Hz。

3）对工作 PCB 的要求

（1）尺寸为 100 mm×80 mm～480 mm×400 mm，厚度为 0.8～2.36 mm。
（2）有平行于机器工作台水平轴线的定位孔。
（3）丝印清晰，孔位相互不错位。

4）安全事项及安全须知

（1）工装袖口要求束口，工作鞋要防滑，不能穿高跟鞋。
（2）在机器后料栈旁工作时，必须按下"STOP"键使之亮。
（3）女工要求戴头巾，长发要上盘，男工领带要牢固贴身上，工作中防止进入机器。
（4）机器单人操作，严禁多人同时操作。
（5）工作中双手上板、下板，在机器内修元件要用钳子或镊子（轴向元件），双手配合好，手离开插件区后，再操作控制面板。
（6）开动机器前务必清除机器工作台上的所有工具、杂物。

(7) 在工作中禁止把任何物品放在工作台上，以免损坏机器。

(8) 在工作中如机器因不明原因突然停下，不得把手伸到插件头之下。

(9) 正常生产中出现插件错误时，不得把手伸到插件头下。

(10) 对于自动上下板机，在机器正常生产中，禁止将手伸入到送板桥下。

(11) 了解机器的台面运动区域，不被碰撞。

(12) 机器上禁止放置杂物。

(13) 关机后重新开机时间不得少于 15 s。

(14) 人为沿 X、Y 轴移动旋转桌时，必须先关断路开关（1CB，2CB），确保插件头不在 DOWN 位置，剪脚器不在 UP 位置。

(15) 禁止非工作人员更改计算机内的程序、软件。

(16) 操作人员应经过培训上机，清楚机器运行区域，防止被机器碰撞。

(17) 控制面板上的各功能键必须单人操作。

(18) 当出现插件错误需修正元件时，必须用钳子操作，严禁用手操作。

(19) 机器正常工作时，INERLOCK 开关应处于 BYPASS 位。

(20) 机器正常工作时，任何人不得非法操作机器的控制器。

(21) 只允许一个人操作机器按键。

(22) 当机器正在工作中突然停止时，修机时要确保 INTERLOCK 或 E-STOP 开关关掉。

(23) 当主电源关掉时，机器不间断电源中有 230 V 交流电压，所以修理时要注意安全。

(24) 确保连锁安全开关工作时能够处于正常状态。

(25) 当安装夹具时，夹具的 0°位置向着旋转台的 FRONT 位置，以保护刀具和剪脚器。

(26) 自动插件机的工作流程如下：

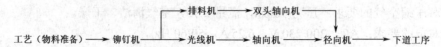

5）机器组成

(1) 编序部分：元件传递链及链条驱动装置，缺件检测报警装置，分配头控制机构。

(2) 插件部分：插件头，剪脚器，旋转桌，X、Y 导轨及丝杆，元件传送器，自动光学校正（B、E、C）机构，控制箱（I/O BOX）传感器，监视器等。

6）设备保养

(1) 保养的意义：保持设备的工作稳定性和精度，延长设备的寿命；从另一角度讲，保持设备高效率、高品质产出。

(2) 保养制度：分三级保养。

一级：操作工——检查清洁、润滑。

二级：操作工、专业修理工——清洁检查、润滑。

三级：专业人员——调整维修。

(3) 保养时间：日、周、月、半年度、年度保养，并有相应要求。

7）AI 工艺要求

（1）插件高度，具体视来料成形高度而定，立式元件一般在 3 mm 左右，卧式元件一般低于 0.4 mm。

（2）剪脚长度，一般情况下为（1.5±0.5）mm，但各种 PCB 各线路铜箔距离有差异，以元件脚不碰相邻铜箔为准。

（3）板底元件脚角度（A），$5°≤A≤30°$，卧式元件脚角度与元件脚直径和 PCB 孔位跨距也有一定的关系。

（4）立式元件必须垂直于板面，倾斜角度$≤15°$。

2．自动插件机操作规程

1）控制面板各按键及指示灯说明

（1）径向插件机控制面板各按键及指示灯说明：

① ROTATE/PUSH，按红色箭头方向（顺时针）旋转此开关时，将处于 START 状态，此时插件机伺服马达、气动系统供电；反之，按下此开关时处于 STOP 状态。

② PROGRAM READY，此指示灯亮表示样本（PATTERN）程序已装入控制器中，并等待运行。

③ LIMIT，当机器处于极限状态时此指示灯亮，表明 X、Y 轴接触到极限开关或 ROTATE/PUSH 开关处于 STOP 状态。

④ SEQ JAM，当编序机发射与接收装置（EMITTER/RECEIVER）光线被挡住时此指示灯亮，表示分配头或切纸器执行动作缓慢或阻塞；若此指示灯闪烁，说明元件传送器（CTA）在回位过程中时间过长。

⑤ SEQ ERROR，当分配头连续执行三次动作仍无元件时，此指示灯亮，说明元件编带使用完或被卡死，此时需重上料或清理卡住的料后重上料。

⑥ MAINT MODE，INTERLOCK BYPASS 开关置于 ON 位置，机器将处于维修或保护状态时此指示灯亮。注意：在此状态下操作人员勿操作机器，操作机器时 INTERLOCK PASS 开关应处于 OFF 位置。

⑦ HEAD ON，开关控制插件头的动作，开关按下时该指示灯亮。说明 HEAD ON 功能活，插件头可动作。机器在正常运转时，此开关必须按下。

⑧ STEP，此键按下时（指示灯亮），机器将以分节动作运行，机器将 START 或 SINGLE CYCLE 键的功能分成几个动作执行。

⑨ STOP，按下此键时，机器执行完当前动作后停止运行。按下 START 键时，机器将继续运行。按住此开关时，STATION NUMBER（站号）显示器将显示出当前样本（PATTERN）的步号。

⑩ START，按下此键时机器将连续运行。

⑪ 当 INTERLOCK BYPASS 开关处于 ON 位置时：

- 按下此键时，机器单步运行（执行一个程序步）。
- 按住此键时，机器连续运行。

⑫ ZERO，按下此键时，机器执行回零动作，最后停留在停台（PARK）位置，回零动作应满足以下条件：

- ROTATE/PUSH 开关处于 START 位置；
- LIMIT 指示灯亮；
- 机器各轴停留在非极限位置；
- INTERLOCK 重置后，INTERLOCK 灯灭。

满足以上各种条件后，ZERO 灯亮，表示可进行回零操作。

⑬ SINGLE CYCLE，按此键时，机器将单步运行。此时分配头完成一次上料动作，元件传动链向前移动一位，每按一次，机器执行一个程序步。当 STEP 键被激活时，此按键功能将被分成几个动作执行。

⑭ INTERLOCK，当 ROTATE/PUSH 开关处于 STOP 位置或当 INTERLOCK BYPASS 开关处于 OFF 位置，安全盖打开时，此指示灯亮。机器正常运行时，此键指示灯灭。

⑮ INTERLOCK BYPASS，当此开关置于 ON 时，MAINT MODE 指示灯亮，机器处于 MAINT MODE 状态，按下 START 键时，机器执行一个单步动作后停下，按住 START 键时，机器将连续运行。此开关常用于维修、保养或上料时使用，此时机器将旁通所有安全盖感应开关，机器正常操作时此开关应处于 OFF 位置。

⑯ INSERT ERROR，当元件插往 PCB（印制电路板）孔位过程中出错时，此指示灯亮。同时 REPAIR、STATION NUMBER 指示灯亮。若 INSERT ERROR 指示灯闪烁，则表明检测线被短路（SHORT CLINCH），切脚器中卡线脚或由一些原因造成检测线接地，此时需由技术人员处理。

⑰ STATION NUMBER，当 INSERT ERROR（即插件时出错）与 REPAIR 指示灯亮或 PART MISSING（即缺元件）指示灯亮时，STATION NUMBER 显示器将显示出当前是程序步（出错误）的分配头号。修正元件按 REPAIR 键，STATION NUMBER 无指示，或按时显示器上显示的分配头号将所需元件补上缺件链夹，按下 PART MISSING 后，按 START 键机器将继续运行。

⑱ ENABLE SEQ，此开关控制链条与分配头动作。此开关按下时（指示灯亮），ENABLE SEQ 功能激活，链条与分配头可动作。机器正常动作时，此开关必须按下。

⑲ REPAIR，机器在插件过程中若出错，该指示灯亮。此时 STATION NUMBER 显示器将显示出当前出错程序步的分配头号，将元件置于正确孔位后按下 REPAIR START 键，机器将继续运行。

(2) 立式插件机 LED 指示器及各按键说明：

编序机由若干个模块组成，每个模块有 20 个站位，故编序机共有 20～120 个站位（TM 公司为 60 栈），编序机 LED 指示器位于每模块的上方，每个指示灯对应一个站位（即分配头号），若此指示灯亮表明此分配头元件编带将使用完。同时 LED 指示器上方喇叭发出声响，编序机上的两个按键（INTLK、STOP）及开关 ROTATE/PUSH 的作用与插件机控制面板上的相应键相同。

2) 跨线自动插件机操作须知

(1) 设定条件：

① 开机前气压设定为 60 psi（即 4 个大气压），电压交流 220 V、50 Hz。

> **安全须知：**
>
> （1）机器上禁止放置杂物。
> （2）关机后重新开机时间不得少于 15 s。
> （3）人为沿 X、Y 轴移动旋转桌时，必须先关断路开关（1CB，2CB）。
> （4）禁止非工作人员更改计算机内的程序、软件。
> （5）操作人员应经过培训后上机，清楚机器运行区域，防止被机器碰撞。
> （6）控制面板上的各功能键必须单人操作。
> （7）当出现插件错误，需修正元件时，必须用钳子操作，严禁用手操作。
> （8）机器正常工作时，INERLOCK 开关应处于 BYPASS 位。
> （9）机器正常工作时，任何人不得非法操作机器的控制器。

② 开机时，转动 SEVICE 开关到"ON"位，把 MAIN BREAKER 开关拨到"ON"位，将控制面板上的 PALM 开关顺时针旋出。

③ 确信需运行的程序已被调用执行。

④ 将工作模板放在旋转桌上，并紧固。注意，模板与旋转桌的 FRONT 要保持一致。

⑤ 确信 AXLS SELECT 开关处于"OFF"位。

（2）操作须知：

① 按下"HEAD1"和"HEAD2"键，使之亮；推"INTERLOCK"键，使之灭。

② 按下"ZERO"键，观察"LIMIT ERROR"灯灭，"PROGRAME READY"和"STARPROGRAME"灯亮，将印制板按要求放在两个模板上。

③ 按下"START"键，机器将连续自动插件。待停机后，将插好的印制板取下，换上未插件的印制板。

④ 按"START"键，重复内容。

⑤ 当"INSERT 1 ERROR"灯亮时，按下"HEAD 2"使"HEAD 2"灯灭，拔掉坏件；按"INSERT"键，补打错件。按"HEAD 2"灯亮，按"START"键，继续工作。

检查已完成工作插件的质量，对不良点及时修补。

3）轴向自动插件机操作须知

（1）设定条件：

① 插件部分气压设定为 80 psi（即 5.44 个大气压，编序部分气压设定为 80 psi（即 5.44 个大气压），电压交流 220 V、50 Hz。

② 开机时，转动 SEVICE 开关到"ON"位，把 MAIN BREAKER 开关拨到"ON"位，确信所有的 PALM 开关都在拉出位置，所有的 STOP 开关都在熄灭位置。推"INTERLOCK"键，使之熄灭。

③ 确信需运行的程序已被调用执行。

④ 确信编序套数已被设定。

⑤ 检查气压设定情况。

⑥ 将工作模板放在旋转桌上，并紧固。注意，模板与旋转桌的 FRONT 要保持一致。

⑦ 确信 AXIS SELECT 开关处于"OFF"位。

⑧ 将印制板按程序要求装在模板上。

⑨ 按下"HEAD ON"和"ENABLE SEQ"键，使之亮。

⑩ 确认编带元件已按料站工艺正确装入料站。

(2) 操作须知：

① 按下"ZERO"键，观察"LIMIT ERROR"灯灭。

② 按下"START"键，机器将连续自动插件。

③ 待停机后，将插好的印制板取下，换上未插件的印制板。

④ 按"START"键，重复生产。

◆ 当"INSERT 1 ERROR"灯亮时，从控制面板上显示的料站数拿需要补的元件，纠正错误，把元件按照规定的方向放入需补件的地方。按"ERPAIR"键，元件剪脚，按"START"键，继续工作。

◆ 当"PART MISSING"灯亮时，控制面板上显示需补的元件料站数，按照规定的方向放入补料地方。按"START"键，继续工作。

◆ 当"SEQ ERROR"灯亮时，表示后面的元件料站需要接料，到编序机前、亮灯的料站前接料。按规定方向接好料后，按"START"键继续工作。

◆ 当"SEQ JAM"灯亮时，应立即停机，检查分配头。故障排除后，按"START"键，继续工作。

检查已完成工作插件的质量，对不良点及时修补。

5.3.3 SMT 生产工艺流程

1. SMT 基本工艺构成

1）基本工艺构成要素

丝印（或点胶）→贴装→（固化）→回流焊接→清洗→检测→返修。

（1）丝印：其作用是将焊膏或贴片胶漏印到 PCB 的焊盘上，为元器件的焊接做准备。所用设备为丝印机（丝网印刷机），位于 SMT 生产线的最前端。

（2）点胶：它是将胶水滴到 PCB 的固定位置上，其主要作用是将元器件固定到 PCB 上。所用设备为点胶机，位于 SMT 生产线的最前端或检测设备的后面。

（3）贴装：其作用是将表面组装元器件准确安装到 PCB 的固定位置上。所用设备为贴片机，位于 SMT 生产线中丝印机的后面。

（4）固化：其作用是将贴片胶融化，从而使表面组装元器件与 PCB 牢固地粘接在一起。所用设备为固化炉，位于 SMT 生产线中贴片机的后面。

（5）回流焊接：其作用是将焊膏融化，使表面组装元器件与 PCB 牢固地粘接在一起。所用设备为回流焊炉，位于 SMT 生产线中贴片机的后面。

（6）清洗：其作用是将组装好的 PCB 上面的对人体有害的焊接残留物（如助焊剂等）除去。所用设备为清洗机，位置不固定，可以在线，也可以不在线。

（7）检测：其作用是对组装好的 PCB 进行焊接质量和装配质量的检测。所用设备有放大镜、显微镜、在线测试仪（ICT）、飞针测试仪、自动光学检测（AOI）、X-Ray 检测系统、功能测试仪等。其位置根据检测的需要，可以配置在生产线合适的地方。

（8）返修：其作用是对检测出现故障的 PCB 进行返工。所用工具为烙铁、返修工作站等。

配置在生产线中任意位置。

2）SMT有关的技术组成

（1）电子元件、集成电路的设计制造技术。

（2）电子产品的电路设计技术。

（3）电路板的制造技术。

（4）自动贴装设备的设计制造技术。

（5）电路装配制造工艺技术。

（6）装配制造中使用的辅助材料的开发生产技术。

2．SMT生产工艺流程

SMT生产工艺流程因设备及加工产品的不同而有所不同，但是一般可以分为以下几种情况。

1）单面板组装流程

单面板组装流程如图5-34所示。

图5-34 单面板组装流程

2）双面板组装流程

双面板组装一般可以采用两种工艺流程。

第一种组装流程如图5-35所示，此工艺适用在PCB两面均贴装有PLCC等较大的SMD时采用。

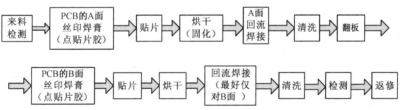

图5-35 双面板组装流程（一）

第二种组装流程如图5-36所示，此工艺适用于PCB的A面回流焊、B面波峰焊。在PCB的B面组装的SMD中，只有SOT或SOIC（28）引脚时，宜采用此工艺。

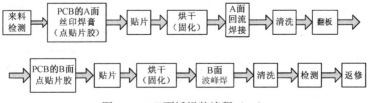

图5-36 双面板组装流程（二）

3）单面混装工艺

单面混装工艺如图5-37所示。

图 5-37 单面混装工艺流程

4）双面混装工艺

双面混装工艺一般分为以下几种情况。

（1）先插后贴，如图 5-38 所示，此方式适用于 SMD 元件多于分离元件的情况。

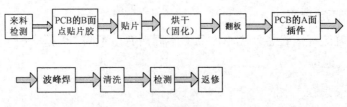

图 5-38 双面混装流程（一）

（2）如图 5-39 所示，适用于分离元件多于 SMD 元件的情况。

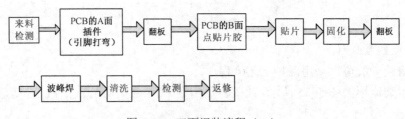

图 5-39 双面混装流程（二）

（3）A 面混装，B 面贴装，如图 5-40 所示。

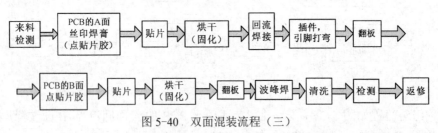

图 5-40 双面混装流程（三）

（4）A 面混装，B 面贴装。先贴两面 SMD，回流焊接，后插装、波峰焊。

（5）A 面贴装、B 面混装，如图 5-41 所示。

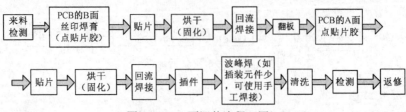

图 5-41 双面混装流程（四）

项目 5　电子产品装调

知识梳理与总结

技能点与知识点：

1．会编制工艺文件，其知识链接为整机装配、调试工艺文件的编制方法、原则等。
2．能操作维护自动化生产设备，其知识链接为波峰焊机、回流焊机、自动插件设备等基本组成和操作维护知识。
3．能装配、调试简单整机，其知识链接为整机装配调试过程。

电子整机的装配、调试是电子从业人员应具备的基本素质。本章主要是通过介绍电子整机装配、调试的流程、工艺文件的制定，使读者了解电子整机的装调过程。另外，应了解在装调过程中用到的主要设备、自动化生产线，掌握相关设备的操作维护方法。最后通过收音机的组装、调试使读者实际体验整个过程。通过本章的学习，可以为学生走上工作岗位打下坚实的基础。

理论自测题 5

1．判断题

（1）由于 SMT 具有组装密度高的特点，所以可使产品的性能提高。（　　）

（2）波峰焊是指将插装好元器件的印制电路板浸入有熔融状焊料的锡锅中，一次完成印制电路板上所有焊点的自动焊接过程。（　　）

（3）再流焊接能根据不同的加热方法使焊料再流，实现可靠的焊接连接。（　　）

（4）整机总装就是根据设计要求，将组成整机的各个基本部件按一定工艺流程进行装配、连接，最终组合成完整的电子设备。（　　）

（5）"整机调试"主要包括"调整"和"测试"两部分工作。（　　）

2．选择题

（1）采用 SMT 可使产品可靠性提高的原因是（　　）。

　　A．组装密度高

　　B．元器件的密集安装使电路信号传输路径短，提高了传输速度，减小了电磁干扰

　　C．采用新的焊接工艺，使装配结构和抗震动、冲击力强

　　D．生产成本低

（2）印制板上没有通孔插装元器件，各种 SMC、SMD 均被贴装在电路板的一面，这种安装方式是（　　）。

　　A．单面全表面安装　　　　　　　B．双面全表面安装
　　C．单面混合安装　　　　　　　　D．双面混合安装

（3）SMT 波峰焊的工艺流程是（　　）。

　　A．安装电路板、点胶、贴片、波峰焊接、测试
　　B．安装电路板、点胶、贴片、波峰焊接、测试、清洗
　　C．安装电路板、点胶、贴片、烘干固化、波峰焊接、清洗、测试
　　D．点胶、贴片、烘干固化、波峰焊接、清洗、测试

(4) SMT 再流焊接的工艺流程是（　　）。
   A. 丝印、贴片、再流焊接、清洗、检测
   B. 制作焊锡膏丝网、丝印、贴片、再流焊接、清洗、检测
   C. 制作焊锡膏丝网、丝印、贴片、再流焊接、清洗
   D. 制作焊锡膏丝网、丝印、贴片、再流焊接、检测
(5) 波峰焊最适应（　　）印制电路板大批量的焊接。
   A. 单面混装　　B. 双面混装　　C. 双面　　D. 单面
(6) 波峰焊容易出现（　　）的现象，需要补焊修正。
   A. 焊点桥接　　B. 虚焊　　C. 气泡　　D. 焊渣堆积
(7) 双波峰焊接机中，（　　）的特点是在焊料的出口处装配了扩展器。
   A. 紊乱波　　B. 宽平波　　C. 空心波　　D. 旋转波
(8) 波峰焊接的预热温度为（　　）。
   A. 70～90 ℃　B. 90～120 ℃　C. 183～230 ℃　D. 230～260 ℃
(9) 再流焊接技术能满足（　　）对焊接的要求。
   A. 各类表面安装元器件　　B. 各类插装元器件
   C. 各类混装印制电路板　　D. 单一插装形式的印制电路板
(10) 再流焊接后应及时进行的工序是（　　）。
   A. 修复　　B. 清洗　　C. 冷却　　D. 烘干

技能训练 7　SMT 表面贴装

1. 训练要求

掌握 SMT 表面贴装工艺流程。

2. 训练材料

(1) SMT 电路板 1 张；
(2) 贴片元器件（以电阻器为主）若干；
(3) 焊锡膏；
(4) 工具一套（镊子 1 把，电烙铁 1 只，尖嘴钳、偏口钳各 1 把，万用表 1 块）。

3. 训练步骤

(1) 固定电路板；
(2) 准备焊锡膏；
(3) 刮焊锡膏（如图 5-42 所示）；
(4) 模板清理；
(5) 贴片；
(6) 检查；
(7) 再流焊；
(8) 检查修复。

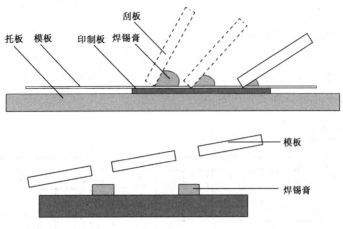

图 5-42 刮焊锡膏示意图

综合实训 1　THT 收音机的组装与调试

1．实训目的

（1）通过对 THT（通孔元件）收音机的安装与调试，掌握简单电子产品的整机装配与调试方法，学会综合分析问题的方法，提高解决实际工程问题的综合能力。

（2）学会资料及技术数据的收集、整理、汇编的方法，了解工程报告的编写要求和步骤。

（3）学会识读电子产品原理图和装配工艺过程的各种图表。

2．实训器材

（1）材料：收音机套件、焊锡、松香、无水酒精等。

（2）工具：电烙铁、螺丝刀、尖嘴钳、偏口钳、镊子、烙铁架等。

3．实训要求

（1）分析并读懂收音机电路图。

（2）对照电原理图看懂接线电路图。

（3）认识电路图上的符号，并与实物相对照。

（4）根据技术指标测试各元器件的主要参数。

（5）认真细心地安装焊接。

（6）按照技术要求进行调试。

4．实训步骤及内容

超外差收音机的原理框图如图 5-43 所示，电原理图如图 5-44 所

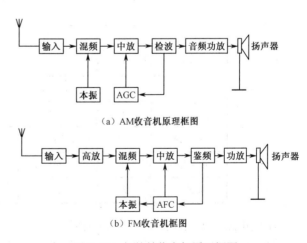

图 5-43 超外差收音机原理框图

示。其工作过程简单为：

天线调谐回路接收电台发射的高频调幅、调频波信号后，通过变频级把信号频率变换成一个较低的、介于音频和高频之间的固定频率（465 kHz）的中频信号，此中频信号经中频放大级进行放大，再经检波级检出音频信号，然后经过低频前置放大级和低频功率放大级放大得到足够的功率，推动扬声器将音频变为声音。

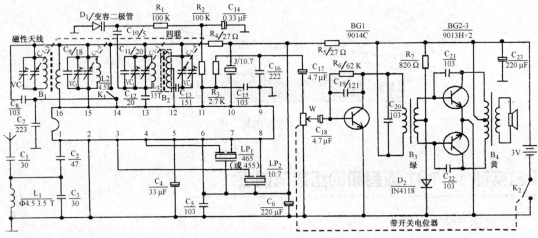

图 5-44 超外差收音机电原理图

实训步骤如下：

（1）按材料清单表 5-17 清点全套零件，进行外观检查，并负责保管。

表 5-17 材料清单

名 称	数量	名 称	数量	名 称	数量
电阻器	7	变容二极管	1	小轮	1
电位器	1	二极管	1	不干胶圆片	1
圆片电容	17	三极管	3	细线	5 条
电解电容	6	波段开关	1	集成电路	1
四联可变	1	$\phi 3$ 焊片	1	集成电路座	1
空心线圈	3	$\phi 2.5$ 丝杆	4	线路板	1
中周	1	$\phi 3 \times 6$ 自攻丝	1	拉杆天线	1
变压器	2	正极片	1	说明书	1
磁棒线圈	1+1	负极弹簧	1	机壳带喇叭	1 套
磁棒支架	2	正负极连簧	1		
滤波器	3	大轮	1		

集成电路管脚功能图如图 5-45 所示。

（2）用万用表检测元器件，将测量结果填入表 5-18。

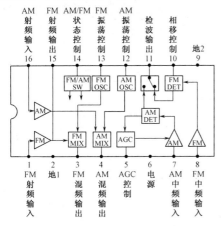

图 5-45 集成电路管脚功能图

> **注意：**
> ① 为防止变压器原边与副边之间短路，要测量变压器原边与副边之间的电阻；
> ② 输出、输入变压器注意区分初级，可通过测量线圈内阻来进行区分。

表 5-18 测量结果

类 别	测量内容	万用表挡位及量程	测量结果	备 注

注：此表格只是一种样式，学生可以自己按实际元器件的多少增加表格的内容。

（3）对元器件引线或引脚进行镀锡处理。

（4）检查印制板的铜箔线条是否完好，有无断线及短路，特别要注意板的边缘是否完好。印制电路板如图 5-46 所示。

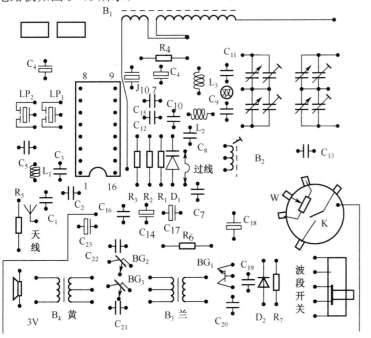

> **注意：** 镀锡层未氧化（可焊性好）时可以不再处理。

> **注意：** 所有元器件高度不得高于中周的高度。

图 5-46 收音机印制电路板图

（5）安装元器件。元器件的安装质量及顺序直接影响整机的质量与功率，合理的安装需要思考和经验。表 5-19 所示安装顺序及要点经过实践证明是较好的一种安装方法。

表 5-19　元件的安装顺序及要点（分类安装）

序号	安 装 内 容	注 意 要 点
1	过线（短连线）、电阻和二极管	注意识别色环电阻的标称值并用万用表检测，合格后对应插入电路板，并焊接好。二极管要分清 D_1、D_2 和极性，并对应插入电路板，焊接好。安装时，元件紧贴线路板
2	圆片电容和电感线圈	注意各电容的值，对应插入电路板。红色小线圈插入 L_2，金色小线圈插入 L_3，金色大线圈插入 L_1
3	三极管和电解电容	注意 9014 装入 BG_1，两个 9013 装入 BG_2、BG_3。注意区分 E，B，C 极，不能装反。电解电容注意标称值和极性
4	芯片插座	按正确位置，1～16。焊好后，插入芯片
5	滤波器、波段开关	插好后焊接
6	电位器、中周、变压器	检查无误再焊引线，电位器装好后安上小轮并用螺丝固定
7	四联可变电容器	其中两条焊片并在一起插入带"双"字的孔中。插好后，用两颗螺丝固定好，焊好。并安上大轮，用螺丝固定好。贴上不干胶圆片，即选台指示线
8	磁棒和天线线圈	把天线线圈的引线端插入电路板过孔，注意大小线圈的引线位置，将线圈端焊接好，然后再安装磁棒
9	喇叭、电池的正负极片和固定在后壳上的拉杆天线	安装拨盘、喇叭、音量调节器要牢，可用热熔胶粘

5．收音机的检测调试方法

通过对收音机的通电检测调试，了解一般电子产品的生产调试过程，初步学习调试电子产品的方法，培养检测能力及一丝不苟的作风。

1）检测

（1）通电前的准备工作：

① 自检，互检，使得焊接及印制板质量达到要求，特别注意各电阻阻值是否与图纸相同，各三极管、二极管是否有极性焊错，注意 9013、9014 的区别；位置装错及电路板铜箔线条断线或短路，焊接时有无焊锡造成电路短路现象。

② 接入电源前必须检查整机正负极间的电阻应大于 500Ω；电池有无输出电压（3 V）和引出线正负极是否正确。

（2）初测：接入电源（注意正负极性），将频率盘拨到 530 kHz 无台区，在收音机开关不打开的情况下首先测量整机静态工作总电流。然后将收音机开关打开，分别测量三极管 BG1、BG2、BG3 的集电极电流（即静态工作点），将测量结果填到实习报告中。测量时注意防止表笔将要测量的点与其相邻点短接。各集电极电流符合要求后，用焊锡把测试点连接起来。

> **注意**：该项工作很重要，在收音机开始正式调试前该项工作必须要做。

（3）试听：如果元器件完好，安装正确，初测也正确，即可试听。接通电源，慢慢转动调谐盘，应能听到广播声，对线圈在磁棒的位置进行粗调便可收听到电台，否则应重复前面要求的各项检查内容，找出故障并改正，注意在此过程中不要调中周及微调电容。

2）调试（选择实验需要的信号发生器等设备）

经过通电检查并正常发声后，可收听到电台还算完全合格，但还要进行精确的调试工作。

（1）调幅波段的调整步骤：

① 四联可变电容器 C_1-3、C_1-4 及上面的微调 C_3、C_4 和电路中的磁性天线 B_1、中周 B_2 是用来调整调幅波段的。首先把四联上带的微调 C_3 和 C_4 预调至 90°位置上。

② 将四联可变电容的容量调至最大值，即接收频率为最低端（535 kHz），调整中周变压器 B_2 的磁芯，使收音机接收到信号源输出的 535 kHz 的调幅信号，然后移动磁性上的线圈位置，使声音最大，用蜡将线圈封住，不能使线圈再移动位置。

③ 将四联可变电容器旋至容量最小位置，即接收频率为最高端（1 605 kHz），调整可变电容器上带的微调 C_4，使收音机接收到信号源发出的 1 605 kHz 的调幅信号，然后调节 C_3 使声音最大即可。

（2）调频波段的调整步骤：

① 四联可变电容的 C_1-1、C_1-2 及上面带的 C_1、C_2 和空心线圈 L_1、L_2 是用来调整调频波段的，首先将四联可变电容器上带的微调 C_1、C_2 预调至 90°位置上。

② 将四联可变电容器旋至容量最大值，即接收频率最低（88 MHz），调整 L_3，即用竹片做成的无感改锥调整空心线圈 L_3 的匝间距，使收音机能接收到信号源输出的 88 MHz 的调频信号。

③ 将四联可变电容器旋至容量最小值，即接收频率最高（108 MHz），调整微调电容 C_1，使收音机收到信号源输出的 108 MHz 的调频信号。反复进行第二步和第三步，直到达到满足频率覆盖要求为止。

④ 90 MHz 灵敏度的调整：调整电路中的 L_2（即 4.5T 空心线圈），使收音机能接收到信号源输出的 90 MHz 的调频信号，且失真最小。

⑤ 100 MHz 灵敏度的调整：调节可变电容上带的微调 C_2，使收音机能接收到信号源输出的 90 MHz 的调频信号，且失真最小。反复进行第 4 步和第 5 步，直到满足要求为止。

6. 验收

（1）外观：机壳及频率盘清洁完整，不得有划伤、烫伤及缺损。

（2）印制板安装整齐美观，焊接质量好，无损伤。

（3）导线焊接要可靠，不得有虚焊，特别是导线与正负极片间的焊接位置和焊接质量要好。

（4）整机安装合格：转动部分灵活，固定部分可靠，后盖松紧合适。

（5）性能指标要求：

① 频率范围 525～1605 kHz；
② 灵敏度较高（相对）；
③ 音质清晰、宏亮、噪声低。

综合实训 2　SMT 收音机的组装与调试

1．实训目的

通过对 FM 收音机的安装、调试，让学生了解 SMT 技术的特点和发展趋势，熟悉 SMT 技术的基本工艺流程，掌握手工 SMT 操作技能。

2．实训器材

（1）FM 收音机套件一套。
（2）直流稳压电源、4½数字万用表各 1 台。

3．实训要求

（1）能看懂 FM 收音机的原理框图、电原理图及装配图。
（2）熟悉 FM 收音机的装配工艺流程。
（3）制作一台用 SMT 元件组装的 FM 收音机。
（4）运用电路知识，分析和排除调试过程中所遇到的问题。根据 FM 收音机的技术指标，测试 FM 收音机的主要参数。

4．实训步骤及内容

采用 SC1088 集成电路的单片 FM 收音机原理框图如 5-47 所示，电原理图如图 5-48 所示，集成电路管脚功能如表 5-20 所示。该 FM 收音机的工作过程为：把耳机线作为天线，天线感应到的 FM 调频信号从 SC1088 的 11、12 脚进入混频电路，与本振混频后产生 70 kHz 中频信号，经中放电路进行中频放大，然后进行鉴频得到音频信号，再经净噪后从 2 脚送低频放大，驱动耳机发出声音。

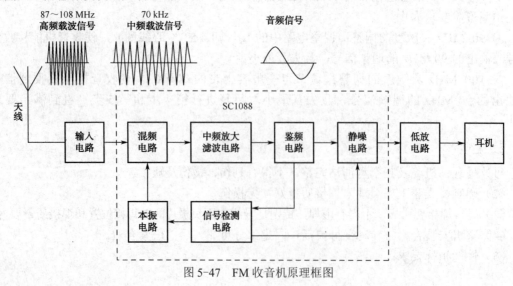

图 5-47　FM 收音机原理框图

项目5 电子产品装调

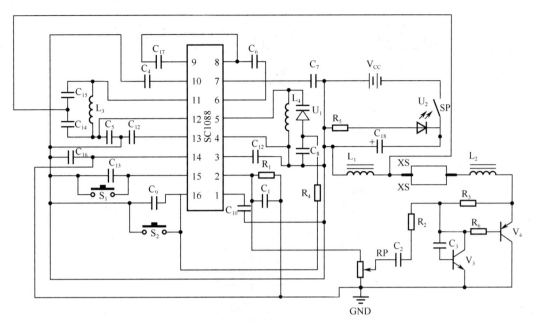

图 5-48 FM 收音机电原理图

表 5-20 FM 收音机集成电路 SC1088 引脚功能

引脚	功能	引脚	功能	引脚	功能	引脚	功能
1	静噪输出	5	本振调谐回路	9	IF 输入	13	限幅器失调电压电容
2	音频输出	6	IF 反馈	10	IF 限幅放大器的低通电容器	14	接地
3	AF 环路滤波	7	1dB 放大器的低通电容器	11	射频信号输入	15	全通滤波电容搜索调谐输入
4	Vcc	8	IF 输出	12	射频信号输入	16	电调挡 AFC 输出

实训步骤如下:

(1) 安装流程如图 5-49 所示。

(2) 安装前检查:

① 对照图 5-50 进行印制电路板检查。

- 图形完整,有无短路、断路缺陷。
- 孔位及尺寸是否正确。
- 表面涂覆(阻焊层)。

257

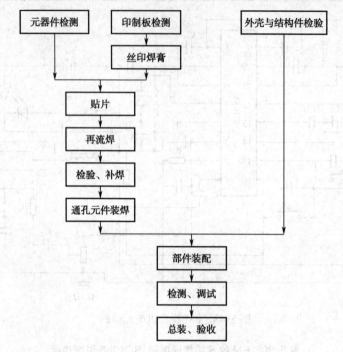

图 5-49 SMT 实习产品装配工艺流程

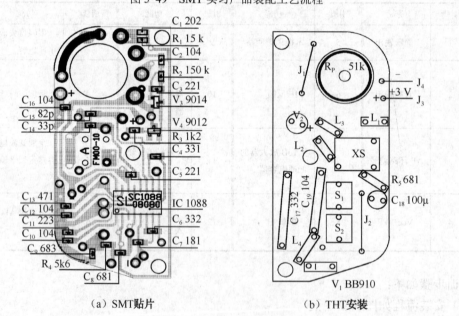

(a) SMT贴片   (b) THT安装

图 5-50 印制电路板安装

② 外壳及结构件检查。
- 按材料清单表 5-21 清点全套零件（表贴元器件除外），进行外观检查，并负责保管。
- 检查收音机外壳有无缺陷及外观损伤。
- 耳机。

表 5-21 FM 收音机材料清单

类别	代号	规格	型号/封装	数量	备注	类别	代号	规格	型号/封装	数量	备注
电阻	R_1	15 kΩ	2012 (2125) RJ ⅛ W	1		电感	L_1			1	磁环
	R_2	150 kΩ		1			L_2			1	红色
	R_3	1.2 kΩ		1			L_3	70 nH		1	8 匝
	R_4	5.6 kΩ		1			L_4	78 nH		1	5 匝
	R_5	681 Ω		1		晶体管	V_1		BB910	1	
电容	C_1	202	2012 (2125)	1			V_2		LED	1	
	C_2	104		1			V_3	9014	SOT-23	1	
	C_3	221		1			V_4	9012	SOT-23	1	
	C_4	331		1		塑料件	前盖			1	
	C_5	221		1			后盖			1	
	C_6	332		1			电位器钮（内、外）			各 1	
	C_7	181		1			开关钮（有缺口）			1	SCAN 键
	C_8	681		1			开关钮（无缺口）			1	RESET 键
	C_9	683		1			卡子			1	
	C_{10}	104		1		金属件	电池片（3 件）			1	正、负、连接片各 1
	C_{11}	223		1			自攻螺钉			3	
	C_{12}	104		1			电位器螺钉			1	
	C_{13}	471		1		其他	印制板			1	
	C_{14}	33p		1			耳机 32Ω×2			1	
	C_{15}	82p		1			Rp（带开关电位器 51 kΩ）			1	
	C_{16}	104		1			S_1、S_2（轻触开关）			各 1	
	C_{17}	332	CC	1			XS（耳机插座）			1	
	C_{18}	100μ	CD	1							
	C_{19}	104	CT	1	223-104						
IC	A		SC1088	1							

③ THT（通孔）元件检测。

- 电位器阻值调节特性。
- LED、电感线圈、电解电容、插座、开关的好坏。
- 判断变容二极管及发光二极管的好坏及极性。

表 5-22 测量结果

类 别	测量内容	万用表挡位及量程	测量结果	备 注

*此表格只是一种样式，学生可以自己按实际元器件的多少增加表格的内容。

(3) 贴片及焊接，参见图 5-50（a）。

① 丝印焊膏，并检查印刷情况。

② 按工序流程贴片，顺序为：C_1/R_1，C_2/R_2，C_3/V_3，C_4/V_4，C_5/R_3，$C_6/SC1088$，C_7，C_8/R_4，C_9，C_{10}，C_{11}，C_{12}，C_{13}，C_{14}，C_{15}，C_{16}。

> ⚠ 注意：
> - 贴片元件不得用手拿。
> - 用镊子夹持不可夹到引线上。
> - IC1088 标记方向。
> - 贴片电容表面没有标志，一定要保证准确及时贴到指定位置。
> - 检查贴片数量及位置。
> - 再流焊机焊接。
> - 检查焊接质量及修补。

5. 安装 THT 元器件

元器件的安装质量及顺序直接影响整机的质量与功率，合理的安装需要思考和经验。参考图 5-50（b），表 5-23 所示安装顺序及要点经过实验证明是较好的一种安装方法。

表 5-23 元件的安装顺序及要点（分类安装）

序号	安装内容	注意要点
1	电位器 R_p	电位器与印制板平齐
2	耳机插座 XS	
3	轻触开关 S_1、S_2 跨接线 J_1、J_2	可用剪下的元件引线
4	变容二极管 V_1、R_5、C_{17}、C_{19}	变容二极管 V_1 极性方向标记
5	电感线圈 $L_1\sim L_4$	磁环 L_1，红色 L_2，8 匝线圈 L_3，5 匝线圈 L_4
6	电解电容 C_{18}（100 μF）	贴板装
7	发光二极管 V_2	高度、极性如图所示 11 mm 安装　极性
8	焊接电源连接线 J_3、J_4	正负连线颜色

6. 调试及总装

通过对 FM 收音机的通电检测调试，了解一般电子产品的生产调试过程，初步学习调试电子产品的方法，培养检测能力及严谨的工作作风。

1）调试

（1）所有元器件焊接完成后目视检查。

① 元器件：型号、规格、数量及安装位置，方向是否与图纸符合。
② 焊点检查，有无虚焊、漏焊、桥接、飞溅等缺陷。

（2）测总电流：
① 检查无误后将电源线焊到电池片上。
② 在电位器开关断开的状态下装入电池。
③ 插入耳机。
④ 用万用表 200 mA(数字表)或 50 mA 档（指针表）跨接在开关两端测电流。用指针表时注意表笔极性不能接错。

正常电流应为 7～30 mA（与电源电压有关）并且 LED 正常点亮。以下是样机测试结果可供参考。

工作电压（V）	1.8	2	2.5	3	3.2
工作电流（mA）	8	11	17	24	28

注意：如果电流为零或超过 35 mA 应检查电路。

（3）搜索电台广播。如果电流在正常范围，可按 S_1 搜索电台广播。只要元器件质量完好，安装正确，焊接可靠，不用调任何部分即可收到电台广播。

如果收不到广播先检查有无错装（由于片状电容表面无标志，电容错装时检查用专用测量电容容量仪器进行测量，并与正常印制板上电容容量进行比较来检查）、虚焊、漏焊等缺陷，然后通电检查集成电路引脚电压及三极管三个电极的工作电压是否与正常工作时电压相符等来分析、检查、排除故障。

表 5-24 为收音机正常工作时集成电路各个引脚所测的电压及三极管 V_3、V_4 的各管脚电压，仅供参考。

表 5-24 集成电路及三极管各引脚电压值

IC 各引脚电压（V）							
U_1	U_2	U_3	U_4	U_5	U_6	U_7	U_8
2.56	0.80	3.0	3.0	2.70	2.70	2.70	1.95
U_9	U_{10}	U_{11}	U_{12}	U_{13}	U_{14}	U_{15}	U_{16}
2.40	2.40	0.90	0.90	2.40	0	2.23	变化
V_3（9014）			V_4（9012）				
U_e	U_b	U_c	U_e	U_b	U_c		
0 V	0.63 V	1.50 V	2.50 V	1.80 V	0 V		

（4）调接收频段（俗称调覆盖）。我国调频广播的频率范围为 87～108 MHz，调试时可找一个当地频率最低的 FM 电台（例如在北京，北京文艺台为 87.6 MHz）适当改变 L_4 的匝间距，使按过 Reset 键后第一次按 scan 键可收到这个电台。由于 SC1088 集成度高，如果元器件一致性较好，一般收到低端电台后均可覆盖 FM 频段，故可不调高端而仅做检查（可用一个成品 FM 收音机对照检查）。

（5）调灵敏度。本机灵敏度由电路及元器件决定，一般不用调整，调好覆盖后即可正常收听。无线电爱好者可在收听频段中间电台（例如为 97.4 MHz 北京音乐台）时适当调整 L_4

匝距，使灵敏度最高（耳机监听音量最大），不过实际效果不明显。

2）总装

（1）腊封线圈：调试完成后将适量泡沫塑料填入线圈 L_4（注意不要改变线圈形状及匝距），滴入适量腊使线圈固定。

（2）固定印制板/装外壳。

① 将外壳面板平放到桌面上（注意不要划伤面板）。

② 将 2 个按键帽放入孔内。

> **注意**：SCAN 键帽上有缺口，放键帽时要对准机壳上的凸起，RESET 键帽上无缺口。

（3）将 SMB 对准位置放入壳内。

① 注意对准 LED 位置，若有偏差可轻轻掰动，偏差过大必须重焊。

② 注意三个孔与外壳螺柱的配合。

③ 注意电源线，不妨碍机壳装配。

（4）装上中间螺钉，注意螺钉旋入手法。

（5）装电位器旋钮，注意旋钮上凹点位置。

（6）装后盖，上两边的两个螺钉。

（7）装卡子。

3）检查

总装完毕，装入电池，插入耳机进行检查，要求如下：

（1）电源开关手感良好；

（2）音量正常可调

（3）收听正常

（4）表面无损伤。

附录A 部分集成电路封装缩写字母的含义

（1）BGA—球栅阵列封装

（2）CSP—芯片缩放式封装

（3）COB—板上芯片贴装

（4）COC—瓷质基板上芯片贴装

（5）MCM—多芯片模型贴装

（6）LCC—无引线片式载体

（7）CFP—陶瓷扁平封装

（8）PQFP—塑料四边引线封装

（9）SOJ—塑料J形线封装

（10）SOP—小外形外壳封装

（11）TQFP—扁平薄片方形封装

（12）TSOP—微型薄片式封装

（13）CBGA—陶瓷焊球阵列封装

（14）CPGA—陶瓷针栅阵列封装

（15）CQFP—陶瓷四边引线扁平

（16）CERDIP—陶瓷熔封双列

（17）PBGA—塑料焊球阵列封装

（18）SSOP—窄间距小外型塑封

（19）WLCSP—晶圆片级芯片规模封装

（20）FCOB—板上倒装片

（21）PCLP（Printed Circuit Board Leadless Package）—印刷电路板无引线封装。

（22）PFP（Plastic Flat Package）—塑料扁平封装。

（23）PLCC（Plastic Leaded Chip Carrier）—带引线的塑料芯片载体。

（24）QFH（Quad Flat High Package）—四侧引脚厚体扁平封装。

（25）QFI（Quad Flat I-leaded Package）—四侧I形引脚扁平封装。

（26）QFJ（Quad Flat J-leaded Package）—四侧J形引脚扁平封装。

（27）QFN（Quad Flat Non-leaded Package）—四侧无引脚扁平封装。

（28）QFP（Quad Flat Package）—四侧引脚扁平封装。

（29）QIC（Quad In-line Ceramic Package）—陶瓷QFP的别称。

（30）QTCP（Quad Tape Carrier Package）—四侧引脚带载封装。

（31）QTP（Quad Tape Carrier Package）—四侧引脚带载封装。

（32）SOC（System On Chip）—片上系统。

附录 B　无线电调试工国家职业标准

1. 职业概况

1.1　职业名称
无线电调试工。

1.2　职业定义
使用测试仪器调试无线通信、传输设备,广播视听设备和电子仪器、仪表的人员。

1.3　职业等级
本职业共设四个等级,分别为:中级(国家职业资格四级)、高级(国家职业资格三级)、技级(国家职业资格二级)、高级技师(国家职业资格一级)。

1.4　职业环境
室内、外,常温。

1.5　基本文化程度
高中毕业(或同等学历)。

1.6　职业能力特征
具有较强的计算、分析、推理和判断能力;形体感、空间想象力强;手指、手臂灵活、动作协调性好。

1.7　培训要求

1.7.1　培训期限
全日制职业学校教育,根据其培养目标和教学计划确定。晋级培训期限:中级不少于 360 标准学时;高级不少于 280 标准学时;技师不少于 240 标准学时;高级技师不少于 200 标准学时。

1.7.2　培训教师
培训中级的教师应具有本职业高级以上职业资格证书或相关中级以上专业职务任职资格;培训高级的教师应具有本职业技师以上职业资格证书或相关专业高级专业技术职务任职资格;培训高级技师的教师应具有本职业高级技师职业资格证书 4 年以上或相关专业高级专业职务任职资格。

1.7.3　培训场地设备
理论知识培训在标准教室;技能操作培训在具有必备的教学设备、仪器、仪表、工具的技能训练场地。

1.8　鉴定要求

1.8.1　适用对象
从事或准备从事本职业的人员。

1.8.2　申报条件
——中级(具备以下条件之一者)

(1) 连续从事或见习本职业工作 5 年以上(含 5 年),经本职业中级正规培训达规定标准学时数,并取得结业证书。

(2) 连续从事本职业工作 7 年以上。

(3) 取得经劳动保障行政部门审核认定的、以中级技能为培养目标的中等以上职业学校本职业(专业)毕业证书。

——高级(具备以下条件之一者)

(1) 取得本职业资格证书后,连续从事本职业工作 4 年以上,经本职业高级正规培训达到规定标准学时数,并取得结业证书。

(2) 取得本职业中级职业资格证书后,连续从事本职业工作 7 年以上。

(3) 取得经劳动保障行政部门审核认定,以高级技能为培养目标的高等以上职业学校本职业(专业)毕业证书。

(4) 取得本职业中级职业资格证书的大专以上本专业或相关专业毕业生,连续从事本职业工作 2 年以上。

——技师(具备以下条件之一者)

(1) 取得本职业高级职业资格证书后,连续从事职业工作 5 年以上,经本职业技师正规培训达到规定标准学时数,并取得结业证书。

(2) 取得本职业高级职业资格证书后,连续从事本职业工作 8 年以上。

(3) 取得本职业高级职业资格证书的高级技工学校本职业(专业)毕业生,连续从事本职业满 3 年。

(4) 取得本职业高级职业资格证书的的相关专业高等职业学校毕业生,且连续从事本职业(专业)工作 2 年以上。

——高级技师(具备以下条件之一者)

(1) 取得本职业技师职业资格证书后,连续从事本职业工作 3 年以上,经本职业高级技师正规培训达规定标准学时数,并取得结业证书。

(2) 取得本职业技师资格证书后,连续从事本职业工作 5 年以上。

1.8.3 鉴定方式

分为理论知识和技能操作考核。理论知识考试采用闭卷笔试方式,技能操作考核采用现场实际操作方式。理论知识考试和技能操作考核均实行百分制,成绩皆达 6 分以上者为合格。技师、高级技师还须进行综合评审。

1.8.4 考评人员与考生配比

理论知识考试考评人员与考生配比为 1:20,每个标准教室不少于 2 名考评人员;技能操作考核考评员与考生配比为 1:5,且不少于 3 名考评员;综合评审委员不少于 5 人。

1.8.5 鉴定时间

各等级理论知识考试时间不少于 90 分钟;各等级技能操作考核按实际需要规定,考核时间不少于 120 分钟;综合评审时间不少于 30 分钟。

1.8.6 鉴定场所设备

理论知识考试为标准教室;技能操作考核在具有调试仪器、仪表和调试样机的现场进行。

2. 基本要求

2.1 职业道德

2.1.1 职业道德基本知识

2.1.2 职业守则

（1）遵守国家法律、法规和有关规章制度。

（2）热爱本职工作，刻苦钻研技术。

（3）遵守劳动纪律，爱护仪器、仪表与工具设备，安全文明生产。

（4）谦虚谨慎，团结协作，主动配合。

（5）服从领导，听从分配。

2.2 基础知识

2.2.1 专业基本理论知识

（1）机械、电气识图知识。

（2）常用电工、电子元器件基础知识。

（3）电工基础知识。

（4）有关电工（无线电）测量基本原理。

（5）模拟数字电路基础知识。

（6）电子技术基础知识。

（7）电工、无线电测量基础知识。

（8）计算机应用基础知识。

（9）电子设备基础知识。

（10）安全用电知识。

2.2.2 相关法律、法规知识

（1）《中华人民共和国质量法》的相关知识。

（2）《中华人民共和国标准化法》的相关知识。

（3）《中华人民共和国环境保护法》的相关知识。

（4）《中华人民共和国计量法》的相关知识。

（5）《中华人民共和国劳动法》的相关知识。

3. 工作要求

本标准对中级、高级、技师和高级技师的技能要求依次递进，高级涵盖低级别的要求。

3.1 中级

职业功能	工作内容	技能要求	相关知识
一、调试前准备	（一）调试工艺文件准备	1.能按功能单元*的调试要求准备好电路图、功能单元连线图、安装图调试说明等工艺文件 2.能读懂功能单元调试工艺中的调试目标和调试方法	设计文件管理制度
	（二）调试工艺环境设置	1.能合理选用调试工具 2.能按工艺文件要求准备好功能单元测量用仪器、仪表及必要的附件，合理地连接成系统	1.常用调试工具用途和使用方法 2.功能单元测量仪器使用方法

续表

职业功能	工作内容	技 能 要 求	相 关 知 识
二、装接质量复检	（一）安装质量检查	1.能准确查出功能单元的安装错误处 2.能准确发现功能单元安装松动处	1.机械、电气安装图 2.一般安装质量要求
	（二）连线和焊接质量检查	1.能从外观上判断焊接质量不合格处 2.能用三用表或蜂鸣器查出连线不正确处	1.不合格焊点判断方法 2.电器接线图表示法
三、调试	（一）产品安全检查	1.能判断功能单元裸露处电压的安全性 2.能分辨功能单元安全防护的合理性 3.能用绝缘测试仪和耐压测试仪对功能单元中的市电进线和AC/DC电源模块进行绝缘和耐压的测试 4.能判断漏电和绝缘电阻的合格性	1.电气安全性能常识 2.绝缘测试仪、耐压测试仪使用方法
	（二）功能调试	1.能通过硬和/或软键、触屏、模拟方法检查功能单元对技术要求中功能要求的符合性 2.能发现功能单元的故障所在，并及时予以排除	1.硬、软键操作电路原理 2.一般开关元、器件基本概念
	（三）指标调试	1.能对功能单元的静态参数进行设置或调整 2.能使用仪器、仪表对功能单元的各项指标逐项进行测试和调整	1.相关功能单元的工作原理 2.电子产品一般调试方法
	（四）调试结果记录与处理	能填写调试记录	功能单元调试记录填写要求

3.2 高级

职业功能	工作内容	技 能 要 求	相 关 知 识
一、调试前准备	（一）调试工艺文件准备	1.能按整机调试要求准备整机原理方框图、连线图，各分单元原理图、连线图 2.能识读整机调试说明	产品技术文件
	（二）调试工艺环境设置	能准备好整机测量用仪器、仪表必要的附件、转接件，并能合理码放、连成系统	整机测试用仪器使用方法
二、装接质量复检	（一）安装质量检查	1.能准备判断整机功能单元安装位置不合适处 2.能及时发现整机中安装松脱处 3.能根据需要进行改装	1.安装连接结构要求 2.电磁兼容（EMC）、电磁干扰（EMI）基本知识 3.装接基本知识
	（二）连线和焊接质量检查	1.能准确判断整机功能单元间互连和焊接质量 2.能发现连接错误或不妥，并进行改接	电子设备安装连接工艺要求
三、调试	（一）产品安全检查	1.能发现整机安全防护要求不合适处 2.能对整机进电漏电和绝缘测试	电子设备安全防护要求

续表

职业功能	工作内容	技能要求	相关知识
三、调试	（二）功能调试	1.能检查电源系统的电压、电流和供电位置对使用要求的符合性，并能处理出现的差错 2.能检查监控、保护系统对产品的监控和保护能力和对动能要求的符合性，并能通过调试达到预期的要求 3.能对整机音、视频，射频信号通路的正常工作予以调整，并能发现和排除故障 4.能对功能单元出现的异常或故障缘由进行分析、判断和提出排除方法 5.能指导中级人员对功能单元进行操作	1.单片机原理与应用 2.编程一般原理
	（三）指标调试	1.能按工艺文件的规定使用仪器、仪表及 PC，对整机性能指标逐项进行测试和调整 2.能发现功能单元互连时出现的异常或故障，并能迅速予以排除 3.能根据整机要求调校各分功能单元 4.能指导中级人员对功能单元，进行指标调校	整机调试知识
	（四）调试结果记录与处理	能对整机调试全过程进行记录，对异常故障原因有一定分析	整机调试记录有关要求

3.3 技师

职业功能	工作内容	技能要求	相关知识
一、调试前准备	（一）调试工艺文件准备	1.能按复杂整机调试要求准备好技术条件，调试说明及装配图、接线图、电路图 2.能看懂进口元器件英文标识	1.图样管理制度 2.英语专业词汇
	（二）调试工艺环境设置	能选择适合与复杂整机测量用的仪器、仪表及必要的附件、转接件，并能合理组成测试系统	1.安全接地和屏蔽接地 2.复杂整机调试用测试仪器用途和一般原理
二、装接质量复检	（一）安装质量检查	能准确判断复杂整机系统中安装不合适处，并能正确进行改装	电磁兼容（EMC）、电磁干扰（EMI）知识
	（二）连接和焊接质量检查	1.能准确检查复杂整机中功能单元或分系统间互连和焊接质量 2.能发现系统连接错误或不妥，并进行改装	1.电子设备安装连接原则 2.质量管理一般知识
三、调试	（一）产品安全检查	能对复杂整机系统安全防护、漏电、绝缘不合适处提出改进意见	电子设备安全要求
	（二）功能调试	1.能发现复杂整机系统中电源分系统，监控、保护分系统的不合适处，并提出改进建议 2.能对复杂整机主信号通路的正常工作进行调校 3.能对数字器件加载和进行功能正确性检查	1.复杂整机的电源和电控知识 2.逻辑分析仪使用方法
	（三）指标调试	能用仪器、仪表、PC 机对复杂整机各项指标分别予以调校和测试	1.复杂整机技术要求 2.复杂整机中系统链指标分配和连接特性（阻抗，匹配，电平等）
	（四）调试结果记录与处理	能编写复杂整机调机报告	调机报告编写方法

附录 B　无线电调试工国家职业标准

续表

职业功能	工作内容	技能要求	相关知识
四、培训与管理	（一）培训	1.能结合生产实际编写无线电调试人员工艺技能操作培训计划 2.能指导中、高级无线电调试人员的调试和对他们进行业务培训	职业培训教学方法
	（二）质量管理	能制定各项工位质量管理措施	1.生产现场工艺管理技术 2.ISO9000 质量标准
	（三）生产管理	能协调生产部门优化调试工艺流程	1.电子产品生产管理基本知识 2.电子产品生产工艺流程知识

3.4　高级技师

职业功能	工作内容	技能要求	相关知识
一、调试前准备	（一）调试工艺文件准备	1.能编制功能单元、整机调试工艺说明 2.能拟制大型设备系统或复杂整机样机调试方案 3.能将产品中用到的进口元器件英文资料，编或摘译为中文使用说明 4.能看懂进口设备英文使用说明	调试方案内容和编制原则
	（二）调试工艺环境设置	能为功能单元、整机的调试设计和组装简单的专用测试设备	仪器、仪表的结构及原理
二、装接质量复查	（一）安装质量检查	能组织、协调大型设备系统或复杂整机样机安装质量检测	大型设备系统或复杂整机样机安装质量检测的人员分工与合作及安装质量要求
	（二）连接和焊接质量检查	能组织、协调大型设备系统或复杂整机样机的连接和焊接质量的检测	大型设备系统或复杂整机样机连接和连接质量检查人员的分工与合作及连接、焊接质量要求
三、调试	（一）产品安全检查	1.能编制大型设备系统或复杂整机样机安全检查要求 2.能组织、协调大型设备系统或复杂整机样机安全检查	安全操作规程
	（二）功能调试	1.能组织、协调大型设备系统或复杂整机样机电源，监控，保护、冷却系统和主信号通路的功能正常性调校 2.能解决功能单元、整机功能调试功能联调时的技术问题 3.能解决功能单元、整机功能调试中的技术难题	1.大型设备系统复杂整机样机技术要求和工作原理 2.系统监测接口，设备间通信接口物理层规定 3.信号处理新理论、新技术
	（三）指标调试	1.能组织、协调对大型设备系统或复杂整机样机各项指标分别予以调试和测试 2.能对所用各种测试仪器、仪表进行校正 3.能设计比较特殊的测试以判断问题和解决疑义 4.能解决设备系统调试时的技术问题 5.能解决功能单元、整机和复杂整机样机调试中出现的技术难题	1.大型设备系统或复杂整机样机和其分系统技术要求 2.大型设备系统或复杂整机样机各设备间连接特性
	（四）调试文件及记录	能对功能单元，整机、复杂整机样机和大型设备系统的调试提出分析报告	分析报告编写方法

续表

职业功能	工作内容	技能要求	相关知识
四、培训与管理	（一）培训	1.能编写无线电调试工培训讲义 2.能指导技师工作	培训讲义编写方法
	（二）管理	1.能配合设计人员和工艺人员进行产品的开发、研制和相关工作 2.能提出和应用新技术	1.生产技术管理基础 2.行业技术发展动态

4．比重表

4.1 理论知识

项　　目		中级（%）	高级（%）	技师（%）	高级技师（%）
基本要求	职业道德	5	5	5	5
	基础知识	25	20	15	10
相关知识	调试前准备	调试工艺文件准备	5	5	3	3
		调试工艺环境设置	5	5	5	5
	装接质量复查	安装质量检查	5	5	3	3
		连接和焊接质量检查	5	5	3	3
	调试	产品安全检查	5	5	3	3
		功能调试	18	18	18	18
		指标调试	25	30	30	30
		调试结果记录及处理	2	2	5	5
	培训与管理	培训	—	—	4	7
		生产管理	—	—	3	—
		质量管理	—	—	3	—
		管理	—	—	—	8
合　　计		100	100	100	100

4.2 技能操作

项　　目		中级（%）	高级（%）	技师（%）	高级技师（%）
技能要求	调试前准备	调试工艺文件准备	7	5	3	3
		调试工艺环境设置	7	7	5	5
	装接质量复查	安装质量检查	8	5	3	3
		连接和焊接质量检查	8	6	3	3
	调试	产品安全检查	5	5	3	3
		功能调试	25	30	25	23
		指标调试	35	37	40	40
		调试结果记录及处理	5	5	8	8
	培训与管理	培训	—	—	4	6
		生产管理	—	—	3	—
		质量管理	—	—	3	—
		管理	—	—	—	6
合　　计		100	100	100	100

附录C 电子设备装接工国家职业标准

1. 职业概况

1.1 职业名称
电子设备装接工。

1.2 职业定义
使用设备和工具装配、焊接电子设备的人员。

1.3 职业等级
本职业共设五个等级,分别为:初级(国家职业资格五级)、中级(国家职业资格四级)、高级(国家职业资格三级)、技级(国家职业资格二级)、高级技师(国家职业资格一级)。

1.4 职业环境
室内、外,常温。

1.5 基本文化程度
初中毕业(或同等学历)。

1.6 职业能力特征
具有较强的计算、分析、推理和判断能力;形体感、空间想象力强;手指、手臂灵活、动作协调性好。

1.7 培训要求

1.7.1 培训期限
全日制职业学校教育,根据其培养目标和教学计划确定晋级培训期限为:初级不少于480标准学时;中级不少于360标准学时;高级不少于280标准学时;技师不少于240标准学时;高级技师不少于200标准学时。

1.7.2 培训教师
培训初、中、高级的教师应具有本职业技师以上职业资格证书或相关中级以上专业技术职务任职资格;培训技师的教师应具有本职业高级技师以上职业资格证书或相关专业高级专业技术职务任职资格;培训高级技师的教师应具有本职业高级技师职业资格证书三年以上或相关专业高级专业职务任职资格。

1.7.3 培训场地设备
理论知识培训场地应具有可容纳20名以上学员的标准教室,并配有合适的示教设备。实际操作培训场所应具有标准、安全工作台及各种检验仪器、仪表等。

1.8 鉴定要求

1.8.1 适用对象
从事或准备从事本职业的人员。

1.8.2 申报条件
——初级(具备以下条件之一者)
(1)经本职业初级正规培训达规定标准学时数,并取得结业证书。

(2) 在本职业连续从事或见习工作 2 年以上。

(3) 本职业学徒期满。

——中级（具备以下条件之一者）

(1) 取得本职业初级职业资格证书后，连续从事本职业工作 3 年以上，经本职业中级正规培训达规定标准学时数，并取得结业证书。

(2) 取得本职业初级职业资格证书后，连续从事本职业工作 5 年以上。

(3) 连续从事本职业工作 5 年以上。

(4) 取得经劳动保障行政部门审核认定的、以中级技能为培养目标的中等以上职业学校本职业（专业）毕业证书。

——高级（具备以下条件之一者）

(1) 取得本职业中级职业资格证书后，连续从事本职业工作 4 年以上，经本职业高级正规培训达到规定标准学时数，并取得结业证书。

(2) 取得本职业中级职业资格证书后，连续从事本职业工作 7 年以上。

(3) 取得经劳动保障行政部门审核认定，以高级技能为培养目标的高等以上职业学校本职业（专业）毕业证书。

(4) 取得本职业中级职业资格证书的大专以上本专业或相关专业毕业生，连续从事本职业工作 2 年以上。

——技师（具备以下条件之一者）

(1) 取得本职业高级职业资格证书后，连续从事职业工作 5 年以上，经本职业技师正规培训达到规定标准学时数，并取得结业证书。

(2) 取得本职业高级职业资格证书后，连续从事本职业工作 8 年以上。

(3) 取得本职业高级职业资格证书的高级技工学校本职业（专业）毕业生，连续从事本职业满 2 年。

(4) 取得本职业高级职业资格证书的相关专业高等职业学校毕业生，且连续从事本职业（专业）工作 2 年以上。

——高级技师（具备以下条件之一者）

(1) 取得本职业技师职业资格证书后，连续从事本职业工作 3 年以上，经本职业高级技师正规培训达规定标准学时数，并取得结业证书。

(2) 取得本职业技师资格证书后，连续从事本职业工作 5 年以上。

1.8.3　鉴定方式

分为理论知识和技能操作考核。理论知识考试采用闭卷笔试方式，技能操作考核采用现场实际操作方式。理论知识考试和技能操作考核均实行百分制，成绩皆达 6 分以上者为合格。技师、高级技师还须进行综合评审。

1.8.4　考评人员与考生配比

理论知识考试考评人员与考生配比为 1:20，每个标准教室不少于 2 名考评人员；技能操作考核考评员与考生配比为 1:5，且不少于 3 名考评员；综合评审委员不少于 5 人。

1.8.5　鉴定时间

理论知识考试时间不少于 90 分钟；技能操作考核：初级不少于 180 分钟；中级、高级、技师及高级技师不少于 240 分钟；综合评审时间不少于 30 分钟。

1.8.6 鉴定场所设备

理论知识考试为标准教室；技能操作考核在配备有必要的工具和仪器、仪表设备及设施，通风条件良好，光线充足，可安全用电的工作场所进行。

2. 基本要求

2.1 职业道德

2.1.1 职业道德基本知识

2.1.2 职业守则

（1）遵守法律、法规和有关规定。

（2）爱岗敬业，具有高度的责任心。

（3）严格执行工作程序、工作规范、工艺文件、设备维护和安全操作规程，保质保量和确保设备和人身安全。

（4）爱护设备及各种仪器、仪表与工具。

（5）努力学习，钻研业务，不断提高理论水平和操作能力。

（6）谦虚谨慎，团结协作，主动配合。

（7）服从领导、听从分配。

2.2 基础知识

2.2.1 专业基本理论知识

（1）机械、电气识图知识。

（2）常用电工、电子元器件基础知识。

（3）常用电路基础知识。

（4）计算机应用基础知识。

（5）电气、电子测量基础知识。

（6）电子设备基础知识。

（7）电气操作安全规程知识。

（8）安全用电知识。

2.2.2 相关法律、法规知识

（1）《中华人民共和国质量法》的相关知识。

（2）《中华人民共和国标准化法》的相关知识。

（3）《中华人民共和国环境保护法》的相关知识。

（4）《中华人民共和国计量法》的相关知识。

（5）《中华人民共和国劳动法》的相关知识。

3. 工作要求

本标准对初级、中级、高级、技师和高级技师的技能要求依次递进，高级涵盖低级别的要求。

3.1 初级

职业功能	工作内容	技能要求	相关知识
一、工艺准备	（一）识读技术文件	1.能识读印制电路板装配图 2.能识读工艺文件配套明细表 3.能识读工艺文件装配工艺卡	1.电子产品生产流程工艺文件 2.电气设备常用文字符号
	（二）准备工具	能选用电子产品常用五金工具和焊接工具	1.电子产品装接常用五金工具 2.焊接工具的使用方法
	（三）准备电子材料与元器件	1.能备齐常用电子材料 2.能制作短连线 3.能备齐合格的电子元器件 4.能加工电子元件的引线	1.装接准备工艺常识 2.短连线制作工艺 3.电子元器件直观检测与筛选知识 4.电子元器件引线成型与浸锡知识
二、装接与焊接	（一）安装简单功能单元	1.能手工插装印制电路板电子元器件 2.能插接短连线	1.印制电路板电子元器件手工插装工艺 2.无源元件图形，晶体管、集成电路和电子管图形符号
	（二）连线和焊接	1.能使用焊接工具手工焊接印制电路板 2.能对电子元器件引线浸锡	电子产品焊接知识
三、检验与检修	（一）检验简单功能单元	1.能检查印制电路板元件插装工艺质量 2.能检查印制电路板元件焊接工艺质量	1.简单功能单元装配工艺质量检测方法 2.焊点要求，外观检查方法
	（二）检修简单功能单元	1.能修正焊接、插装缺陷 2.能拆焊	1.常见焊点缺陷及质量分析知识 2.电子元器件拆焊工艺 3.拆焊方法

3.2 中级

职业功能	工作内容	技能要求	相关知识
一、工艺准备	（一）识读技术文件	1.能识读方框图 2.能识读接线图 3.能识读线扎图 4.能识读工艺说明 5.能识读安装图	1.电子元器件的图形符号 2.整机的工艺文件 3.简单机械制图知识
	（二）准备工具	1.能选用焊接工具 2.能对浸焊设备进行维修保养	1.电子产品装接焊接工具 2.浸焊设备的工作原理
	（三）准备电子材料与元器件	1.能对导线预处理 2.能制作线扎 3.能测量常用电子元器件	1.线扎加工方法 2.导线和连接件图形符号 3.常用仪表测量知识
二、装接与焊接	（一）安装功能单元	1.能装配功能单元 2.能进行简单机械加工与装配 3.能进行钳工常用设备和工具的保养	1.功能单元装配工艺知识 2.钳工基本知识 3.功能单元安装方法
	（二）连线和焊接	1.能焊接功能单元 2.能压接、绕接、铆接、粘接 3.能操作自动化插接设备和焊接设备	1.绕接技术 2.粘接知识 3.浸焊设备操作工艺要求
三、检验与检修	（一）检验功能单元	1.能检测功能单元 2.能检验功能单元的安装、焊接、连线	1.功能单元的工作原理 2.功能单元安装连线工艺知识
	（二）检修功能单元	1.能检修功能单元装接中焊点、扎线、布线、装配质量问题 2.能修正功能单元布线、扎线	1.电子工艺基础知识 2.功能单元产品技术要求

3.3 高级

职业功能	工作内容	技能要求	相关知识
一、工艺准备	(一) 识读技术文件	1.能识读整机的安装图 2.能识读整机的装接原理图、连线图、导线表	1.整机设计文件有关知识 2.整机工艺文件
	(二) 准备工具	能选用特殊工具与工装	整机装配特殊工具知识
	(三) 准备电子材料与元器件	1.能测量特殊电子元器件 2.能检测电子零、部件 3.能测量常用电子元器件	1.特殊电子元器件工作原理 2.电子零、部件检测方法
二、装接与焊接	(一) 安装整机	1.能完成整机机械装配 2.能安装特殊电子元器件 3.能整机的功能单元	1.整机安装工艺知识 2.表面安装与微组装工艺
	(二) 连线和焊接	1.能完成整机电气连接 2.能画整机线扎图 3.能加工特种电缆 4.能操作自动化贴片机 5.能简单维修自动化装接设备	1.绝缘电线、电缆型号和用途 2.整机电气连接工艺 3.自动化焊接设备知识
三、检验与检修	(一) 检验整机	1.能检验整机装接工艺质量 2.能检测功能单元质量	1.整机装接工艺 2.整机工艺原理
	(二) 检修整机	1.能检修特种电缆 2.能修正整机出现的工艺质量问题	整机维修方法

3.4 技师

职业功能	工作内容	技能要求	相关知识
一、工艺准备	(一) 编制技术文件	1.能对样机进行工艺分析 2.能在试生产阶段提出工艺改进建议	1.复杂整机设计文件有关知识 2.复杂整机工艺文件 3.复杂整机装接工艺
	(二) 准备电子材料与元器件	1.能备齐复杂整机装配用各种电子材料 2.能备复杂齐整机装配所需各种电子元器件 3.能使用仪表检测特殊电子元器件	1.整机装配准备工艺知识 2.新型电子元器件工作原理 3.仪器、仪表检测方法
二、装接与焊接	(一) 安装复杂整机	1.能检测复杂整机的功能部件 2.能安装复杂整机 3.能完成试制样机的安装	1.复杂整机装配工艺 2.机械安装工艺
	(二) 连线和焊接	1.能复杂整机的电气连接 2.能完成试制样机的电气连接 3.能焊接新型电子元器件 4.能使用电子产品专用检测台	1.复杂整机工作原理 2.电子产品安装与焊接新工艺 3.专用检测设备检测原理
三、检验与检修	(一) 检验复杂整机	能检验复杂整机装接过程中出现的工艺质量问题	复杂整机产品检验技术
	(二) 检修复杂整机	能处理复杂整机装接过程中出现的工艺质量问题	1. 复杂整机产品检修技术 2. 复杂整机产品工作原理
四、培训与管理	(一) 培训	1.能编写电子产品装接工艺技术培训计划 2.能在整个电子产品生产过程中指导初、中、高级人员的工艺操作	1.本专业教学培训大纲 2.职业技术指导方法
	(二) 质量管理	1.能发现生产过程中出现的工艺质量问题 2.能制定各工序工艺质量控制措施	1.生产现场工艺管理技术 2.ISO9000 质量认证体系

3.5 高级技师

职业功能	工作内容	技能要求	相关知识
一、工艺准备	（一）编制技术文件	能在产品设计制造全程参与工艺文件的编制	电子工业产品工艺文件编制的方法与程序
	（二）准备电子材料与元器件	1.能备齐大型系统或复杂整机样机的装配用各种电子材料 2.能备大型系统或复杂齐整机样机的装配用各种电子元器件 3.能为特殊装接工艺设备准备辅助材料	特殊装接工艺设备使用基础
二、装接与焊接	（一）安装大型设备系统或复杂整机样机	1.能检测大型系统或复杂整机样机的功能模块设备 2.能安装大型系统或复杂整机样机	大型系统或复杂整机样机装配工艺技术
	（二）连线和焊接	1.能安装大型系统或复杂整机样机的电气连接 2.能组织协调大型系统或复杂整机样机的车间装接和流水线生产 3.能特殊装配工艺设备 4.能常规保养装配工艺设备	1.大型系统或复杂整机样机工作原理 2.电子束焊接原理 3.等离子弧焊接原理 4.激光焊接原理
三、检验与检修	（一）检验大型设备系统或复杂整机样机	1.能检验大型系统或复杂整机样机安装的工艺质量问题 2.能检测新型特殊电子元器件 3.能根据工艺要求搭建检测环境	1.大型系统或复杂整机样机安装工艺质量标准 2.新型电子元器件工作原理 3.电子产品检测技术
	（二）检修大型设备系统或复杂整机样机	能处理大型系统或复杂整机样机安装过程中出现的工艺质量问题	大型系统或复杂整机样机安装工艺技术
四、培训与管理	（一）培训	1.能编写电子产品装接工艺技术培训讲义 2.能在整个电子产品生产过程中指导初、中、高级人员、技师的工艺操作	职业培训教学方法
	（二）质量管理	1.能分析电子产品生产过程中出现的工艺质量问题 2.能在电子产品生产过程中实施工艺质量控制管理	电子产品技术标准
	（三）生产管理	1.能协调生产调度部门优化电子产品生产工艺流程 2.能管理电子设备安装工艺活动	生产管理基本知识

4. 比重表

4.1 理论知识

项目			初级（%）	中级（%）	高级（%）	技师（%）	高级技师（%）
基本要求		职业道德	5	5	5	5	
		基础知识	20	20	20		
相关知识	工艺准备	读技术文件	5	5	5		
		编制工艺文件				10	5
		准备工具	5	5	5		
		准备电子材料与元器件	10	10	10	10	10

续表

项目			初级（%）	中级（%）	高级（%）	技师（%）	高级技师（%）
相关知识	装接与焊接	安装简单功能单元	10				
		连线与焊接	30				
		安装功能单元		10			
		连线与焊接		30			
		安装整机			10		
		连线与焊接			30		
		安装复杂整机				10	
		连线与焊接				30	
		安装大型设备系统或复杂整机样机					10
		连线与焊接					30
	检验与检修	检验简单功能单元	5				
		检验功能单元		5			
		检验整机			5		
		检验复杂整机				5	
		检验大型设备系统或复杂整机样机					5
		检修简单功能单元	10				
		检修功能单元		10			
		检修整机			10		
		检修复杂整机				10	
		检修大型设备系统或复杂整机样机					10
	培训与管理	培训				10	10
		质量管理				10	10
		生产管理					10
合 计			100	100	100	100	100

4.2 技能操作

项目			初级（%）	中级（%）	高级（%）	技师（%）	高级技师（%）
技能知识	工艺准备	读技术文件	5	5	5		
		编制工艺文件				5	5
		准备工具	10	10	10		
		准备电子材料与元器件	10	10	10	10	10
	装接与焊接	安装简单功能单元	20				
		连线与焊接	40				
		安装功能单元		20			
		连线与焊接		40			
		安装整机			20		
		连线与焊接			40		
		安装复杂整机				10	
		连线与焊接				40	

续表

项	目	初级（%）	中级（%）	高级（%）	技师（%）	高级技师（%）
技能知识	装接与焊接	安装大型设备系统或复杂整机样机					10
		连线与焊接					40
	检验与检修	检验简单功能单元	5				
		检验功能单元		5			
		检验整机			5		
		检验复杂整机				5	
		检验大型设备系统或复杂整机样机					5
		检修简单功能单元	10				
		检修功能单元		10			
		检修整机			10		
		检修复杂整机				10	
		检修大型设备系统或复杂整机样机					10
	培训与管理	培训				10	10
		质量管理				10	5
		生产管理					5
合	计		100	100	100	100	100

参 考 文 献

[1] 方德寿，方佼，杨达永. 实用电子技术书册. 北京：国防工业出版社，2004.
[2] 黄继昌. 电子元器件应用手册. 北京：人民邮电出版社，1999.
[3] 孙余凯，吴鸣山等. 电子产品制作技术与技能实训教程. 北京：电子工业出版社，2006.
[4] 安平. 贴片元器件及应用手册. 北京：人民邮电出版社，2006.
[5] 姚金生. 元器件. 北京：电子工业出版社，2001.
[6] 胡斌. 图表细说电子元器件. 北京：电子工业出版社，2004.
[7] 周惠潮. 常用电子元件及典型应用. 北京：电子工业出版社，2007.
[8] 韩广兴、韩雪涛等. 电子产品装配技术与技能实训教程. 北京：电子工业出版社，2006.
[9] 王卫平.电子产品制造技术. 北京：清华大学出版社，2005.